高等学校公共基础课系列教材

金工实习

（第二版）

主　编　王万强

副主编　申屠巍　欧翠夏　丁远平　姚宿芳　丁梁锋

参　编　张春华　徐泽源　于保华　张　奎　刘　军

西安电子科技大学出版社

内 容 简 介

本书是根据国家教育部新颁布的"金工实习教学基本要求"和金工实习课程改革的精神，结合实习教学经验并吸取兄弟院校的成功做法编写而成的。本书主要内容包括传统加工技术、CAD/CAM 技术、数控加工技术、虚拟仿真技术、3D 打印技术和雕刻技术。传统加工技术介绍了普通车削、钳工两部分内容；CAD/CAM 技术介绍了 UG NX 系统的草图绘制、实体建模、装配设计和工程图设计等内容；数控加工技术介绍了数控车削、数控铣削、加工中心等内容；3D 打印技术介绍了增材制造、三维建模等内容。

本书重点突出，加大了现代设计、制造技术的比重，旨在加强对学生工程素质的培养。

本书可作为高等院校机械类、非机械类本科生工程训练、金工实习的教材，也可供高职高专院校、成人教育培训机构同类专业的师生选用，还可供有关工程技术人员参考。

图书在版编目(CIP)数据

金工实习/王万强主编. —2 版. —西安：西安电子科技大学出版社，2022.9
(2023.11 重印)
ISBN 978 - 7 - 5606 - 6603 - 7

Ⅰ. ①金…　Ⅱ. ①王…　Ⅲ. ①金属加工—实习　Ⅳ. ①TG-45

中国版本图书馆 CIP 数据核字(2022)第 151775 号

策　　划　陈　婷
责任编辑　陈　婷
出版发行　西安电子科技大学出版社(西安市太白南路 2 号)
电　　话　(029)88202421　88201467　　　邮　编　710071
网　　址　www. xduph. com　　　电子邮箱　xdupfxb001@163.com
经　　销　新华书店
印刷单位　陕西天意印务有限责任公司
版　　次　2022 年 9 月第 2 版　2023 年 11 月第 2 次印刷
开　　本　787 毫米×1092 毫米　1/16　印张 21.5
字　　数　511 千字
印　　数　3001～5000 册
定　　价　57.00 元
ISBN 978 - 7 - 5606 - 6603 - 7/TG

XDUP 6905002－2

前 言

金工实习(工程训练)是高等学校工科专业实践性较强的一门技术基础课,是机械类专业学生学习工程材料及机械制造基础等课程必不可少的先修课,是非机械类专业的教学计划中重要的实践教学环节。金工实习(工程训练)以实践教学为主,对学生进行工程实践综合能力的训练及工程素质的培养。杭州电子科技大学的金工实习(工程训练)依托"智能制造技术"国家级实验教学示范中心,不断更新课程内容,既包括钳工、普通车床、数控加工、CAD 设计等常规实训项目,又新增了面向智能制造技术的 3D 打印、虚拟仿真、雕刻机等特色项目。学生通过金工实习(工程训练)课程的学习,动手完成一定的实习项目,获得对现代工业生产方式和工艺过程的基本认知,受到生产工艺技术及生产管理能力的基本训练,初步达到卓越工程师的基本工程能力。

本书采用"以学生为中心,以能力为本位"的教学模式,根据教育部颁布的金工实习的教学基本要求,结合学校特色和编者的教学实践经验编写而成。全书共分为 8 章,内容涵盖高校金工实习的典型实训项目和特色实训项目,包括金工实习基础知识、车削加工、钳工与装配、CAD/CAM、数控加工、虚拟仿真、3D 打印和雕刻机等。

本书力求系统完整,注重基本概念,突出重点,简明扼要,讲求实用,强调可操作性和自学性,供学生在金工实习期间预习和复习使用。

由于非机械类专业数量多,差异大,因而本书在遵循"必需"的前提下,根据现代制造技术的特点,在精选传统工艺内容的同时,依托大工程观思想,尽量系统而全面地介绍现代设计制造技术,以便学生能更好地结合自身专业,强化产品设计制造的整体思想。

杭州电子科技大学王万强老师担任本书主编,负责全书的统稿工作。本书第 1 章由王万强编写,第 2 章由丁远平编写,第 3 章和第 5 章由申屠巍编写,第 4 章由欧翠夏编写,第 6 章由丁梁锋编写,第 7 章由姚宿芳编写,第 8 章由姚宿芳和丁梁锋编写。另外,于保华、张春华、徐泽源、刘军、张奎等老师对本书的编写提供了不少帮助,在此一并表示感谢。

由于编者水平有限,书中难免有不妥之处,恳请广大读者批评指正。

编　者

2022 年 5 月于杭州

目 录

绪　　论

金工实习是一门以实践教学为主的技术基础课，其主要特点是实践性强，多学科交叉，涉及知识面广。随着现代工业技术的快速发展，传统加工制造业逐步向数字化和智能化发展，但需要对传统制造业中的基础和经验进行思维的逻辑化和创新化，才能更好地促进加工制造业的智能化，所以，在指导学生学习时，应注重学生学习的重点从设备的设计到应用的转化。

1. 金工实习的内容、目的和意义

金工实习是金属工艺学实习的简称。传统工业化时代加工制造的材料都是金属材料，而随着科学技术的快速发展，机械加工制造所用的材料已扩展为包含金属、非金属和复合材料等在内的各种工程材料，机械加工制造技术也越来越宽泛和先进，因此，金工实习的内容也在与时俱进，不断扩充。本课程节选部分内容开展实习教学，包括 CAD/CAM、虚拟仿真、普车、3D 打印、数车、数铣和钳工等，具体如图 0.1 所示。图 0.2 给出了从 CAD 设计到实物制造的物流小车。通过该实例，学生可了解从物流小车设计阶段的功能、选型、材料、结构、建模、成本管控到制造阶段的设备选型和整车组装等，了解机械产品是怎么制造出来的，初步具备一定的设计制造能力和工程应用观。之所以选取物流小车作为案例，是因为这个产品是一个全自主控制小车，相当于一个小型机器人，融合了多个学科的知识，适合于机械和非机械类专业，方便学生找到自己学科的知识点。

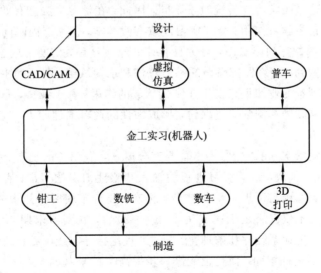

图 0.1　金工实习内容的相互关系

金工实习的目的，是利用数字化和信息化技术(超星学习通、雨课堂和虚拟仿真软件等)，采用"以学生为中心，以能力为本位"的教学模式，把学生培养成为精益求精、团结合作、具备较强的大工程观和探索解决工程实际问题能力的复合型人才。金工实习弥补了大

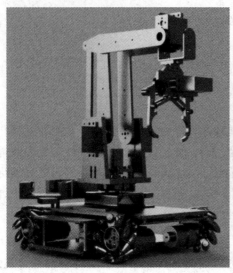

图 0.2　从 CAD 设计到实物制造的物流小车

多数工科专业学生在实践知识方面的不足，可使其初步树立起工程意识，增强劳动观念、集体观念和爱岗敬业精神，提高综合素质。

2. 金工实习的学习方法

金工实习强调以实践教学为主，以设计理念为辅，学生应在教师指导下把各独立工种联合成一个整体，将有关机械制造设备、加工方法、工艺理论和实践操作有机地结合起来，进行工程实践综合能力的训练。除了课内的理论讲解、虚拟仿真演示和实践操作，学生还应充分利用数字化资源（超星学习通、中国慕课、虚拟仿真课程等）进行课后不限时间、不限地点的自主学习。金工实习与传统教学不同，因此，在学习方法上有如下建议：

（1）充分发挥自主学习作用。金工实习注重实践教学，但因课内时间有限，故学生应充分利用网络教学资源做好预习工作，自觉且有计划地预习有关的实习内容，做到心中有数。在实习中，学生应做到：始终保持高昂的学习热情和求知欲望，敢于动手，勤于动手；学会对比学习，从中找到本专业知识点在工业制造领域的作用；善于观察，遇到问题时，学会相互学习，积极主动与教师和同学交流探讨，形成惯性的逻辑推理能力；充分利用实习时间，争取得到最大的收获。

（2）贯彻理论联系实际的方法。首先，要充分树立实践第一的观点，坚决摒弃"重理论，轻实践"的错误思想；其次，随着实习进程的深入和感性知识的丰富，在实际操作过程中，要勤于思考，使形象思维与逻辑思维相结合；再次，要善于用所学知识来解决实践中遇到的各种具体问题，而不仅仅满足于完成实习任务；最后，在实习末期或结束时，要认真总结，努力使所学知识更加系统化和条理化。总之，理论指导实践，实践验证和充实理论，不仅使理论知识掌握得更加牢固，而且也能进一步提高实践能力。

（3）学习综合地看待问题和解决问题的方法。金工实习是由一系列单工种实习组合而成的，容易导致学生只从眼前工种看待问题而忽视其他工种。一般来说，一件产品不会只用一种加工方法制造出来，如图 0.2 所示的物流小车，底板和机械臂采用铣床加工，轴类零件采用数车加工，置物架采用 3D 打印，装配修整采用钳工。因此，要学会综合把握各实习工种的特点,学会从机械产品生产制造的全过程来看各工种的作用和相互联系。这样在分析和解决实际问题的时候,就能够做到触类旁通,举一反三,使学生对所学的知识和技能能够融会贯通地加以应用。

(4) 注重培养创新意识和创新能力。金工实习是学生第一次全身心投入生产技术实践活动中。在这一过程中,经常会遇到新事物,产生新想法,要善于把这些新鲜感和好奇心转变为提出问题和解决问题的动力,从中感悟出学习和创造的方法。比如,电子和自动化专业学生会考虑怎样把普车改成数车;测控专业学生会考虑怎样改进量具;材料专业学生会考虑 3D 打印材料是否可以采用金属材料等。学生应该充分利用实践机会,结合自身所学,善于发现问题,勤奋钻研,使自身的创新意识和创新能力不断得到提高。

3. 金工实习与其他课程的关系

金工实习是一门技术基础课,与工科机械类和非机械类专业所开设的许多课程都有着密切的联系。

(1) 金工实习与工程制图课程的关系。工人是根据零件图来加工零件的,所以,学生必须具备一定的识图能力,能够看懂实习中加工的零件图。学生从实习中获得的对机器结构和零件的了解,会给后续课程提供极大的帮助。

(2) 金工实习与其他理论教学课程的关系。金工实习涉及机械制造工艺学、工程材料基础、材料成形技术基础、CAD/CAM、工程项目管理、互换性与技术测量等课程。金工实习可以让学生熟悉机械制造的常用加工方法和常用设备,使其具有一定的工艺操作和分析技能,培养其工程意识和素质。

(3) 金工实习与机械设计制造系列课程的关系。金工实习是机械设计制造系列课程(机械原理、机械设计、机械制造技术、设计与制造、机器人学、数控技术等)的先修课,将为后续的专业课程学习提供丰富的感性认识。

第1章 金工实习基础知识

金工实习涉及一般机械制造生产的全过程。因此,学生在学习工艺知识、训练动手能力的同时,应全方位地了解与机械产品的设计、制造及生产的组织和管理等有关的各种基本知识,从而全面提高包括市场意识、质量意识、管理意识、经济意识、环保意识、安全意识和创新意识等在内的工程素质。

1.1 机械产品设计与制造过程

1.1.1 产品设计

现代工业产品设计是根据市场需求,运用工程技术方法,在社会、经济和时间等因素的约束范围内所进行的设计工作。产品设计是一种有特定目的的创造性行为,基于现代技术因素,不但注重外观,更注重产品的结构和功能,必须以满足市场需要为目标,讲求经济效益,使消费者与制造者都满意。

产品设计是一个作出决策的过程,是在明确设计任务与要求以后,从构思到确定产品的具体结构和使用性能的整个过程中所进行的一系列工作。对机械产品而言,在如图1.1所示的整个生命周期中,最为关键的是设计阶段。因为设计既要考虑使用方面的各种要求,又要考虑制造、安装、维修的可能和需要,既要根据研究试验得到的资料来进行验证,又要根据理论计算资料加以综合分析,从而按照它们的内在联系将各个阶段统一起来。

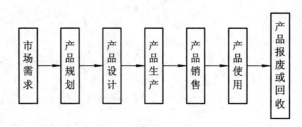

图1.1 产品生产制造的全过程

对工业企业来讲,产品设计是企业经营的核心,产品的技术水平、质量水平、生产水平以及成本水平等取决于产品的设计。

1.1.2 机械产品制造过程

任何机器或设备,例如物流小车或机床,都是经由产品设计、零件制造及相应的零件装配而获得的。只有制造出符合要求的零件,才能装配出合格的机器或设备。对于尺寸不大的轴、销、套类零件，可以直接采用型材，经机械加工制成。对于复杂零件，则要将原材料经铸造、锻压、焊接等方法制成毛坯，然后经机械加工制成零件，甚至有些零件还需在毛坯制造和机械加工过程中穿插实施不同的热处理工艺。

一般机械产品的制造过程如图 1.2 所示。

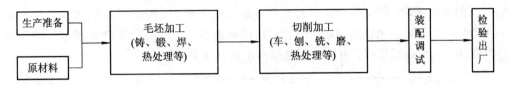

图 1.2　机械产品的制造过程

随着企业专业化协作的不断加强，许多机械产品零部件的生产不一定完全在同一个企业内完成，可以由多个企业协作完成。很多标准件(如螺钉、轴承)的加工常常由专业生产厂家完成。

1.1.3　机械产品制造方法

1. 零件加工

根据各阶段所达到的质量要求的不同，机械零件的加工可分为毛坯加工和切削加工两个主要阶段。

(1) 毛坯加工。毛坯加工的主要方法有铸造、锻造和焊接等，它们可以比较经济和高效地制作出各种形状和尺寸的工件。因铸造、锻造、焊接等加工方法要对原材料进行加热，所以，也称这些加工方法为热加工。

(2) 切削加工。切削加工是用切削刀具从毛坯或工件上切除多余的材料，以获得所要求的几何形状、尺寸和表面质量的加工方法，主要有车削、铣削、刨削、钻削、镗削、磨削等。对于一些难以适应切削加工的零件，如硬度过高、形状过于复杂或刚度较差的零件，则可以使用特种加工方法进行加工。一般来讲，毛坯需经过若干道机械加工工序才能成为成品零件，由于加工工艺的需要，这些工序又可分为粗加工、半精加工与精加工。

在毛坯制造及机械加工过程中，为便于切削和保证零件的力学性能，还需在某些工序之前(或之后)对工件进行热处理。热处理之后，工件可能有少量变形或表面氧化，所以，精加工(如磨削)往往安排在热处理之后。

2. 装配与调试

加工完毕并检验合格的零件，按机械产品的技术要求，用钳工或钳工与机械相结合的方法，按一定的顺序组合、连接、固定起来，成为整台机器，这一过程称为装配。装配是机械制造的最后一道工序，也是保证机械产品达到各项技术要求的关键工序之一。

装配好的机器还需经过试运转，以观察其在工作条件下的效能和整机质量。只有在检验、试运转合格之后，机器才能装箱发运出厂。

1.1.4　生产过程的组织与管理

要制造出符合要求的产品，并不只是生产加工的问题，还有如何科学有序地组织和管理生产过程的问题。生产过程组织与管理水平的高低，关系到企业能否有效地发挥其生产能力，能否为用户提供优质的产品和服务，能否取得良好的经济效益。

1. 企业组织

典型的机械制造企业是在总公司下面设立若干事业部门，并且下属若干工厂，由工厂进行实际的生产活动。图 1.3 为机械制造企业组织的示例，它反映了以机械产品制造为中心，各个部门之间密切相关的活动。设置工厂的职能部门，是为了充分发挥生产部门的作用；设置总公司的职能部门，可在更大范围内组织和协调生产。

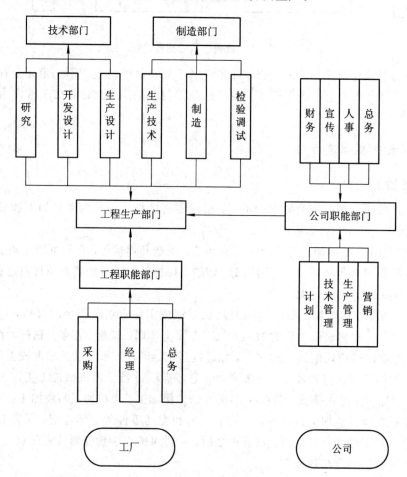

图 1.3 机械制造企业组织示例

在工厂的职能部门中，采购部门负责采购原材料，外购零件以及从事生产活动所必需的各种物资；经理部门负责管理各种资金；总务部门负责处理日常运转中的各种问题。

此外，总公司通常集中了与生产有关的更多的职能部门，包括制订企业整体活动计划的计划部门、管理企业生产的管理部门、收集用户意见和销售产品的营销部门、财务部门、人事部门、总务部门等。

2. 生产过程的组织与管理

要制造一种产品，必须先由研究部门汇集与之有关的各种知识和信息，然后设计部门应用这些知识和信息，设计出产品的结构和尺寸，再由制造部门根据设计部门提出的要求进行制造。广义的制造部门可分为处理生产中的技术问题并决定生产方法的生产技术部门，进行产品生产的狭义的制造部门，对产品的性能进行检验的检验部门等。通过这些部门的活动，完成产品的生产。

公司职能机构给制造部门下达总体制造计划，应考虑生产数量、使用设备、人员等因素。设计部门给制造部门提供以下资料：标明每个零件制造方法的零件图、标明装配方法的装配图、作业指示书等。生产技术部门据此制订产品的生产计划和工艺技术文件（如工艺图、工装图、工艺卡等），制订生产计划时，应决定制造零件和外购零件、外购部件等的数量以及交货期限等。例如，轴承、密封件、螺栓、螺母等是最常见的外购零件，而电动机、减速器、各种液压或气动装置等是典型的外购部件。

制造部门按照生产技术部门下达的任务进行制造。首先，将生产任务分配给各加工组织（如生产车间或班组等），确定毛坯制造方法、机械加工方法、热处理方法及加工顺序（也称加工路线）；其次，确定各加工组织的加工方法和要使用的设备；再次，决定每部机床的加工内容、加工时间等，制订详细的加工日程。通常零件加工所花的时间较短，准备（刀具的装卸、毛坯的装卸等）时间较长。此外，制成一个零件所需的时间大部分不是加工时间，而是各工序间的输送时间和等待时间。因此，提高生产效率，缩短从制订生产计划到制成产品的过程，使生产计划具有柔性，是生产过程管理的主要任务。然后，对已加工完成的零件进行检查，并移交到后续的装配工序。最后，对装配完毕的机器进行性能检验。检验合格，即完成了制造任务。

当今的机械制造业已不再是传统意义上的机械加工，而是集机械、电子、光学、信息、材料、生物、能源、管理等学科为一体的新技术综合体。随着机械制造系统自动化水平的不断提高，以及为适应生产类型从传统的少品种大批量生产向现代的多品种变批量生产的演进，人们正不断开发出一些全新的现代制造技术（如精良生产（LP）、并行工程（CE）、敏捷制造（AM）、智能制造（IM）和虚拟制造（VM）等）和生产系统（如计算机集成制造系统（CIMS））。制造业是工业发展的基础，随着学科交叉融合越来越深，各国研发的加工制造方法也越来越多，如超高速切削、柔性制造和绿色加工等。

1.2　工程材料基本知识

1.2.1　金属材料的性能

金属材料的性能分为使用性能和工艺性能。使用性能是指金属材料在使用过程中表现出来的特性，包括力学性能、物理性能和化学性能等，决定金属材料的应用范围、安全可靠性和使用寿命。工艺性能是指材料对各种加工工艺适应的能力，包括铸造性能、锻造性能、焊接性能、切削加工性能和热处理工艺性能等。

在选用金属材料制造机械零件时，主要考虑力学性能和工艺性能。对于在某些特定条件下工作的零件，还应考虑物理性能和化学性能。金属材料的使用性能如表 1.1 所示。

表 1.1　金属材料的使用性能

性能名称		性 能 内 容
物理性能		物理性能是金属材料对自然界各种物理现象的表现,如密度、熔点、热膨胀性、导热性、导电性和磁性等
化学性能		金属材料的化学性能主要是指在常温或高温时,抵抗各种活泼介质的化学侵蚀的能力,如耐酸性、耐碱性、抗氧化性等
力学性能	强度	强度是指金属材料在静载荷作用下,抵抗塑性变形和断裂的能力,分为屈服强度、抗拉强度、抗弯强度、抗剪强度、抗压强度等
	硬度	硬度是指金属材料抵抗更硬的物体压入其内的能力。常用的硬度测定方法有布氏硬度、洛氏硬度和维氏硬度
	塑性	塑性是金属材料产生塑性变形而不被破坏的能力。通常用伸长率和断面收缩率表示材料塑性的好坏
	冲击韧性	冲击韧性是指金属材料在冲击载荷作用下抵抗破坏的能力
	疲劳强度	疲劳强度是指金属材料经无数次循环载荷作用而不致引起断裂的最大应力

1.2.2　常用金属材料

工业用钢按化学成分可分为碳素钢和合金钢两大类。碳素钢是碳的质量分数小于2.11%的铁碳合金。合金钢是为了改善和提高碳素钢的性能或使之获得某些特殊性能,在碳素钢的基础上,特意加入某些合金元素而得到的多元的以铁为基础的合金。合金钢的性能比碳素钢更加优良,因此,合金钢的用量逐年增大。

1. 钢的分类

钢的分类方法很多,常用的分类方法有以下几种:

(1) 按化学成分分类,钢可分为碳素钢和合金钢。碳素钢可以分为低碳钢(碳含量<0.25%)、中碳钢(碳含量为0.25%~0.6%)、高碳钢(碳含量>0.6%);合金钢可以分为低合金钢(合金元素总含量<5%)、中合金钢(合金元素总含量为5%~10%)、高合金钢(合金元素总含量>10%)。

(2) 按用途分类,钢可分为结构钢(主要用于制造各种机械零件和工程构件)、工具钢(主要用于制造各种刀具、量具和模具等)、特殊性能钢(具有特殊的物理、化学性能,可分为不锈钢、耐热钢、耐磨钢等)。

(3) 按品质分类,钢可分为普通碳素钢(磷含量≤0.045%,硫含量≤0.05%)、优质碳素钢(磷含量≤0.035%,硫含量≤0.035%)、高级优质碳素钢(磷含量≤0.025%,硫含量≤0.025%)。

2. 碳素钢的牌号、性能及用途

普通碳素结构钢的牌号的表示方法是:由屈服点中"屈"字的汉语拼音的第一个字母"Q"、屈服点的数值(MPa)、质量等级符号(A、B、C、D)及脱氧方法符号(F为沸腾钢,Z

为镇静钢)等四部分按顺序组成。

优质碳素结构钢的牌号的表示方法是：用两位数字表示钢的平均含碳量的质量分数的万分数（即平均碳质量分数），例如，20 钢的平均碳质量分数为 0.2%。常见碳素结构钢的牌号、机械性能及用途如表 1.2 所示。

表 1.2　常见碳素结构钢的牌号、机械性能及用途

类　别	常用牌号	机械性能			用　途
		屈服点 σ_s/MPa	抗拉强度 σ_b/MPa	伸长率 δ/%	
碳素结构钢	Q195	195	315～390	33	塑性较好，有一定的强度，通常轧制成钢筋、钢板、钢管等。可作为桥梁、建筑物等的构件，也可制造螺钉、螺母、铆钉等
	Q215	215	335～410	31	
	Q235A	235	375～460	26	
	Q235B				
	Q235C				可用作重要的焊接件
	Q235D				
	Q255	255	410～510	24	强度较高，可轧制成型钢、钢板，用作构件
	Q275	275	490～610	20	
优质碳素结构钢	08F	175	295	35	塑性好，可制造冷冲压零件
	10	205	335	31	冷冲压性与焊接性能良好，可用作冲压件及焊接件，经过热处理也可以制造轴、销等零件
	20	245	410	25	
	35	315	530	20	经调质处理后，可获得良好的综合机械性能，用来制造齿轮、轴、套筒等零件
	40	335	570	19	
	45	355	600	16	
	50	375	630	14	
	60	400	675	12	主要用来制造弹簧
	65	410	695	10	

3. 合金钢的牌号、性能及用途

合金钢是在碳钢的基础上加入合金元素（如锰、硅、铬、镍等）所炼成的钢。

合金结构钢的牌号用"两位数（平均碳质量分数的万分数）＋元素符号＋数字（该合金元素的质量分数，小于 1.5% 时不标，为 1.5%～2.5% 时标 2，为 2.5%～3.5% 时标 3，依次类推)"表示。

对合金工具钢的牌号而言，当碳的质量分数小于 1% 时，用"一位数（表示碳质量分数的千分数）＋元素符号＋数字"表示；当碳的质量分数大于 1% 时，用"元素符号＋数字"表示。注：高速钢碳的质量分数小于 1% 时，其含碳量不标出。常见合金钢的牌号、机械性能及用途如表 1.3 所示。

表 1.3　常见合金钢的牌号、机械性能及用途

类 别	常用牌号	机械性能			用 途
		屈服点 σ_s/MPa	抗拉强度 σ_b/MPa	伸长率 δ/%	
低合金高强度结构钢	Q295	≥295	390～570	23	具有高强度、高韧性、良好的焊接性能和冷成型性能,主要用于制造桥梁、船舶、车辆、锅炉、高压容器、输油输气管道、大型钢结构等
	Q345	≥345	470～630	21～22	
	Q390	≥390	490～650	19～20	
	Q420	≥420	520～680	18～19	
	Q460	≥460	550～720	17	
合金渗碳钢	20Cr	540	835	10	主要用于制造汽车和拖拉机中的变速齿轮、内燃机上的凸轮轴、活塞销等机器零件
	20CrMnTi	835	1080	10	
	20Cr2Ni4	1080	1175	10	
合金调质钢	40Cr	785	980	9	主要用于制造汽车和机床的轴、齿轮等
	30CrMnTi	—	1470	9	
	38CrMoAl	835	980	14	

4. 铸钢的牌号、性能及用途

铸钢主要用于制造形状复杂,具有一定强度、塑性和韧性的零件。碳是影响铸钢性能的主要元素,随着碳质量分数的增加,屈服强度和抗拉强度均增加,而且抗拉强度比屈服强度增加得更快,但当碳的质量分数大于 0.45% 时,屈服强度很少增加,而塑性、韧性显著下降。所以,生产中使用最多的铸钢是 ZG230 - 450、ZG270 - 500、ZG310 - 570 三种。常见铸钢的成分、机械性能及用途如表 1.4 所示。

表 1.4　常见铸钢的成分、机械性能及用途

钢号	化学成分			机械性能					应用举例
	C	Mn	Si	σ_s	σ_b	δ	ψ	a_k	
ZG200 - 400	0.20	0.80	0.50	200	400	25	40	600	机座、变速箱壳
ZG230 - 450	0.30	0.90	0.50	230	450	22	32	450	机座、箱体
ZG270 - 500	0.40	0.90	0.50	270	500	18	25	350	飞轮、机架、蒸汽锤、水压机、工作缸、横梁
ZG310 - 570	0.50	0.90	0.60	310	570	15	21	300	联轴器、汽缸、齿轮、齿轮圈
ZG340 - 640	0.60	0.90	0.60	340	640	10	18	200	起重运输机中齿轮、联轴器等

5. 铸铁的牌号、性能及用途

铸铁是碳质量分数大于 2.11%,并含有较多 Si、Mn、S、P 等元素的铁碳合金。铸铁的生产工艺和生产设备简单,价格便宜,具有许多优良的使用性能和工艺性能,所以其应用非常广泛,是工程上最常用的金属材料之一。

铸铁按照碳存在的形式可以分为白口铸铁、灰口铸铁、麻口铸铁,按铸铁中石墨的形

态可以分为灰铸铁、可锻铸铁、球墨铸铁、蠕墨铸铁。

常见灰铸铁的牌号及用途如表 1.5 所示。

表 1.5　常见灰铸铁的牌号及用途

牌号	铸件壁厚	力学性能		应　用　举　例
		σ_b/MPa	HBS	
HT100	2.5～10	130	110～166	适用于载荷小、对摩擦和磨损无特殊要求的一般零件，如防护罩、盖、油盘、手轮、支架、底板、重锤等
	10～20	100	93～140	
	20～30	90	87～131	
HT150	2.5～10	175	137～205	适用于承受中等载荷的零件，如机座、支架、箱体、刀架、床身、轴承座、工作台、带轮、阀体、飞轮、电动机座等
	10～20	145	119～179	
	20～30	130	110～166	
HT200	2.5～10	220	157～236	适用于承受较大载荷和要求一定气密性或耐腐蚀性等较重要的零件，如汽缸、齿轮、机座、飞轮、床身、汽缸体、活塞、齿轮箱、刹车轮、联轴器盘、中等压力阀体、泵体、液压缸、阀门等
	10～20	195	148～222	
	20～30	170	134～200	
HT250	4.0～10	270	175～262	
	10～20	240	164～247	
	20～30	220	157～236	
HT300	10～20	290	182～272	适用于承受高载荷、具有强耐磨性和高气密性的重要零件，如重型机床，剪床，压力机，自动机床的床身、机座、机架，高压液压件，活塞环，齿轮，凸轮，车床卡盘，衬套，大型发动机的汽缸体、缸套、汽缸盖等
	20～30	250	168～251	
	30～50	230	161～241	
HT350	10～20	340	199～298	
	20～30	290＋	182～272	
	30～50	260	171～257	

1.3　切削加工基础知识

1.3.1　概述

金属切削加工是采用三具(夹具、刀具、量具)切去毛坯表面的多余金属，以获得符合图样规定的尺寸精度、形状精度、位置精度及表面粗糙度的合格零件的过程。金属切削加工可分为钳工和机械加工两大类。钳工一般是通过工人手持工具进行切削加工，钳工的劳动强度大，生产效率低。但是在某些特殊场合，钳工有其独特价值，比机械加工更经济，更方便。机械加工主要是由工人操纵机床对工件进行切削加工。常见的切削加工方法有车削、钻削、铣削、刨削、磨削等，如图 1.4 所示。

1.3.2　切削运动

在机床上进行切削加工时，切削刀具和工件按一定规律做相对运动，即切削运动。根据在切削过程中所起的作用不同，切削运动分为主运动与进给运动。常见切削方法的切削运动如图 1.5 所示。

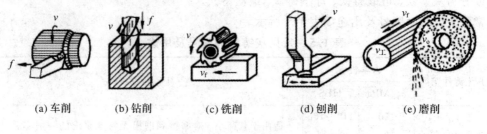

(a) 车削　　(b) 钻削　　(c) 铣削　　(d) 刨削　　(e) 磨削

图 1.4　常见切削加工方法

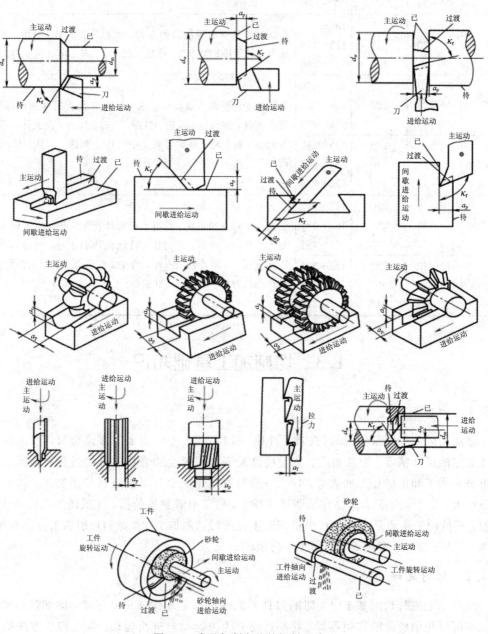

图 1.5　常见切削方法的切削运动

主运动是使工件与刀具产生相对运动，从而进行切削的最基本运动。主运动的速度高，所消耗的功率大，同时也担负着主要的切削任务。

进给运动是不断地把被切削层投入切削，以逐渐切削出整个表面的运动。进给运动一般速度较低，消耗的功率较少，可由一个或多个运动组成，可以是连续的，也可以是间断的。

1.3.3　切削用量

切削用量是切削速度 v_c、进给量 f 和背吃刀量 a_p 三者的总称。v_c、f、a_p 常称为切削用量三要素。

（1）切削速度 v_c：是指切削刃选定点相对于工件主运动的瞬时速度，可用单位时间内刀具或工件沿主运动方向的相对位移量来表示。当主运动是旋转运动时：

$$v_c = \frac{\pi d n}{1000 \times 60}(\mathrm{m/s})$$

式中：d—— 工件或刀具的直径（mm）；

　　　　n—— 工件或刀具的转速（r/min）。

（2）进给量 f：是刀具在进给运动方向上相对于工件的位移量，单位为 mm/r 或 mm/次。进给量也可用进给速度 v_f 表示，即单位时间内刀具或工件沿进给方向的相对位移，单位为 mm/s。

（3）背吃刀量 a_p：为工件上已加工表面和待加工表面间的垂直距离，单位为 mm。车外圆时，用 $a_p = (d_w - d_m)/2$ 来计算。其中，d_w 为工件待加工表面的直径（即毛坯的直径），d_m 为工件已加工表面的直径（即零件的直径），它们的单位均为 mm，具体如图 1.6 所示。

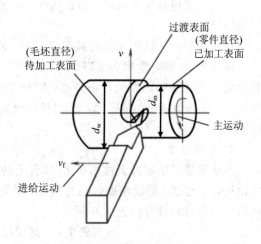

图 1.6　加工表面示意图

1.3.4　切削用量的选择

切削三要素是影响切削加工质量、刀具磨损、机床动力消耗及生产率的重要参数，而刀具材料、刀具几何角度、工件材料、机床刚度、切削液等也都影响切削用量的选择。应在保证质量的前提下选择切削用量，以提高生产效率、降低成本。

在切削三要素中，影响刀具磨损速度最大的因素是切削速度，其次是进给量，最后是背吃刀量。但是，随着进给量和背吃刀量增大，表面粗糙度值也会增大。

切削用量选择的基本原则如下：

（1）粗加工时，应当在单位时间内切除尽量多的加工余量，使工件接近图样最终的形状和尺寸，其优点是效率高，缺点是精度差。所以，在机床刚度及功率允许时，首先选择大的背吃刀量，尽量在一次走刀过程中切去大部分多余金属；其次是取较大的进给量；最后是选取适当的切削速度。

（2）精加工时，应保证工件的加工进度和表面粗糙度，其优点是精度高，缺点是效率低。此时，加工余量小，先选取小的进给量和背吃刀量，以降低表面粗糙度值；然后，选取较高或较低的切削速度。

1.3.5　零件的加工质量

零件的加工质量由切削加工保证，包括加工精度和表面结构要求。目前，无数工匠本着"严谨求真，一丝不苟，精益求精"的工作作风，努力研究如何提升零件精度。由于精度每提升一个等级，价格就会翻几番，因而促进了精密加工、超精密加工等的发展。

1. 加工精度

加工精度是工件经切削加工后，实际尺寸、形状及位置参数与图纸上的理论几何参数相符合的程度。两者相符合的程度越高，工件的加工精度就越高。两者之间的差值称为加工误差，加工误差越小，表明加工精度越高，加工成本也就越高。

加工零件的实际参数与理论参数不可能绝对一致，也没有必要绝对一致。为了满足使用要求和加工能力，零件的加工误差应予以限制，限制加工误差范围的数值称为公差。零件的加工精度由公差控制。

加工精度包括尺寸精度、形状精度和位置精度。

1）尺寸精度

尺寸精度的高低用尺寸公差等级表示。根据国家标准 GB/T 1800.1—2020 的规定，公差等级分为 20 级，即 IT01、IT0、IT1、IT2～IT18。其中，IT 表示标准公差，数字表示公差等级。IT01 表示的精度等级最高，IT18 表示的精度等级最低。对同一基本尺寸，公差等级越高，公差值越小，精度越高。图样设计时，应根据零件的功能要求，标注合理的公差标准。

2）形状精度

形状精度是指零件上被测要素（零件上的点、线或面）在加工后的实际形状与其理论形状相符合的程度。形状精度包括直线度、平面度、圆度、圆柱度、线轮廓度和面轮廓度。形状精度的项目和符号如表 1.6 所示。

表 1.6　形状精度的项目和符号

项目	直线度	平面度	圆度	圆柱度	线轮廓度	面轮廓度
符号	—	▱	○	⌀	⌒	⌓

3）位置精度

位置精度是指零件上被测要素（点、线、面）的实际位置与其理论位置相符合的程度。位置精度包括位置定向精度（平行度、垂直度、倾斜度）、定位精度（同轴度、对称度、位置度）和跳动（圆跳动、全跳动）。位置精度的项目和符号如表 1.7 所示。

表 1.7　位置精度的项目和符号

项目	定向精度			定位精度			跳动	
	平行度	垂直度	倾斜度	同轴度	对称度	位置度	圆跳动	全跳动
符号	∥	⊥	∠	◎	═	⊕	↗	↗↗

2. 表面结构要求

　　零件加工表面质量，包括表面结构要求、表面加工硬化的程度和深度及表面残余应力的性质和大小。对于一般零件的表面质量而言，主要考虑表面结构要求。

　　无论采用何种方法加工，加工后的零件表面总会留下微观的凹凸不平的刀痕。这种微观不平度，是加工表面微小间距和峰谷所组成的微观几何形状特性，称为表面结构参数（即表面粗糙度，或加工表面的微观几何形状误差，如图 1.7 所示）。表面粗糙度的评定参数主要是轮廓算术平均偏差 R_a。切削速度越高，进给量和背吃刀量越小，则粗糙度值越小，表面越光滑。零件表面结构参数与零件装配后的产品性能和使用寿命等有着密切的关系，所以，对零件表面结构参数也应加以限制。

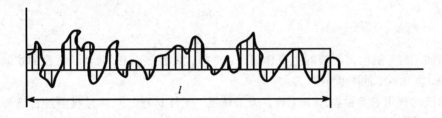

图 1.7　表面粗糙度

　　GB/T 131—2006 规定，表面粗糙度代号由规定的符号和有关参数组成。表面粗糙度符号的画法和意义如表 1.8 所示。常用加工方法所能达到的表面粗糙度 Ra 值如表 1.9 所示。

表 1.8　表面粗糙度的符号和画法

序号	符号	意义
1		基本符号，表示表面可用任何方法获得，当不加注粗糙度参数值或有关说明时，仅适用于简化代号标注
2		表示表面是用去除材料的方法获得的，如车、铣、钻、磨
3		表示表面是用不去除材料的方法获得的，如铸、锻、冲压、冷轧等
4		在上述三个符号的长边上可加一横线，用于标注有关参数或说明
5		在上述三个符号的长边上可加一小圆，表示所有表面具有相同的表面粗糙度要求
6		当参数值的数字或大写字母的高度为 2.5 mm 时，粗糙度符号的高度取 8 mm，三角形高度取 3.5 mm，三角形是等边三角形；当参数值不是 2.5 mm 时，粗糙度符号和三角形符号的高度将相应发生变化

表 1.9 常用表面粗糙度 Ra 的数值和加工方法

表面特征	表面粗糙度(Ra)数值			加工方法举例
明显可见刀痕	100$\triangledown$	50$\triangledown$	25$\triangledown$	粗车、粗刨、粗铣、钻孔
微见刀痕	12.5$\triangledown$	6.3$\triangledown$	3.2$\triangledown$	精车、精刨、精铣、精铰、粗磨
看不见加工痕迹，微辨加工方向	1.6$\triangledown$	0.8$\triangledown$	0.4$\triangledown$	精车、精磨、精铰、研磨
暗光泽面	0.2$\triangledown$	0.1$\triangledown$	0.05$\triangledown$	研磨、镗磨、超精磨

1.3.6 切削液

切削加工时，使用切削液的主要作用是：冷却、润滑、清洗、防锈。常见的切削液主要有水溶液、乳化液、油类切削液。

切削液的选用主要根据加工工种、加工精度、工件材料、刀具材料等进行选择。粗加工时，切削用量大、切削热多，采用水溶液或低浓度乳化液进行冷却；精加工时，为提高工件表面质量、减少刀具磨损，采用油类切削液或高浓度乳化液；铸铁、铝合金、铜合金的加工性能好，一般不用切削液；硬质合金刀具和陶瓷材料刀具的热硬性高，一般也不用切削液。

1.4 常用量具及其使用方法

加工的零件是否符合图纸要求（包括尺寸精度、形状精度、位置精度和表面粗糙度），需通过测量工具进行测量，这些测量工具简称量具。由于被测零件有各种不同的尺寸、形状，需测量的项目较多，相应量具的种类也很多，下面介绍几种常用量具及使用方法。

1.4.1 钢直尺

钢直尺是最简单的长度量具，用不锈钢片制成，可直接用来测量工件尺寸，如图 1.8 所示。钢直尺的测量长度规格有 150、200、300、500 mm 几种，测量工件的外径和内径尺寸时，常与卡钳配合使用，测量精度一般能达到 0.2～0.5 mm。

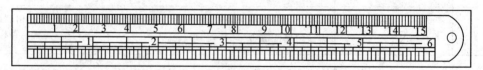

图 1.8 钢直尺

1.4.2 卡钳

卡钳是一种间接度量工具，常与钢直尺配合使用，用来测量工件的外径和内径。卡钳分内卡钳和外卡钳两种，如图 1.9 所示。使用方法如图 1.10 所示。

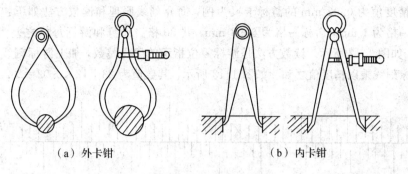

（a）外卡钳　　　　　　　　（b）内卡钳

图 1.9　卡钳

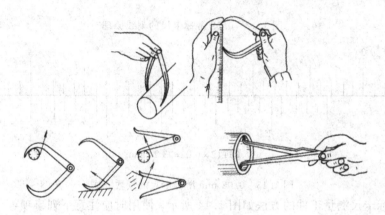

图 1.10　卡钳的使用方法

1.4.3　游标卡尺

游标卡尺是一种中等精度的量具，可直接测量工件的外径、内径、长度、宽度和深度等尺寸。按不同用途，游标卡尺可分为普通游标卡尺、游标深度尺、游标高度尺等几种。游标卡尺的测量精度有 0.1、0.05、0.02 mm 等规格，测量范围有 0～125 mm、0～150 mm、0～200 mm、0～300 mm 等规格。

图 1.11 所示为普通游标卡尺，它主要由尺身和游标等组成，尺身刻有以 1 mm 为一格间距的刻度，并刻有尺寸数字，刻度全长即为游标卡尺的规格。游标的刻度间距，随测量精度而定。

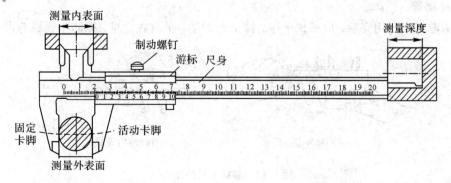

图 1.11　游标卡尺

现以精度值为 0.02 mm 的游标卡尺为例,简介刻线原理和读数方法如下:

尺身一格为 1 mm,游标一格为 0.98 mm,共 50 格。尺身和游标每格之差为 $1-0.98=0.02$ mm,如图 1.12 所示。读数方法是游标零位指示的尺身整数,加上游标刻线与尺身线重合处的游标刻线乘以精度值之和。如图 1.13 所示,其数值为 $23+12\times0.02=23.24$ mm。

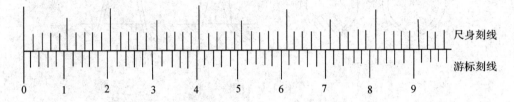

图 1.12　0.02 游标卡尺的刻线原理

$$23+12\times0.02=23.24\text{ mm}$$

图 1.13　0.02 mm 游标卡尺的读数方法

使用游标卡尺测量工件的方法如图 1.14 所示。使用时应注意下列事项:

(1) 使用前,首先检查量具是否在检定周期内;然后擦净两卡脚测量面,使两卡脚闭合;最后检查尺身与游标的零线是否对齐。若未对齐,在测量后应根据原始误差修正读数值。

(2) 测量内、外圆直径时,尺身应垂直于轴线;测量内、外孔直径时,两卡脚应处于直径处。

(3) 测量时,应使卡脚逐渐与工件被测量表面靠近,达到轻微接触,不能使卡脚用力抵紧工件,以免变形和磨损,影响测量精度。读数时,为防止游标移动,可锁紧游标;视线应垂直于尺身。

(4) 测量内径时,应轻轻摆动工件或游标卡尺,以便找出最大值。

(5) 勿测毛坯面。游标卡尺仅用于测量工件已加工的表面,表面粗糙的毛坯件不能用游标卡尺测量。

(6) 游标卡尺用完后,应擦拭干净,抹上保护油,平放在盒里,以防生锈或弯曲。

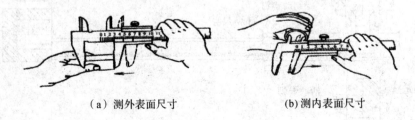

(a) 测外表面尺寸　　　　　　　(b) 测内表面尺寸

图 1.14　游标卡尺的使用

1.4.4　千分尺

千分尺(又称分厘卡)分为外径千分尺和内径千分尺等,是一种比游标卡尺更精密的量具,测量精度为 0.01 mm。外径千分尺的构造如图 1.15 所示。

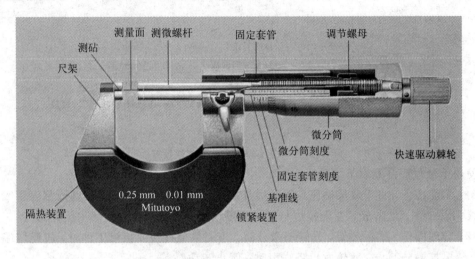

图 1.15　外径千分尺

千分尺的测微螺杆和微分筒连在一起,当转动微分筒时,测微螺杆和微分筒一起沿轴向移动。测量原理如图 1.16 所示,根据 $\dfrac{p}{2\pi r}=\dfrac{x}{r\cdot\alpha}$ 可知 $x=\dfrac{p\cdot\alpha}{2\pi}$。式中:$x$ 为 a 到 b 的移动量(mm);p 为芯轴的螺距(mm);α 为从 a 到 b 的旋转角度(rad);r 为刻度面的半径(mm)。超过一定的压力时,棘轮沿着内部棘爪的斜面滑动,发出嗒嗒的响声,即可读出工件尺寸。测量时,为防止尺寸变动,可转动锁紧装置锁定测微螺杆。

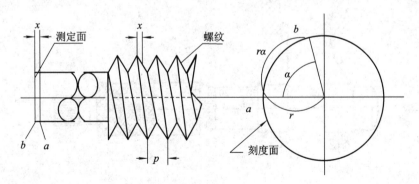

图 1.16　测量原理图

千分尺的读数机构由固定套管和微分筒组成,如图 1.17 所示。固定套管的轴线方向有一条中线,中线上、下方都有刻线,相互错开 0.5 mm;在微分筒左侧锥形圆周上有 50 等份的刻度线。因测微螺杆的螺距为 0.5 mm,即螺杆转一周,同时轴向移动 0.5 mm,故微分筒上每一小格的读数为 0.5/50=0.01 mm,所以,千分尺的测量精度为 0.01 mm。测量时,读数方法分三步。

(1) 读出固定套管上露出刻线的整毫米数和半毫米数(0.5 mm),注意看清露出的是上方刻线还是下方刻线，以免错读 0.5 mm。

(2) 看清微分筒上哪一格与固定套管纵向刻线对齐，将刻线的序号乘以 0.01 mm，即为小数部分的数值。

(3) 将(1)和(2)两部分读数相加，即为被测工件的尺寸。

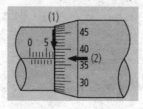

标准刻度时(分度值0.01 mm)

(1) 套管读数	7. mm
(2) 微分筒读数	+ 0.37 mm
千分尺读数	7.37 mm

注：0.37 mm(2)是套筒基准线与微分刻度对齐时的读数。

图 1.17　千分尺的刻线原理与读数方法

使用千分尺应注意以下事项：

(1) 测前准备。将千分尺砧座与测微螺杆擦拭干净，将两者接触，看圆周刻度零线是否与中线零点对齐，且微分筒左侧棱边与尺身的零线重合，如有误差需修正读数。

(2) 合理操作。手握尺架，先转动微分筒，当测量螺杆快要接触工件时，应使用端部棘轮，严禁再拧微分筒。在棘轮发出嗒嗒声时，停止转动。

(3) 擦拭干净工件测量面。应将工件测量表面擦拭干净，以免影响测量精度。

(4) 不偏不斜。测量时，应使千分尺的砧座与测微螺杆两侧面准确放在被测工件的直径处，不能偏斜。

图 1.18 所示是用来测量内孔直径及槽宽等尺寸的内径千分尺，其内部结构与外径千分尺相同。

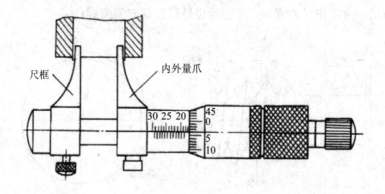

图 1.18　内径千分尺

1.4.5　百分表

百分表是一种指示量具，主要用于校正工件的装夹位置、检查工件的形状和位置误差及测量工件内径等。百分表的刻度值为 0.01 mm，刻度值为 0.001 mm 的称为千分表。

百分表结构及百分表架如图 1.19 所示。一般的百分表是杠杆式的，将细微的不平度和细微的变化通过杠杆原理放大，从而以一个比较精确的数据显示在用户面前，大表盘上指针转过一个单位小格为 0.01 mm，小表盘上转过一个小格为 1 mm。千分表的原理和百分表的原理相同。

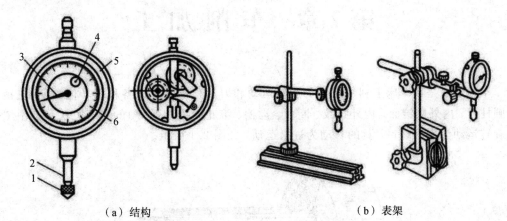

（a）结构　　　　　　　　　　　　（b）表架

1—测量头；　2—测量杆；　3—大指针；　4—小指针；　5—表壳；　6—刻度盘

图 1.19　百分表结构及百分表表架

1.4.6　量具维护与保养

量具是用来测量工件尺寸的工具，在使用过程中应加以维护与保养，才能保证零件测量精度，延长量具的使用寿命。因此，必须做到以下几点：

（1）在使用前应擦拭干净，用完后必须擦洗干净、涂油并放入专用量具盒内。

（2）不能随便乱放、乱扔，应放在规定的地方。

（3）不能用精密量具去测量毛坯尺寸、运动着的工件或温度过高的工件，测量时应用力适当，不能过猛、过大。

（4）量具如有问题，不能私自拆卸修理，应交专业人员处理。精密量具必须定期送计量部门鉴定。

第 2 章 车 削 加 工

车削加工是在车床上利用工件的旋转运动和刀具移动来加工各种回转体表面(包括内外圆柱面、内外圆锥面、内外螺纹、断面、沟槽、滚花及成型面等)的加工方法。其中工件的旋转运动为主运动，刀具的移动为进给运动，如图 2.1 所示。

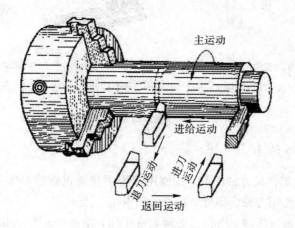

图 2.1 车削运动

车削是机械加工最常用的工种。在成批大量生产、单件小批生产以及机械维修等方面，车削加工都占有非常重要的地位。车床主要用于加工各类回转体表面，如图 2.2 所示。车前加工的尺寸公差等级为 IT11~IT6，表面粗糙度 Ra 值为 12.5~0.8 μm。车床种类很多，其中应用最广泛的是卧式车床。

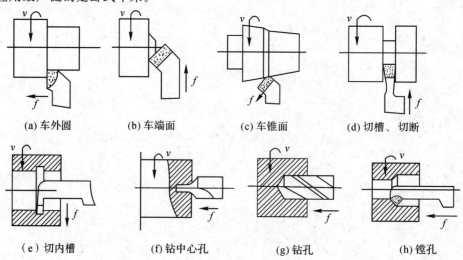

(a) 车外圆   (b) 车端面   (c) 车锥面   (d) 切槽、切断

(e) 切内槽   (f) 钻中心孔   (g) 钻孔   (h) 镗孔

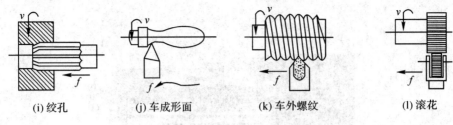

(i) 绞孔　　　　(j) 车成形面　　　　(k) 车外螺纹　　　　(l) 滚花

图 2.2　普通车床所能加工的典型表面

2.1　车　　床

车床的种类很多，如卧式车床、立式车床、转塔车床、数控车床等，应用范围最广的是卧式车床，适用于加工一般工件。下面介绍卧式车床的型号、组成及传动系统。

2.1.1　车床型号

按照国家标准 GB/T 15375—2008 的规定，机床型号由一组汉语拼音字母和阿拉伯数字按一定规律组合而成，用来表示机床的类型、特征、主要参数等。下面以 C6132 及 C616 为例说明车床各部分的含义，如图 2.3 所示。

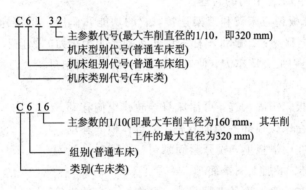

图 2.3　车床型号各部分含义举例

2.1.2　卧式车床组成

C6132 卧式车床的外形及组成部件如图 2.4 所示。

（1）床身。床身用来安装车床的各个部件，并保证各部件之间准确的相对位置。床身的上面有内、外两组平行导轨，外侧的导轨用于溜板箱的运动导向和定位，内侧的导轨用于尾座的运动导向和定位。

（2）主轴箱。主轴箱又称床头箱，用于支承主轴且内装部分主轴变速机构。经过调节变速箱和设在床头箱外面的手柄位置，可使主轴获得 12 种不同的转速。主轴是空心结构，可通过长棒料；主轴前端用来安装卡盘等附件。主轴经过齿轮带动交换齿轮，将运动传给进给箱。

（3）进给箱。进给箱是内装进给运动的变速机构，可通过手柄改变进给箱内变速齿轮的位置，从而调整进给量和螺距，并将运动传递给光杠或丝杠。

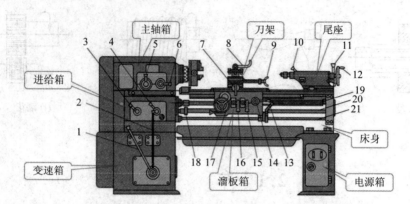

1、2、6—主运动变速手柄；3、4—进给运动变速手柄；5—刀架左右移动的换向手柄；
7—刀架横向手动进给手柄；8—方刀架锁紧手柄；9—小刀架移动手柄；
10—尾座套筒锁紧手柄；11—尾座锁紧手柄；12—尾座套筒移动手轮；13—主轴正反转及停止手柄；
14—丝杠控制刀架纵向自动进给手柄；15—光杠控制刀架横向自动进给手柄；
16—光杠控制刀架纵向自动进给手柄；17—刀架纵向手动进给手轮；
18—丝杠、光杠互锁装置；19—丝杠；20—光杠；21—启动杆

图 2.4　C6132 卧式车床

（4）变速箱。变速箱内装有变速机构，电动机的转速首先传给变速箱，再经变速箱传到主轴箱，使主轴获得 12 种不同的转速。

（5）溜板箱。溜板箱与床鞍和刀架连接，它的功能和作用一是将光杠的旋转运动转变为车刀的纵向或横向移动；二是将丝杠的旋转运动转变为车刀的纵向移动。

（6）刀架。刀架用来夹持车刀，使其作横向、纵向或斜向进给。刀架是多层结构，由下列部件组成，如图 2.5(a)所示。

① 床鞍：与溜板箱牢固相连，可沿床身导轨作纵向移动。

② 中滑板：装在床鞍顶部的横向导轨上，可作横向移动。

③ 转盘：固定在中滑板上，松开紧固螺母后，可转动转盘，与床身导轨形成所需要的角度，然后拧紧螺母，可加工圆锥面等。

④ 小滑板：装在转盘上面的燕尾槽内，可作短距离的进给移动。

⑤ 方刀架：固定在小滑板上，可同时装夹四把车刀。松开锁紧手柄，即可转动方刀架，把所需要的车刀更换到工作位置上。

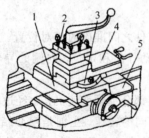

1—中滑板；2—方刀架；
3—转盘；4—小滑板；5—床鞍

(a)

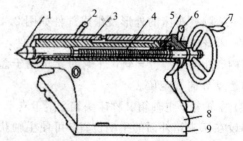

1—顶尖；2—套筒锁紧手柄；3—套筒；4—丝杆；5—螺母；
6—尾座锁紧手柄；7—手轮；8—尾座体；9—底座

(b)

图 2.5　尾座和刀架

（7）尾座。尾座安装于床身导轨上，可沿导轨移动。它用于安装后顶尖，以支持较长工件的加工，安装钻头、铰刀等刀具后可进行孔的加工。尾座由下列部分组成，如图 2.5（b）所示。

① 套筒：左端有锥孔，用以安装顶尖或锥柄刀具。套筒在尾座体内的轴向位置可用手轮调节，并可用锁紧手柄固定。将套筒退至极右位置时，即可拆卸顶尖或刀具。

② 尾座体：与底座相连，当松开固定螺钉时，拧动螺杆可使尾座体在底板上作微量横向移动，以便使前后顶尖对准工件中心或偏移一定距离车削长锥面。

③ 底座：直接安装于床身导轨上，用以支承尾座体。

（8）光杠与丝杠。光杠和丝杠可将进给箱的运动传至溜板箱。光杠用于车削光滑表面，丝杠用于车螺纹。

（9）操纵杆。操纵杆是车床的控制机构，在操纵杆左端和溜板箱右侧各装有一个手柄，操作工人可以很方便地操纵手柄以控制车床主轴正转、反转或停车。

（10）挂轮变速机构。挂轮变速机构装在主轴箱和进给箱的左侧，内部的挂轮连接主轴箱和进给箱。交换齿轮变速机构的用途是在车削特殊的螺纹（如英制螺纹、径节螺纹、精密螺纹和非标准螺纹等）时调换齿轮。

除上述组成部件以外，车床还配有一套附件以适应各种加工需要，常用的附件有卡盘、中心架、顶尖等。

2.1.3 车床传动系统

电动机输出的动力，经变速箱通过传动带传给主轴，更换变速箱和主轴箱外的手柄位置，可以得到不同的啮合齿轮组，从而得到不同的主轴转速，主轴通过卡盘带动工件做旋转运动。同时，主轴的旋转运动通过主轴箱、进给箱、光杠（或丝杠）传给溜板箱，使溜板箱带动刀架沿床身作直线进给运动，如图 2.6 所示。

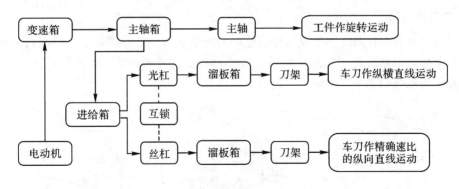

图 2.6 车床传动系统示意图

2.1.4 车削安全生产规程

（1）进行车床切削实习的人员，应穿戴好防护用品，不准穿裙子、短裤、背心、拖鞋、凉鞋及佩戴项链和手链等饰品。操作机床时，不准戴手套；扎紧袖口，不准戴围巾、手套；女生发辫应挽在帽内，以免被卷入机床的旋转部分，造成事故。

（2）开始车床切削实习时，应认真听取实习指导教师对机床结构性能和操作规范的介绍，了解机床的性能特点和操作方法，在征得指导教师的同意后，才能开动机床。

（3）开动机床前，先检查机床各部件是否完好，各个手柄、刀架及刀具是否处于正常位置，以防止开车时发生撞击。

（4）必须在停车状态下装夹车刀，刀尖应调节到和工件轴心同一水平上，刀尖不应伸出刀架太长（应尽量缩短），车刀必须装夹牢固，以免车削过程中松脱发生事故。

（5）工件装夹必须牢固可靠，夹紧工件后务必取下卡盘上的扳手，以免开车时扳手飞出伤人。

（6）开车后应注意下列事项：① 禁止用手接触工作中的刀具、工件或其他运转部分，禁止将身体靠在机床上；② 主轴变速时应先停车，变速时进给箱手柄应处于低速状态；③ 进行切断操作时，禁止用手抓接将要切断的工件；④ 禁止用手清除切屑，禁止在机床运行时进行工件测量；⑤ 发现刀具磨损应及时停机，并更换刀具或进行重磨；⑥ 如遇声音特别刺耳、强烈振动等不正常现象，或突发工件、刀具断裂和机床撞击等事故，应立即停机并向实习指导教师报告。

（7）切削中途如需停车，禁止用开倒车代替刹车；禁止用手掌压在卡盘上，车螺纹开倒顺车时必须等主轴完全停止转动后，才能变换方向；切削时禁止将头部靠近工件及刀具；人站立位置应偏离切屑飞出方向，以免切屑伤人。

（8）两人以上在同一台机床上进行实训时，应密切配合，开车前应打声招呼。观看同学操作时，严禁站在铁屑飞出方向，以免发生事故。

2.2　车刀及工件的装夹

2.2.1　车刀

1. 车刀的结构

车刀由刀头和刀杆两部分组成，刀头是车刀的切削部分，刀杆是车刀的夹持部分。车刀从结构上分为四种形式，即整体式、焊接式、机夹式和可转位式，如图 2.7 所示，其具体的特点和使用场合如表 2.1 所示。

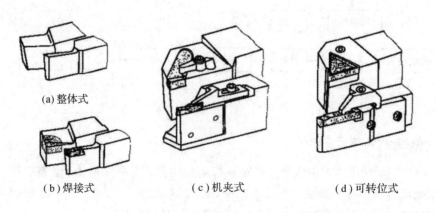

(a) 整体式　　(b) 焊接式　　(c) 机夹式　　(d) 可转位式

图 2.7　车刀的结构形式

表 2.1　车刀四种结构形式的特点和使用场合

名称	特　　　　点	使用场合
整体式	用整体高速钢制造，易磨成锋利切削刃，刀具刚性好	小型车刀和加工非铁金属车刀
焊接式	可根据需要刃磨几何形状，结构紧凑，制造方便	各类车刀，特别是小刀具
机夹式	可避免焊接内应力引起刀具寿命缩短。刀杆利用率高，刀片可通过刃磨获得所需参数，使用灵活方便	大型刀具、螺纹车刀、切断车刀
可转位式	避免了焊接的缺点，刀片转位更换迅速。可使用涂层刀片，生产率高，断屑稳定	用于普通车床，特别是自动线、数控车床的各类车刀

2. 常用刀具材料

目前，车刀广泛应用硬质合金刀具材料，在某些情况下也应用高速钢刀具材料。

1）高速钢

高速钢是一种高合金钢，俗称白钢、锋钢、风钢等。其强度、冲击韧度、工艺性很好，是制造复杂形状刀具的主要材料，如成形车刀、麻花钻头、铣刀、齿轮刀具等。高速钢的耐热性不高，其硬度在 640℃ 左右会下降，不能进行高速切削。

2）硬质合金

硬质合金是耐热高和耐磨性好的碳化物，以钴为黏结剂，采用粉末冶金的方法压制成各种形状的刀片，然后用铜钎焊的方法焊接在刀头上作为切削刀具的材料。硬质合金的耐磨性和硬度比高速钢高，但塑性和冲击韧度不及高速钢。按 GB/T 2075—2007（参照采用ISO 标准），可将硬质合金分为 P、M、K、N、S、H 六种，其中 P、M、K 三类的介绍如下。

（1）P 类硬质合金：主要成分为 Wc＋Tic＋Co，用蓝色作标志，相当于原钨钛钴类（YT），主要用于加工长切屑的黑色金属，如钢类等塑性材料。此类硬质合金的耐热温度为 900℃。

（2）M 类硬质合金：主要成分为 Wc＋Tic＋Tac(Nbc)＋Co，用黄色作标志，又称通用硬质合金，相当于原钨钛钽类通用合金（YW），主要用于加工黑色金属和有色金属。此类硬质合金的耐热温度为 1000～1100℃。

（3）K 类硬质合金：主要成分为 Wc＋Co，用红色作标志，又称通用硬质合金，相当于原钨钴（YG），主要用于加工短切屑的黑色金属（如铸铁）、有色金属和非金属材料。此类硬质合金的耐热温度为 800℃。

3. 车刀组成及车刀角度

车刀是形状最简单的单刃刀具，其他各种复杂刀具都可以看作车刀的组合和演变，有关车刀角度的定义，均适用于其他刀具。车刀是由刀头（切削部分）和刀体（夹持部分）组成的。车刀的切削部分由三面、二刃、一尖所组成，即一点二线三面，如图 2.8 所示。

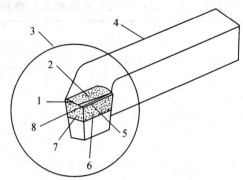

1—副切削刃；2—前刀面；3—刀头；4—刀体；
5—主切削刃；6—主后刀面；7—副后刀面；8—刀尖

图 2.8　车刀的组成

（1）前刀面：切削时切屑流出所经过的表面。

（2）主后刀面：切削时与工件加工表面相对的表面。

（3）副后刀面：切削时与工件已加工表面相对的表面。

（4）主切削刃：前刀面与主后刀面的交线。它可以是直线或曲线，担负着主要的切削工作。

（5）副切削刃：前刀面与副后刀面的交线。一般只担负少量的切削工作。

（6）刀尖：主切削刃与副切削刃的相交部分。为了强化刀尖，常磨成圆弧形或一小段直线，称为过渡刃，如图 2.9 所示。

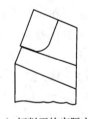  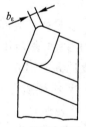

　（a）切削刃的实际交点　　　　（b）圆弧过渡刃　　　　　（c）直线过渡刃

图 2.9　刀尖的形成

4. 车刀刃磨

车刀（指整体车刀与焊接车刀）用钝后可以重新刃磨，车刀一般用砂轮机刃磨。磨高速钢车刀刀体用氧化铝砂轮（白色），磨硬质合金刀头用碳化硅砂轮（绿色）。

车刀刃磨的步骤如下：

（1）磨主后刀面。目的是磨出车刀的主偏角和主后角，如图 2.10(a)所示。

（2）磨副后刀面。目的是磨出车刀的副偏角和副后角，如图 2.10(b)所示。

（3）磨前刀面。目的是磨出车刀的前角及刃倾角，如图 2.10(c)所示。

（4）磨刀尖圆弧。目的是在主刀刃与副刀刃之间磨出刀尖圆弧，以提高刀尖强度和改善散热条件，如图 2.10(d)所示。

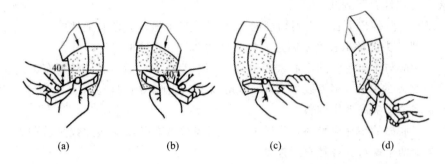

(a)   (b)   (c)   (d)

图 2.10 刃磨外圆车刀的一般步骤

刃磨车刀的姿势及方法如下：

(1) 人站立在砂轮机的侧面，以防砂轮碎裂时，碎片飞出伤人。

(2) 两手握刀的距离应分开，两肘夹紧腰部，以减小磨刀时的抖动。

(3) 磨刀时，车刀应放在砂轮的水平中心，刀尖略向上翘 3°～8°，车刀接触砂轮后应作左右方向水平移动；当车刀离开砂轮时，车刀需向上抬起，以防磨好的刀刃被砂轮碰伤。

(4) 磨后刀面时，刀杆尾部向左偏过一个主偏角的角度；磨副后刀面时，刀杆尾部向右偏过一个副偏角的角度。

(5) 修磨刀尖圆弧时，以左手握车刀前端为支点，用右手转动车刀的尾部。

磨刀安全知识如下：

(1) 刃磨刀具前，应首先检查砂轮有无裂纹，砂轮轴螺母是否拧紧，并经试转后再使用，以免砂轮碎裂或飞出伤人。

(2) 刃磨刀具不能用力过大，否则会因手打滑而触及砂轮面，造成工伤事故。

(3) 磨刀时，应戴防护眼镜，以免砂砾和铁屑飞入眼中。

(4) 磨刀时，禁止正对砂轮的旋转方向站立，以防发生意外。

(5) 磨小刀头时，必须把小刀头装到刀杆上。

(6) 砂轮支架与砂轮的间隙不得大于 3 mm，如果发现间隙过大，应调整适当。

5. 车刀的安装

为保证刀具具有合理的几何角度，保证加工质量，应正确安装车刀。车刀的安装如图 2.11 所示。

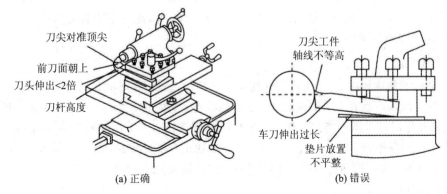

刀尖对准顶尖
前刀面朝上
刀头伸出<2倍
刀杆高度

(a) 正确

刀尖工件
轴线不等高
车刀伸出过长
垫片放置
不平整

(b) 错误

图 2.11 车刀的安装

安装车刀应注意下列几点：

（1）刀头不宜伸出太长，否则切削时车刀容易产生振动，影响工件的加工精度和表面粗糙度。一般刀头的伸出长度不超过刀杆厚度的两倍，能看见刀尖即可。

（2）刀尖应与车床主轴的中心线等高。车刀装得太高，后角减小，则车刀的主后面与工件会产生强烈的摩擦；车刀装得太低，前角减少，切削不顺利，会使刀尖崩碎。刀尖的高低，可根据尾架顶尖高低来调整。

（3）车刀底面的垫片应平整，并尽可能使用厚垫片，以减少垫片数量。调整好刀尖高低后，用至少两个螺钉交替将车刀拧紧。

2.2.2 工件的安装及车床附件

在车床上安装工件时，应使工件被加工表面的回转中心与车床主轴的轴线重合，以确保加工后的表面有正确的位置。同时，应把工件夹紧，以承受切削力，保证工件工作时的安全。在车床上加工工件时，主要有以下几种安装方法。

1. 三爪卡盘

三爪卡盘是车床最常用的附件，其结构如图 2.12 所示。当转动小锥齿轮时，与之啮合的大锥齿轮也随之转动，大锥齿轮背面的平面螺纹使 3 个卡爪同时缩向中心或胀向外侧，以夹紧不同直径的工件。由于 3 个卡爪能同时移动并对中（对中精度为 0.05～0.15 mm），因此三爪卡盘适用于快速夹持截面为圆形、正三角形、正六边形的工件。三爪卡盘带有 3 个反爪，反方向安装到卡盘体上，可用于夹持直径较大的工件。

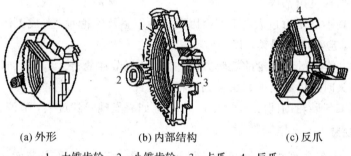

|(a) 外形|(b) 内部结构|(c) 反爪|

1—大锥齿轮；2—小锥齿轮；3—卡爪；4—反爪

图 2.12 三爪卡盘结构

三爪卡盘由于三爪联动，能自动定心，但夹紧力小，因此适用于装夹圆棒料、六角棒料及外表面为圆柱面的工件。

2. 四爪卡盘

四爪卡盘的构造如图 2.13 所示。它的 4 个卡爪与三爪卡盘不同，是互不相关的，可以单独调整。每个爪的后面有一半瓣内螺纹，跟丝杠啮合，丝杠的一端有一方孔，用来安插卡盘扳手，当转动丝杠时该卡爪就能上下移动。卡盘后面配有法兰盘，法兰盘由内螺纹与主轴螺纹相配合。由于四爪单动，夹紧力大，装夹时工件需找正，如图 2.14(a)、(b)所示，因此适用于装夹毛坯、方形、椭圆形和其他形状不规则的工件及较大的工件。

3. 顶尖安装

在车床上加工较长轴类零件时，一般用顶尖、拨盘和卡箍安装，如图 2.15 所示。用顶

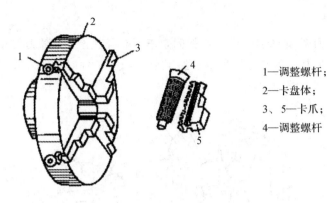

1—调整螺杆；
2—卡盘体；
3、5—卡爪；
4—调整螺杆

图 2.13　四爪卡盘结构

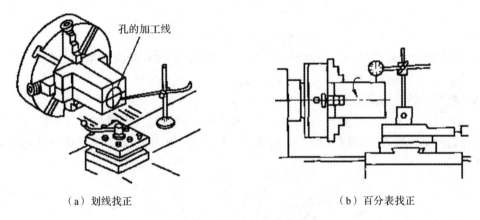

（a）划线找正　　　　　　　　　　（b）百分表找正

图 2.14　四爪卡盘装夹找正

尖装夹时，先用中心钻在工件两端面上钻出中心孔，再把工件安装在前后顶尖上。前顶尖装在车床主轴锥孔中与主轴一起旋转，后顶尖装在尾座套筒锥孔内。顶尖有死顶尖和活顶尖两种。死顶尖与工件中心孔发生摩擦，需在接触面加润滑脂润滑，死顶尖定心准确，刚性好，适用于低速切削和工件精度要求较高的场合；活顶尖随工件一起转动，与工件中心孔无摩擦，适用于高速切削，但定心精度不高。用两个顶尖装夹时，需用鸡心夹头和拨盘夹紧并带动工件旋转。

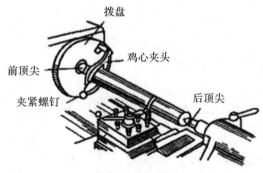

图 2.15　用双顶尖安装工件

当加工长径比大于 10 的细长轴时，为了防止轴受切削力的作用而产生弯曲变形，应用中心架或跟刀架支承，以增加其刚性。

4. 中心架与跟刀架

中心架的应用如图 2.16 所示，中心架固定于床身导轨上，不随刀架移动。中心架的应用比较广泛，尤其在中心距很长的车床上加工细长轴类工件时，必须采用中心架，以保证工件在加工过程中有足够的刚性。

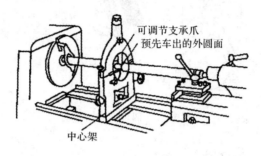

可调节支承爪
预先车出的外圆面
中心架

图 2.16 中心架的应用

图 2.17 所示为跟刀架的使用情况。利用跟刀架的目的与利用中心架的目的基本相同，都是为了增加工件在加工中的刚性。不同点在于：

(1) 跟刀架的支撑点为两个支承爪和车刀；中心架的支撑点为三个支承爪。

(2) 跟刀架固定于大滑板上，可以随滑板和刀具一起移动，以增加车刀切削处工件的刚度和抗震性，故跟刀架常用于精车细长轴类工件的外圆；中心架固定于床身导轨上，不随刀架移动。

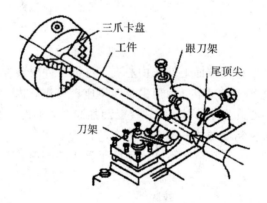

三爪卡盘
工件
跟刀架
尾顶尖
刀架

图 2.17 跟刀架的应用

2.3 车 削 加 工

2.3.1 刻度盘原理和应用

车削工件时，为了正确迅速地控制背吃刀量，可以利用中拖板上的刻度盘。中拖板刻度盘安装在中拖板丝杠上，当摇动中拖板手柄带动刻度盘转动一周时，中拖板丝杠也转动一周。这时，固定在中拖板上与丝杠配合的螺母沿丝杠轴线方向移动一个螺距，同时，安装在中拖板上的刀架也移动一个螺距。如果中拖板丝杠螺距为 4 mm，当手柄转动一周时，刀架就横向移动 4 mm。若刻度盘圆周等分为 200 格，则当刻度盘转动一格时，刀架就移动 0.02 mm。

使用中拖板刻度盘控制背吃刀量时应注意以下事项：

(1) 由于丝杠和螺母之间存在间隙，因此会产生空行程（即刻度盘转动，而刀架并未移动）。使用时，应缓慢将刻度盘转到所需的位置（如图 2.18(a)所示）。若不慎多转过几格，不能简单地退回几格（如图 2.18(b)所示），应向相反方向退回全部空行程，再转到所需位置（如图 2.18(c)所示）。

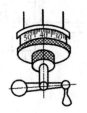

(a) 转至30，但转过头成40　　　(b) 错误，直接退至30　　　(c) 正确，反转约一周后，再转至所需位置30

图 2.18　手柄摇过头后的纠正方法

(2) 由于工件是旋转的，使用中滑板刻度盘时，车刀横向进给后的切除量是背吃刀量的两倍，因此要注意，当测得工件外圆余量后，中拖板刻度盘控制的背吃刀量是外圆余量的 1/2。

小滑板刻度盘的原理及使用方法和中拖板刻度盘的相同。小滑板刻度盘主要用于控制工件长度方向的尺寸。与加工圆柱面不同的是，小滑板的刻度值直接表示工件长度方向的切除量。

2.3.2　车外圆

车外圆是生产中最基本、应用最广泛的工序。常见的几种用车刀车外圆的情况如图 2.19 所示。尖头车刀用于粗车外圆、光轴或台阶不大的轴；弯头车刀除车外圆外，还用于车端面和倒角；偏头车刀用于车细长轴或有直角台阶的外圆。但工件在加工之前，都需要进行对刀和试切，具体方法和步骤如图 2.20 所示。

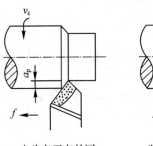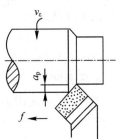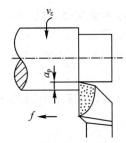

(a) 尖头车刀车外圆　　　(b) 弯头车刀车外圆　　　(c) 偏头车刀车外圆

图 2.19　车外圆

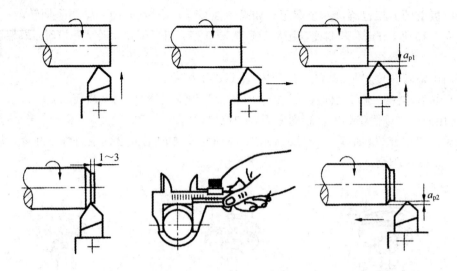

图 2.20　试切的方法和步骤

2.3.3　车端面

图 2.21 所示为常用于车端面的弯头车刀和偏头车刀。

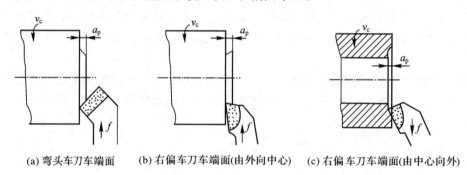

(a) 弯头车刀车端面　　(b) 右偏车刀车端面(由外向中心)　　(c) 右偏车刀车端面(由中心向外)

图 2.21　车端面

车端面时，应注意以下方面：

(1) 应将车刀的刀尖对准工件的回转中心，以免在端面上留出凸台。

(2) 应检查车刀、方刀架及床鞍是否锁紧。车直径较大端面时，应将床鞍锁紧在床身上，用小滑板调整背吃刀量，以免端面出现外凸或内凸。

车端面的质量分析如下：

(1) 端面不平，产生凸凹现象或端面中心留"小头"：原因是车刀刃磨或安装不正确，刀尖没有对准工件中心，吃刀深度过大，车床有间隙(拖板移动造成)。

(2) 表面粗糙度差：原因是车刀不锋利，手动走刀摇动不均匀或太快，自动走刀切削用量选择不当。

2.3.4　车台阶

车削台阶的方法与车削外圆的方法基本相同，但在车削时应兼顾外圆直径和台阶长度的尺寸要求，并保证台阶平面与工件轴线的垂直度要求。台阶长度尺寸的控制方法如下：

（1）台阶长度尺寸要求较低时，可直接用大拖板刻度盘控制。

（2）台阶长度可用钢直尺或样板确定位置，如图 2.22 所示。车削时先用刀尖车出比台阶长度略短的刻痕作为加工界限，台阶的准确长度可用游标卡尺或深度游标卡尺测量。

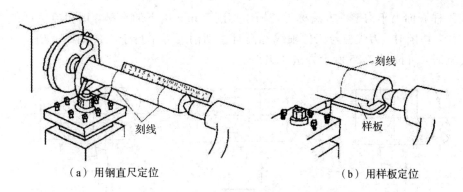

（a）用钢直尺定位　　　　　　　　　（b）用样板定位

图 2.22　台阶长度尺寸的控制方法

（3）台阶长度尺寸要求较高且长度较短时，可用小滑板刻度盘控制其长度。

（4）高度小于 5 mm 的台阶，用 90°偏头车刀车出；高度大于 5 mm 的台阶，用主偏角大于 90°的偏头车刀分层切削，如图 2.23 所示。

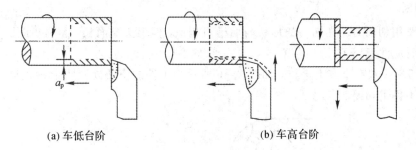

(a) 车低台阶　　　　　　　　　　　(b) 车高台阶

图 2.23　车台阶的方法

2.3.5　滚花

花纹有直纹和网纹两种，滚花刀也分直纹滚花刀（如图 2.24(a)所示）和网纹滚花刀（如图 2.24(b)、(c)所示）。滚花是指用滚花刀挤压工件，使其表面产生塑性变形而形成花纹。滚花的径向挤压力很大，因此加工时工件的转速较低，并且需要充分供给冷却润滑液，以免损坏滚花刀，防止细屑滞塞在滚花刀内而产生乱纹。

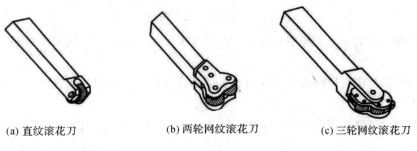

(a) 直纹滚花刀　　　　(b) 两轮网纹滚花刀　　　　(c) 三轮网纹滚花刀

图 2.24　滚花刀

2.3.6 切槽、切断

1. 切槽

在工件表面上车沟槽的方法称为切槽。切削 5 mm 以下的窄槽，用相应宽度的切槽刀一次切出，切削时，刀尖应与工件轴线等高且主切削刃应平行于工件轴线。切削 5 mm 以上的宽槽时，可按图 2.25 所示方法切出。

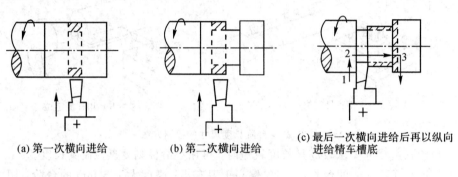

(a) 第一次横向进给　　　(b) 第二次横向进给　　　(c) 最后一次横向进给后再以纵向
进给精车槽底

图 2.25　切宽槽

2. 切断

切断要用切断刀。切断刀的形状与切槽刀相似，但刀头窄而长，容易折断。

切断时应注意以下几点：

(1) 切断一般在卡盘上进行，如图 2.26 所示。工件的切断处应距卡盘较近，避免在顶尖安装的工件上切断。

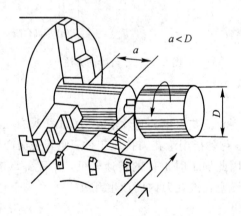

图 2.26　在卡盘上切断

(2) 切断刀刀尖应与工件中心等高，否则切断处将留有凸台，且刀头容易损坏，如图 2.27 所示。

(3) 切断刀伸出刀架的长度不能过长，进给应缓慢均匀，即将切断时，应放慢进给速度，以免刀头折断。

(4) 两顶尖工件切断时，不能直接切到中心，以防车刀折断，工件飞出。

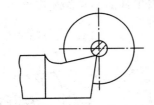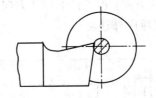

(a) 切断刀安装过低，工件不易切断　　　(b) 切断刀安装过高，刀头易被压断

图 2.27　切断刀刀尖必须与工件中心等高

2.3.7　车圆锥面

将工件车削成圆锥表面的方法称为车圆锥。车削锥面的常用方法有宽刀法、转动小刀架法、靠模法、尾座偏移法等。这里介绍转动小刀架法和尾座偏移法。

1. 转动小刀架法

当加工锥面不长的工件时，可用转动小刀架法车削。车削时，先将小滑板下面的转盘上的螺母松开；再把转盘转至所需要的圆锥半角($\alpha/2$)的刻线上，与基准零线对齐；然后固定转盘上的螺母。如果锥角不是整数，可在锥角附近估计一个值，试车后逐步找正，如图 2.28 所示。

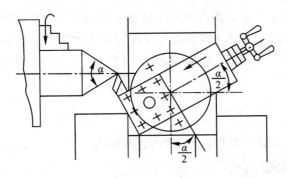

图 2.28　转动小滑板车圆锥

2. 尾座偏移法

当车削锥度小、锥形部分较长的圆锥面时，可以用偏移尾座的方法。此方法可以自动走刀，缺点是不能车削整圆锥和内锥体，以及锥度较大的工件。将尾座上滑板横向偏移一个距离 S，使偏移后两顶尖连线与原来两顶尖中心线相交一个 $\alpha/2$ 角度，尾座的偏向取决于工件大小头在两顶尖间的加工位置。尾座的偏移量与工件的总长有关，如图 2.29 所示。尾座偏移量可用下列公式计算：

$$S = \frac{D-d}{2L}L_0$$

式中：S——尾座偏移量；

　　　L——工件锥体部分长度；

　　　L_0——工件总长度；

　　　D、d——锥体大头直径和锥体小头直径。

床尾的偏移方向,由工件的锥体方向决定。当工件的小端靠近床尾处,床尾应向里移动;反之,床尾应向外移动。

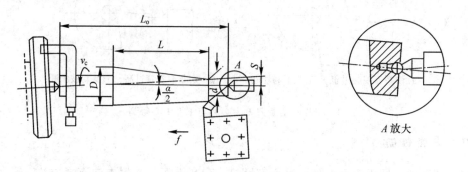

图 2.29 尾座偏移法车削圆锥

车圆锥体的质量分析如下:

(1)锥度不准确。造成锥度不准确的原因,可能是计算误差;也可能是小拖板转动角度和床尾偏移量偏移不精确;或者是车刀、拖板、床尾没有固定好,在车削中移动;甚至是工件的表面粗糙度差,量规或工件上有毛刺或没有擦拭干净,造成检验和测量的误差。

(2)圆锥母线不直。圆锥母线不直是指锥面不是直线,锥面上产生凹凸现象或是中间低、两头高。主要原因是车刀安装没有对准工件中心。

(3)表面粗糙度不合要求。造成表面粗糙度差的原因,可能是切削用量选择不当,车刀磨损或刃磨角度不对;也可能是没有进行表面抛光或者抛光余量不够;还可能是用小拖板车削锥面时,手动走刀不均匀;另外,机床的间隙大、工件刚性差也会影响工件的表面粗糙度。

2.3.8 孔加工

车床可以用钻头、镗刀、扩孔钻头、铰刀进行钻孔、镗孔、扩孔和铰孔。

1. 钻孔、扩孔、铰孔

(1)钻孔。利用钻头在工件上钻出孔的方法称为钻孔。在车床上钻孔如图 2.30 所示,工件装夹在卡盘上,钻头安装在尾架套筒锥孔内,摇动尾架手轮使钻头缓慢进给。钻孔的公差等级在 IT10 以下,表面粗糙度 $Ra=12.5\mu m$,多用于孔的粗加工。

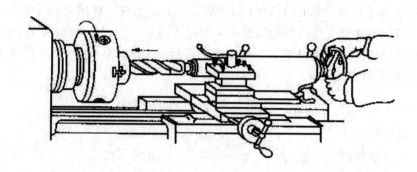

图 2.30 车床上钻孔

钻孔注意事项如下：

① 起钻时进给量要小，待钻头头部全部进入工件后，才能正常钻削。

② 钻钢件时，应加切削液，防止钻头因发热而退火。

③ 钻小孔或钻较深孔时，由于铁屑不易排出，应多次退出排屑，否则，会因铁屑堵塞而使钻头"咬死"或折断。

④ 钻小孔时，钻头转速应选择快速，钻头的直径越大，钻速应越慢。

⑤ 当钻头即将钻通工件时，由于钻头横刃首先钻出，因此轴向阻力大减，这时应减慢进给速度，否则钻头容易被工件卡死，造成锥柄在床尾套筒内打滑而损坏锥柄和锥孔。

（2）扩孔。扩孔是用扩孔钻扩大工件孔径的加工方法。

（3）铰孔。铰孔是用铰刀从工件孔壁上切除微量金属层，以提高孔的尺寸精度和减小表面粗糙度值的方法。

2. 镗孔

在车床上对工件的孔进行车削的方法称为镗孔（又称车孔），镗孔可以作粗加工，也可以作精加工。镗孔分为镗通孔和镗不通孔，如图 2.31 所示。镗通孔基本与车外圆相同，只是进刀和退刀方向相反；粗镗和精镗内孔时也需进行试切和试测，其方法与车外圆相同。注意通孔镗刀的主偏角为 $45°\sim75°$，不通孔镗刀的主偏角大于 $90°$。

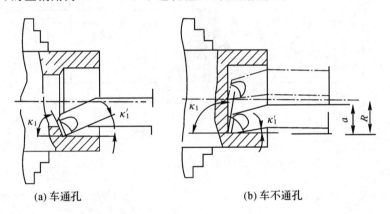

(a) 车通孔　　　　　　　　(b) 车不通孔

图 2.31　车孔

车内孔的质量分析如下：

1）尺寸精度达不到图样要求

（1）孔径大于要求尺寸的原因：① 镗孔刀安装不正确；② 刀尖不锋利；③ 小拖板下面转盘基准线未对准"0"线；④ 孔偏斜、跳动；⑤ 测量不及时。

（2）孔径小于要求尺寸的原因：① 刀杆太细造成"让刀"现象；② 塞规磨损或选择不当；③ 铰刀磨损以及车削温度过高。

2）几何精度达不到图样要求

（1）内孔成多边形的原因：① 车床齿轮啮合过紧，接触不良，车床各部件间隙过大；② 薄壁工件装夹变形。

（2）内孔有锥度的原因：① 主轴中心线与导轨不平行；② 使用小拖板时基准线不对；③ 切削量过大或刀杆太细造成"让刀"现象。

（3）表面粗糙度达不到图样要求的原因：① 刀刃不锋利；② 角度不正确；③ 切削用量

选择不当；④ 切削液不充分。

2.3.9 车螺纹

将工件表面车削成螺纹的方法称为车螺纹。螺纹按牙型分为三角螺纹、梯形螺纹、方牙螺纹等，如图 2.32 所示，其中普通公制三角螺纹应用最广。

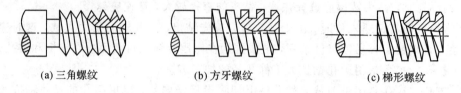

(a)三角螺纹　　　　(b)方牙螺纹　　　　(c)梯形螺纹

图 2.32　螺纹的种类

1. 普通三角螺纹的基本牙型

普通三角螺纹的基本牙型如图 2.33 所示，各基本尺寸的名称如下：

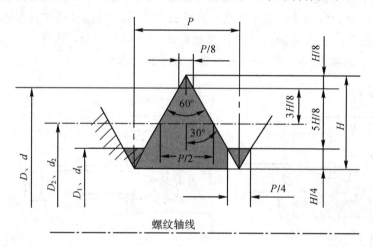

D—内螺纹大径（公称直径）；d—外螺纹大径（公称直径）；D_2—内螺纹中径；d_2—外螺纹中径；
D_1—内螺纹小径；d_1—外螺纹小经；P—螺距；H—原始三角形高度

图 2.33　普通三角螺纹基本牙型

决定螺纹的基本要素有三个：

（1）螺距 P：是沿轴线方向上相邻两牙间对应点的距离。

（2）牙型角 α：是螺纹轴向剖面内螺纹两侧面的夹角。

（3）螺纹中径 $D_2(d_2)$：是平螺纹理论高度 H 的一个假想圆柱体的直径。在中径处的螺纹牙厚和槽宽相等。只有内外螺纹中径都一致时，两者才能很好地配合。

2. 车削外螺纹的方法与步骤

1）准备工作

安装螺纹车刀时，车刀的刀尖角等于螺纹牙型角 $\alpha=60°$，其前角 $\gamma_0=0°$ 才能保证工件螺纹的牙型角，否则牙型角将产生误差。只有粗加工或螺纹精度要求不高时，螺纹车刀的前角可取 $\gamma_0=5°\sim20°$。安装螺纹车刀时，刀尖应对准工件中心，并用样板对刀，以保证刀尖角的角平分线与工件的轴线相垂直，车出的牙型角才不会偏斜，如图 2.34 所示。

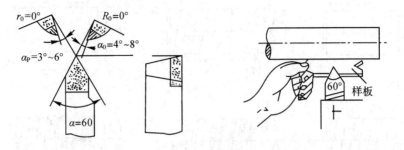

图 2.34 螺纹车刀几何角度与用样板对刀

(1) 按螺纹规格车螺纹外圆，并按所需长度刻出螺纹长度终止线。先将螺纹外径车至尺寸，然后用刀尖在工件上的螺纹终止处刻一条微可见的线，作为车螺纹的退刀标记。

(2) 根据工件的螺距 P，查看机床的标牌，然后调整进给箱的手柄位置及配换挂轮箱齿轮的齿数，以获得工件所需要的螺距。

(3) 确定主轴转速。初学者应将车床主轴转速调到最低速。

2) 车螺纹的方法和步骤

(1) 确定螺纹切削的起始位置，将中滑板刻度调到零位。开车，使刀尖轻微接触工件表面，然后迅速将中滑板刻度调至零位，向右退出车刀，如图 2.35(a)所示。

(2) 试切第一条螺旋线并检查螺距。将床鞍摇至离工件端面 8~10 牙处，横向进刀 0.05 mm 左右；开车，合上开合螺母，在工件表面车出一条螺旋线，至螺纹终止线处退出车刀，如图 2.35(b)所示。

(3) 开反车将车刀退到工件右端；停车，用钢直尺检查螺距是否正确，如图 2.35(c)所示。

(4) 用刻度盘调整背吃刀量，开车切削，如图 2.35(d)所示。螺纹的总背吃刀量 a_p 与螺距的关系可参考经验公式 $a_p \approx 0.65P$，每次的背吃刀量约为 0.1 mm。

(5) 车刀将至终点时，应做好退刀、停车准备。先快速退出车刀，然后开反车退出刀架，如图 2.35(e)所示。

(6) 再次横向进刀，继续切削，至车出正确的牙型，如图 2.35(f)所示。

3) 螺纹车削注意事项

(1) 注意消除拖板的"空行程"。

(2) 避免"乱扣"。当第一条螺旋线车好以后，第二次进刀后车削，刀尖不在原来的螺旋线中，而是偏左或偏右，甚至车在牙顶中间，这种将螺纹车乱的现象称作"乱扣"。预防乱扣的方法，是采用倒顺(正反)车法车削。

(3) 对刀。对刀前，先安装好螺纹车刀，然后按下开合螺母，开正车(注意应该是空走刀)停车，移动中、小拖板使刀尖准确落入原来的螺旋槽中(不能移动大拖板)；同时，根据所在螺旋槽中的位置重新做中拖板进刀的标记，再将车刀退出，开倒车，将车刀退至螺纹头部，再进刀。注意对刀是正车对刀。

(4) 借刀。借刀就是螺纹车削到深度后，将小拖板向前或向后移动一点距离再进行车削。借刀时，注意小拖板移动距离不能过大，以免将牙槽车宽造成"乱扣"。

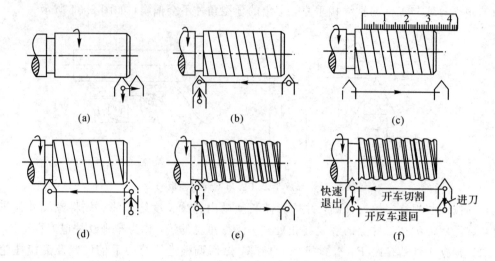

图 2.35　螺纹切削方法与步骤

4）安全注意事项

（1）车螺纹前，应检查所有手柄是否处于车螺纹位置，防止盲目开车。

（2）车螺纹时，应思想集中、动作迅速、反应灵敏。

（3）用高速钢车刀车螺纹时，车头转速不能太快，以免刀具磨损。

（4）应防止车刀或刀架、拖板与卡盘、床尾相撞。

（5）旋紧螺母时，车刀退离工件，防止车刀将手划伤，禁止开车旋紧或者退出螺母。

2.4　典型零件车削工艺

为了进行科学有效的管理，在生产过程中，常把合理的工艺过程编制成文件用来指导生产。一般正确、合理的车削加工方法，可以用简化的车削加工工艺卡表示。以图 2.36 所示的销轴零件为例，该销轴的材料为 45 号钢，毛坯为 $\phi32$ mm 的圆钢棒料，它的车削加工步骤如表 2.2 所示。

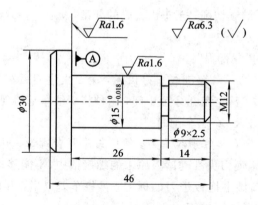

图 2.36　销轴零件图

表 2.2 销轴的车削步骤

序号	加 工 简 图	加 工 内 容	刀具	装夹方法
1		下棒料 $\phi32\times530$ mm		
2		车端面	弯头车刀	三爪卡盘
3		粗车各外圆 $\phi30\times50$ $\phi16\times40$ $\phi13\times14$	右偏刀	三爪卡盘
4		切退刀槽	切槽刀	三爪卡盘
5		精车各外圆 $\phi15\times26$ $\phi12\times11.5(14-2.5)$	右偏刀	三爪卡盘

序号	加工简图	加工内容	刀具	装夹方法
6		倒角	弯头车刀	三爪卡盘
7		车 M12 螺纹	螺纹刀	三爪卡盘
8		切断，端面留加工余量 1 mm，全长 47 mm	切槽刀	三爪卡盘
9		调头、车端面、倒角	弯头车刀	三爪卡盘

　　详细记录规定零部件制造工艺过程和操作方法等的工艺文件叫作工艺规程。一个零件可以采用不同的加工方法制造，但在一定条件下只有某一种方法比较合理。一般主轴类零件的加工工艺路线为：下料—锻造—退火（正火）—粗加工—调质—半精加工—淬火—粗磨—低温时效—精磨。以图 2.37 所示的阶梯轴零件为例，机械加工工艺过程卡如表 2.3 所示。

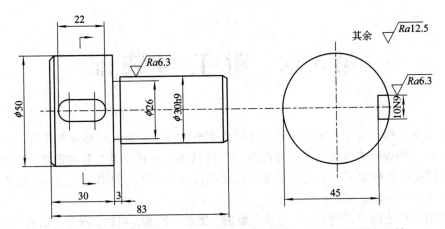

技术要求：1. 未注倒角1×45° 2. 材料：45钢 3. 去锐边，飞刺

图 2.37 阶梯轴零件

表 2.3 阶梯轴单件小批量生产机械加工工艺过程卡

机械加工工艺过程卡片			产品型号		零(部)件图号			共一页	
			产品名称		零(部)件名称		阶梯轴	第一页	
材料牌号	45#	毛坯种类 棒料	毛坯外形尺寸	$\phi57\times90$	毛坯件数	1	每台件数 1	备注	
工序号	工序名称	工序内容	车间	工段	加工设备	工艺装备			工时/min
						夹具名称及型号	刀具名称及型号	量具与检测	
1	车	① 夹毛坯外圆一端，车端面； ② 钻中心孔； ③ 调头，夹毛坯外圆另一端，车另一端面； ④ 钻中心孔	1	1	CA6140	三爪卡盘	外圆车刀 中心钻	游标卡尺 0～150	7
2	车	① 以两端中心孔定位，车大外圆； ② 倒角； ③ 调头，以两端中心孔定位，粗车小外圆(走刀三次)； ④ 精车小外圆； ⑤ 车台阶面； ⑥ 切槽； ⑦ 倒角	1	1	CA6140	三爪卡盘	外圆车刀	游标卡尺 0～150	9
3	铣	① 粗铣键槽； ② 精铣键槽； ③ 去毛刺； ④ 终检	1	2	X62	铣床通用夹具	键槽铣刀	游标卡尺 0～150	6
			编制(日期)		审核(日期)		会签(日期)		
标记	处数	更改文件号	签字	日期					

第3章 钳工与装配

钳工以手工操作为主,使用各种工具完成零件的加工、装配和修理等工作,由于常在钳工工作台上用虎钳夹持工件操作而得名。与机械加工相比,钳工劳动强度大,生产效率低,但可以完成机械加工中不便加工或难以完成的工作,同时使用工具简单,故在机械制造和修配工作中,是不可缺少的工种。

钳工的工作范围有清理毛坯、划线、锯削、錾削、锉削、刮削、研磨、钻孔、扩孔、锪孔、铰孔、攻螺纹、套螺纹、矫正、弯曲等。

钳工常用的设备有钳工工作台、虎钳、砂轮机、台钻等。随着生产的发展,钳工工具及工艺也在不断改进,钳工操作正在逐步实现机械化和半机械化,如錾削、锯削、铰削、划线及装配等工作中已广泛使用了电动或气动工具。

钳工工作台多由铸铁和坚实的木材制成,要求平稳牢固,台面高度为 800～900 mm,台前装有防护板或防护网,工具、量具与工件分类放置。

虎钳是夹持工件的主要工具,如图 3.1 所示。其规格以钳口宽度表示,常用的有100 mm、127 mm、150 mm 三种规格。工件应装夹在钳口中间,以便使钳口受力均匀;夹持工件的光洁表面时,应加垫铜皮或铝皮以保护工件表面。

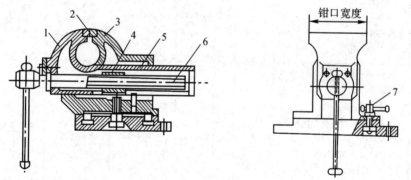

1—活动钳口;2—钳口板;3—固定钳口;4—螺母;5—砧面;6—丝杠;7—固定螺钉

图 3.1 虎钳

3.1 划 线

根据图样要求,在毛坯或半成品上划出加工图形或加工界限的操作称为划线。

3.1.1 划线的作用

(1) 明确地表示出加工余量,并作为加工位置的依据。

(2) 根据划线检查毛坯的形状和尺寸是否符合图样要求,避免不合格的毛坯投入到机械加工工序而造成浪费。

（3）通过划线使加工余量合理分配，保证加工产品的质量。

3.1.2　划线的种类

划线可分为平面划线（在一个或多个平行的平面上划线）和立体划线（在多个互成一定角度的平面上划线）。在工件的某个平面上划线称为平面划线，如图 3.2(a)所示；在工件长、宽、高三个方向上划线称为立体划线，如图 3.2(b)所示。应该指出，由于划出的线条有一定宽度，因此在加工过程中不能以划线作为最终尺寸依据，仍需用量具来测量工件的尺寸精度。

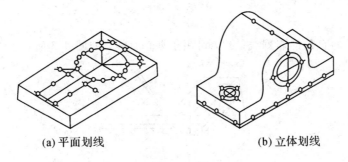

(a)平面划线　　　　　　　　(b)立体划线

图 3.2　划线

3.1.3　划线工具及其用法

1. 划线平台

划线平台是用以检验或作为划线平面基准的器具。平台是经过精细加工的铸铁件，要求基准平面平直、光滑，结构牢固。

使用平台时，应注意将其放置平稳，保持水平，以便稳定地支承工件。应防止碰撞和锤击平台，注意保持平台表面清洁，长期不用时应涂油防护，如图 3.3 所示。

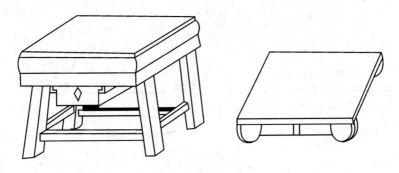

图 3.3　划线平台

2. 千斤顶和 V 形块

千斤顶和 V 形块都是在平板上用以支承工件的工具。用千斤顶支承工件的平面，如图 3.4 所示。千斤顶的高度可调整，以便找正工件；工件的圆柱面用 V 形块支承，如图 3.5 所示，使其轴线与平板平行。

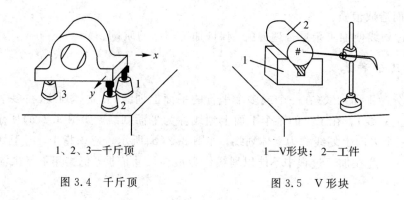

1、2、3—千斤顶   1—V形块；2—工件

图 3.4 千斤顶   图 3.5 V 形块

3. 90°角尺

90°角尺是检验直角的非刻线量尺，可用于划垂直线，如图 3.6 所示。

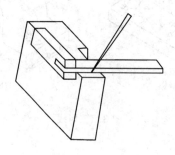

图 3.6 90°角尺

4. 划针

划针是在工件上直接划出加工线条的工具，是用工具钢制成的。划针的形状及用法如图 3.7 所示。

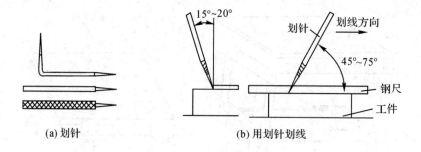

(a) 划针   (b) 用划针划线

图 3.7 划针及其使用

5. 划规、划卡及其用法

划规结构类似制图工具的圆规，如图 3.8 所示，可用来划圆，量取尺寸和等分线。划卡又称单脚规，可用于确定轴及孔的中心位置，也可用于划平行线，如图 3.9 所示。

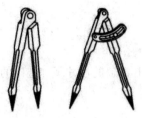   

图 3.8　划规　　　　　　　　　　图 3.9　用划卡确定孔轴中心及划平行线

6. 划针盘及其用法

　　划针盘可作为立体划线和找正工件位置的工具,如图 3.10(a)所示。如图 3.10(b)所示,调节划针高度,在平板上移动划针盘,即可在工件上划出与平板平行的线,也可用游标高度尺划线。

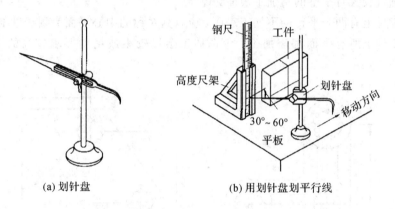

(a) 划针盘　　　　　　　　　(b) 用划针盘划平行线

图 3.10　划针盘及其用法

7. 样冲和样冲眼的打法

　　划出的线条在加工的过程中容易擦去,故需在划好的线条上用样冲打出小而分布均匀的样冲眼,如图 3.11 所示。划圆、划圆弧及钻孔之前的圆心应打样冲眼,以便划规及钻头定位。

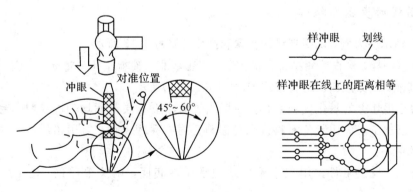

图 3.11　样冲及使用方法

3.1.4 划线基准的选择

1. 划线基准

划线时，应以工件上某一条线或某一个面作为依据来划出其余的尺寸线，这样的线（或面）称为划线基准。

2. 划线基准的选择

划线基准通常与设计基准一致，但实际遇到的工件复杂多变，具体问题需具体分析。下面就可能遇到的情况作一介绍，如图 3.12 所示。

（1）若工件上有重要的孔需加工，一般选择该孔轴线为划线基准。

（2）若工件上有个别平面已经加工，则应选择该平面为划线基准。

（3）若工件上几个面中有一个不加工表面，应以不加工表面为划线基准；若有几个不加工表面，则选较大且平整的不加工表面为基准。

（4）若工件上有两个平行的不加工表面，应以其对称的中心平面为划线基准。

（5）若工件上所有平面都需加工，应选加工余量较小或精度要求较高的平面为划线基准。

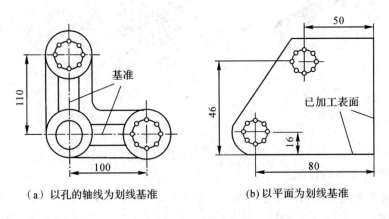

（a）以孔的轴线为划线基准　　　　　（b）以平面为划线基准

图 3.12　划线基准

3.1.5 划线的步骤与操作

下面以轴承座为例，说明划线的步骤和操作，如图 3.13 所示。

（1）分析图样，检查毛坯是否合格，确定划线基准。轴承座孔为重要孔，应以该孔中心线为划线基准，以保证加工时孔壁均匀，如图 3.13（a）所示。

（2）清除毛坯上的氧化皮和毛刺。在划线表面涂上一层薄而均匀的涂料，毛坯用石灰水为涂料；已加工表面用紫色涂料或绿色涂料。对有孔的工件，需用铅块或木块堵孔，以便确定孔的中心。

（3）支承、找正工件。用三个千斤顶支承工件底面，调节千斤顶，使工件水平，如图 3.13（b）所示。

（4）划出各水平线。划出基准线及轴承座底面四周的加工线，如图 3.13（c）所示。

（5）将工件翻转 90°，并用 90°角尺找正后，划螺钉孔中心线，如图 3.13（d）所示。

（6）将工件翻转 90°，并用 90°角尺在两个方向上找正后，划螺钉孔线及两大端加工线，如图 3.13(e)所示。

（7）检查划线，确认正确后，打样冲眼。样冲眼不得偏离线条，且应分布合理，圆周应不少于 4 个，允许直线处的间距较大，曲线处的间距较小。线条交点必须打样冲眼，圆中心处的样冲眼必须打大些，如图 3.13(f)所示。

注意： 划线时，同一面上的线条应在一次支承中划全，避免补划时因再次调节支承而产生误差。

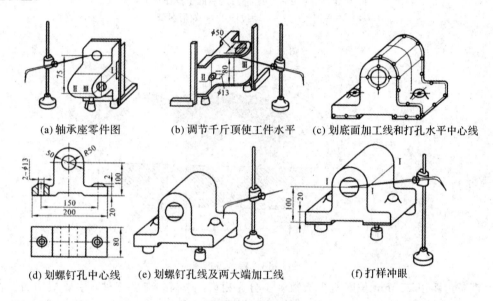

(a) 轴承座零件图　　(b) 调节千斤顶使工件水平　　(c) 划底面加工线和打孔水平中心线

(d) 划螺钉孔中心线　(e) 划螺钉孔线及两大端加工线　　　　(f) 打样冲眼

图 3.13　轴承座划线实例

3.2　锯　　削

锯削是对金属进行切削加工的操作，用于用手锯分割材料或在工件上切槽。

3.2.1　锯削工具

通常锯削所用的工具是手锯，手锯由锯弓和锯条组成。

（1）锯弓。锯弓可分为固定式和可调式两种。图 3.14 所示为常用的可调式锯弓，这种锯弓的弓架分前后两段，由于前段在后段套内可以伸缩，因此，可以安装不同长度规格的锯条。

（2）锯条。锯条是用碳素工具钢制成的，如 T10A 钢，并经淬火处理。常用的锯条长度有 200 mm、250 mm、300 mm 三种，宽 12 mm，厚 0.8 mm。锯条的每一个齿相当于一把錾子，起切削作用。常用锯条锯齿的后角 α_0 为 40°～45°，楔角 β 为 45°～50°，前角 γ_0 约为 0°，如图 3.15 所示。

制造锯条时，锯齿按一定的形状左右错开，排列成一定的形状，称为锯路。锯路的作用是使锯缝宽度大于锯条背部厚度，以防止锯削时锯条卡在锯缝中，减少锯条与锯缝的摩擦阻力，并使排屑顺利，锯削省力，提高工作效率。

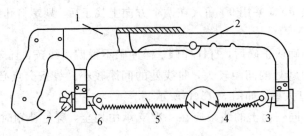

1—固定部分；2—可调部分；3—固定拉杆；4—销子；
5—锯条；6—活动拉杆；7—蝶形螺母

图 3.14　可调式锯弓

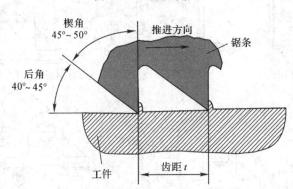

图 3.15　锯条齿形图

锯条齿距以 25 mm 长度所含齿数多少分为粗齿、中齿、细齿三种，主要根据加工材料的硬度、厚度选择。锯削软材料或厚工件时，因锯屑相对较多，要求有比较大的容屑空间，故应该选用粗齿锯条；锯削硬材料及薄工件时，因为材料较硬，锯齿不易切入，锯屑量相对较少，所以不需要大的容屑空间。另外，薄工件在锯削时，锯齿易被工件勾住而发生崩裂，一般至少要有 3 个齿同时接触工件，使锯齿受力减小，此时应选用细齿锯条。锯齿粗细的划分及用途如表 3.1 所示。

表 3.1　锯齿粗细的划分及用途

锯齿粗细	每 25 mm 齿数	用　　途
粗	14～18	锯削软钢、铝、纯铜、人造胶质材料等
中	22～44	锯削中等硬度钢材、黄铜、厚壁管等
细	32	锯削板材、薄壁管等
从细齿变中齿	从 32 至 20	一般工厂用，易起锯

3.2.2　锯削基本操作

（1）锯条安装。根据工件材料及厚度选择合适的锯条，安装在锯弓上。锯齿应向前，松紧应适当，一般以用两个手指的力能旋紧为止。锯条安装好后，不能有歪斜和扭曲，否则锯削时易折断。

（2）工件安装。工件伸出钳口不应过长，以防止锯削时产生振动。锯条应和钳口边缘平行，并夹在台虎钳的左边，以便操作。工件应夹紧，并防止工件变形和夹坏已加工表面。

（3）锯削姿势与握锯。锯削时应采用站立姿势：身体正前方与锯削方向成约 45°角，右脚与锯削方向成 75°角，左脚与锯削方向成 30°角。握锯时，右手握柄，左手扶弓，如图 3.16 所示。推力和压力的大小主要由右手掌握，左手压力不能太大。

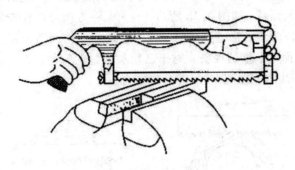

图 3.16　手锯的握法

锯削的姿势有两种：一种是直线往复运动，适用于锯薄形工件和直槽；另一种是摆动式，即锯割时锯弓作类似顺锉外圆弧面时锉刀的摆动，采用这种操作方式，两手动作自然，不易疲劳，切削效率较高。

（4）起锯方法。起锯的方式有两种：一种是从工件远离自己的一端起锯，称为远起锯，如图 3.17(a)所示；另一种是从工件靠近操作者身体的一端起锯，称为近起锯，如图 3.17(b)所示。一般情况下，用远起锯较好。无论用哪一种起锯方法，都应有起锯角度，但不要超过 15°。为使起锯的位置准确和平稳，起锯时可用左手大拇指挡住锯条的方法来定位。

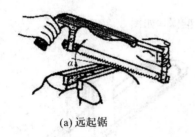 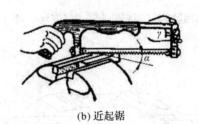

(a) 远起锯　　　　　　　　　　　　　　(b) 近起锯

图 3.17　起锯方法

（5）锯削的速度和往复长度。

锯削速度以每分钟往复 20～40 次为宜。速度过快，锯条容易磨钝，反而会降低切削效率；速度太慢，切削效率不高。

锯削时，应使锯条的全部长度都能进行锯割，一般锯弓的往复长度不应小于锯条长度的 2/3。

3.2.3　锯削实例

锯削不同的工件需要采用不同的锯削方法。

1. 锯削圆钢

若断面要求较高，应从起锯开始由一个方向锯到结束；若断面要求不高，则可以从几个方向起锯,使锯削面变小,这种方式容易锯削,工作效率高。

2. 锯切管子

一般情况下,钢管壁厚较薄,因此,锯管子时应选用细齿锯条。一般不采用一锯到底的方法,而是当管壁锯透后,随即将管子沿着推锯方向转动一个适当的角度,再继续锯割,依次转动,直至将管子锯断,如图 3.18 所示。这样,一方面可以保持较长的锯割缝口,提高效率;另一方面可以防止因锯缝卡住锯条或管壁勾住锯齿而造成锯条损伤,消除因锯条跳动所造成的锯割表面不平整的现象。对于已精加工过的管件,为防止装夹变形,应将管件夹在有 V 形槽的两块木板之间。

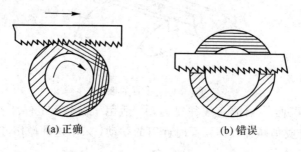

(a) 正确　　　　　　　　　(b) 错误

图 3.18　锯切管子

3. 锯削扁钢

为了得到整齐的锯缝,应从扁钢较宽的面下锯,这样锯缝较浅,不会卡住锯条,如图 3.19 所示。

4. 锯削窄缝

锯削窄缝时,应将锯条转 90° 安装,平放锯弓推锯,如图 3.20 所示。

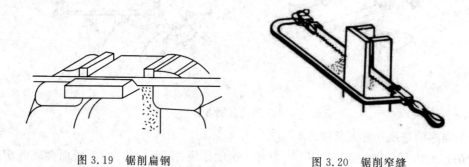

图 3.19　锯削扁钢　　　　　　　　　图 3.20　锯削窄缝

5. 锯削型钢

角钢和槽钢的锯法与锯削扁钢的方法基本相同,但应不断改变工件的夹持位置。

3.3　锉　　削

锉削加工操作简单,应用范围广,既可加工平面、曲面、型孔、沟槽、内外倒角等,也可用于成形样板、模具、型腔及零部件、机器装配时的工件修整等。

锉削加工尺寸公差等级为 IT8～IT7。其表面粗糙度 Ra 为 $1.6～0.8\ \mu m$,多用于锯切后的精加工，是钳工最基本的工序。

3.3.1 锉刀

锉刀是用于锉削的工具，常用 T12A 制成，经过热处理淬硬，硬度为 62～67HRC。锉刀结构如图 3.21 所示，一般由锉刀面、锉刀边、锉柄等组成。锉刀齿纹多制成交错排列的双纹，以便于断屑和排屑，使锉削省力。也有单纹锉刀，一般用于锉铝等软材料。

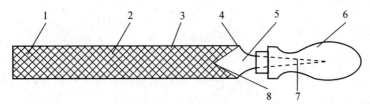

1—锉齿；2—锉刀面；3—锉刀边；4—底齿；5—锉刀尾；6—锉柄；7—锉刀舌；8—面齿

图 3.21 锉刀结构

锉刀按用途分为钳工锉、特种锉、整形锉等。锉刀的规格一般以截面形状、锉刀长度、齿纹粗细来表示。

钳工锉刀按其截面形状可分为平锉、方锉、圆锉、半圆锉和三角锉等五种，如图 3.22 所示。其中，平锉用得最多，锉刀大小以工作部分的长度表示，按其长度通常有 100 mm、150 mm、200 mm、250 mm、300 mm、350 mm、400 mm 等几种。

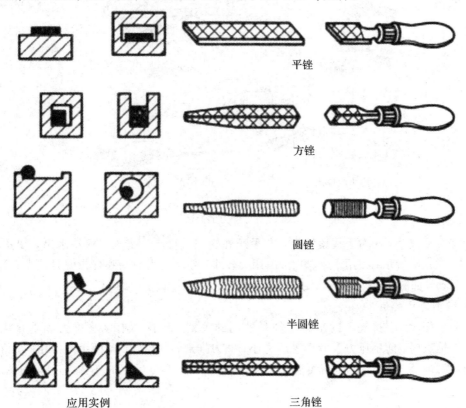

平锉

方锉

圆锉

半圆锉

应用实例   三角锉

图 3.22 锉刀形状及应用实例

锉刀按每 10 mm 锉面上齿数的多少，分为粗锉刀(4~12 齿)、中锉刀(13~23 齿)、细锉刀(30~40 齿)和最细齿锉(也称油光锉，50~62 齿)四种。粗锉刀的齿间容屑槽较大，不易堵塞，适用于粗加工或锉削铜和铝等软金属；细锉刀多用于锉削钢材和铸铁；油光锉只适用于修光表面。

此外，根据尺寸的不同，锉刀又可分为普通锉刀和什锦锉刀两类。

3.3.2 锉削操作

1. 工件装夹

锉削时，工件应牢固夹持在台虎钳钳口中部，并略高于钳口。夹持工件的已加工表面时，应在钳口和工件之间加垫铜片或铝片。易于变形和不便于直接装夹的工件，可以用其他辅助材料灵活装夹。

2. 选择锉刀

锉削前，应根据材料的硬度、加工余量的大小、工件的表面粗糙度要求等选择锉刀。

3. 锉削方法

1) 锉刀握法

锉刀的握法如图 3.23 所示。

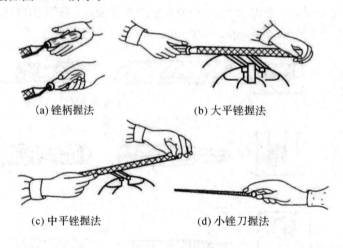

(a) 锉柄握法　　　　　　(b) 大平锉握法

(c) 中平锉握法　　　　　　(d) 小锉刀握法

图 3.23　锉刀的握法

使用大平锉时，应右手握紧锉柄，左手压在锉刀端面上，使锉刀保持水平，如图 3.23(a)、图 3.23(b)所示；使用中平锉时，因用力较小，左手的大拇指和食指握紧锉端，引导锉刀水平移动，如图 3.23(c)所示；小锉刀及什锦锉的握法如图 3.23(d)所示。

2) 锉削时力的运用

锉削平面时，保持锉刀的平直运动是锉削的关键。锉削力有水平推力和垂直压力两种。锉刀推进时，前手压力大而后手压力小；锉刀推到中间位置时，两手压力相同；继续推进锉刀时，前手压力逐渐减小而后手压力逐渐加大；锉刀返回时不施压力，如图 3.24所示。

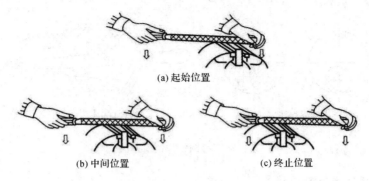

(a) 起始位置

(b) 中间位置　　　　　　　　　　　(c) 终止位置

图 3.24　锉刀施力变化

3）锉削方法

常用的锉削方法有顺锉法、交叉锉法、推锉法和滚锉法。其中，前三种用于平面锉削，最后一种用于弧面锉削。

（1）推锉法是用双手横握锉刀，推与拉均施力的锉削方法，如图 3.25(a) 所示。此方法大多适用于窄长平面的修光，可获得平整光洁的加工表面。当工件表面有凸台，不能用顺锉法锉削时，也可采用推锉法。

（2）交叉锉法是锉削时，锉刀呈交叉运动，适用于较大平面粗锉，如图 3.25(b) 所示。由于锉刀与工件接触面积较大，锉刀易掌握平稳，可锉出较平整的平面，且去屑速度快。

（3）顺锉法是最基本的锉削方法，适用于锉削较小的平面，如图 3.25(c) 所示。顺锉的锉纹正直，表面整齐美观。

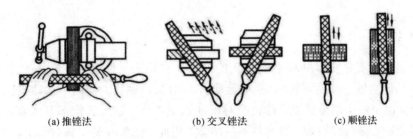

(a) 推锉法　　　　　　　　(b) 交叉锉法　　　　　　　　(c) 顺锉法

图 3.25　平面锉削方法

（4）圆弧面锉削时，锉刀既要向前推进，又要绕弧面中心摆动。常用的方法有：外圆弧面锉削时的滚锉法和顺锉法，如图 3.26 所示；内圆弧面锉削时的滚锉法和顺锉法，如图 3.27 所示。滚锉时，锉刀顺圆弧摆动锉削，适用于粗锉；顺锉时，锉刀垂直圆弧面运动，常用作精锉外圆弧面。

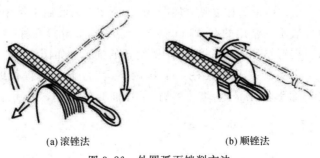

(a) 滚锉法　　　　　　　　　　　　(b) 顺锉法

图 3.26　外圆弧面锉削方法

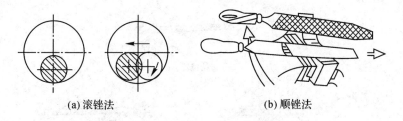

(a) 滚锉法　　　　　　　　(b) 顺锉法

图 3.27　内圆弧面锉削方法

4. 锉削操作注意事项

（1）有硬皮或砂粒的铸、锻件，应用砂轮磨去硬皮或砂粒后，才可用半锋利的锉刀锉削。

（2）禁止用手触摸刚锉过的表面，以免再锉时打滑。

（3）被铁屑堵塞的锉刀，应用钢丝刷顺锉纹方向刷去锉屑；若嵌入锉屑较大，需用铜片剔去锉屑。

（4）锉削速度不可太快，否则会打滑。锉削回程时，应不再施加压力，以免锉齿磨损。

（5）锉刀材料硬度高而脆，禁止锉刀摔落地上或把锉刀作为锤子和杠杆使用；用油光锉时，不可用力过大，以免折断锉刀。

3.4　钻削及螺纹加工

3.4.1　钻削

钻削是指用钻头在实体材料上钻出孔的方法。在钻床上钻孔，一般是工件固定不动，钻头装夹在钻床主轴上既做旋转运动（主运动），同时又沿轴线方向向下移动（进给运动）。

钻削时，由于钻头刚度较差，且在半封闭状态下工作，钻头工作部分大都处在已加工表面的包围之中，排屑较困难，切削热不易传散，因此，钻头容易引偏（指加工时由于钻头弯曲而引起的孔径扩大、孔不圆或孔的轴线歪斜等），导致加工精度低。一般钻削的尺寸公差等级为 IT14～IT11，表面粗糙度 Ra 为 50～12.5 μm。

1. 常用钻床

（1）台式钻床。台式钻床简称台钻，如图 3.28 所示，是一种小型机床，安放在钳工台上使用。其钻孔直径一般在 12 mm 以下。主要用于加工小型工件上的各种孔，钳工中用得最多。

（2）立式钻床。立式钻床简称立钻，如图 3.29 所示，一般用来钻中型工件上的孔，其规格用最大钻孔直径表示。常用的有 25 mm、35 mm、50 mm 等几种。

（3）摇臂钻床。摇臂钻床有一个能绕立柱旋转的摇臂，如图 3.30 所示。主轴箱可在摇臂上作横向移动，并可随摇臂沿支柱上下作调整运动，因此，操作时可将钻头调整到需钻削的孔的中心，而工件不需移动。摇臂钻床加工范围广，可用来钻削大型工件的各种孔。

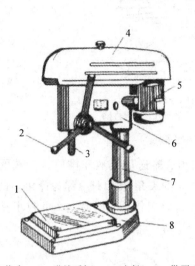

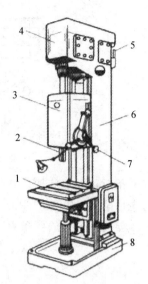

1—工作台；　2—进给手柄；　3—主轴；　4—带罩；
5—电动机；　6—主轴架；　7—立柱；　8—机座

图 3.28　台式钻床

1—工作台；　2—主轴；　3—进给箱；　4—主轴变速箱
5—电动机；　6—立柱；　7—进给手柄；　8—机座

图 3.29　立式钻床

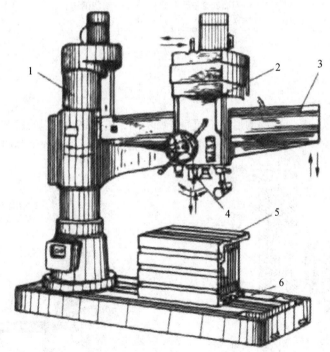

1—立柱；　2—主轴箱；　3—摇臂；　4—主轴；　5—工作台；　6—机座

图 3.30　摇臂钻床

2. 钻头

麻花钻是最常用的一种钻孔刀具，其形状如图 3.31 所示。一般直径小于 12 mm 时，为直柄钻头，直径大于 12 mm 时，为锥柄钻头。

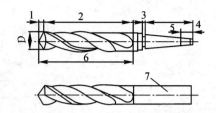

1—切削部分；　2—导向部分；　3—颈部；
4—扁尾；　5—锥柄；　6—工作部分；　7—直柄

图 3.31　麻花钻的形状

麻花钻有两条对称的螺旋槽，用于形成切削刃、输送切削液和排屑。前端的切削部分有两条对称的主切削刃，如图 3.32 所示，两刃之间的夹角 $2\varphi(118°)$ 称为锋角。两个顶面的交线叫作横刃。导向部分上的两条刃带在切削时起导向作用，同时，又可减小钻头与工件孔壁的摩擦。

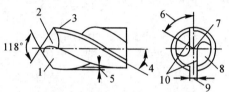

1—前刀面；　2—后刀面；　3、5—副切削刃；
4—螺旋角；　6—横刃斜角；　7—横刃；
8—螺旋槽；　9—刃带；　10—主切削刃

图 3.32　麻花钻的切削部分

3. 钻孔操作

1) 钻头的装夹

钻头的装夹方法，按其柄部的形状不同而有所不同。锥柄钻头可以直接装入钻床主轴孔内，较小的钻头可用过渡套筒安装，如图 3.33 所示；直柄钻头用钻头夹安装，如图 3.34 所示。

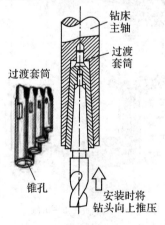
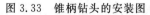

过渡套筒　钻床主轴　过渡套筒　锥孔　安装时将钻头向上推压

图 3.33　锥柄钻头的安装图

与钻床主轴锥孔配合　紧固扳手　自动定心夹爪

图 3.34　直柄钻头的安装图

钻夹头（或过渡套筒）的拆卸方法，是将楔铁带圆弧的边向上插入钻床主轴侧边的长形孔内，左手握住钻夹头，右手用锤子敲击楔铁拆卸钻夹头，如图 3.35 所示。

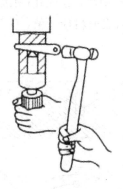

图 3.35　钻夹头的拆卸方法

2）工件的装夹

钻孔中的安全事故，大都是由于工件的装夹方法错误所造成的。因此，应注意工件的装夹。小件和薄壁零件钻孔，可用手虎钳装夹工件，如图 3.36 所示；中等零件，多用平口钳夹紧，如图 3.37 所示；大型和其他不适合用虎钳夹紧的工件，则直接用压板螺钉固定在钻床工作台上，如图 3.38 所示；在圆轴或套筒上钻孔，须把工件压在 V 形铁上钻孔，如图 3.39 所示。

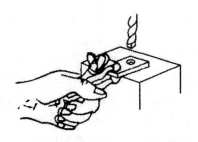

图 3.36　用手虎钳装夹工件

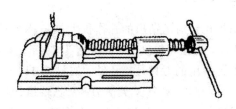

图 3.37　用平口钳装夹工件

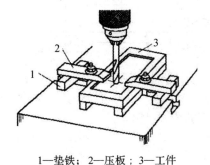

1—垫铁；2—压板；3—工件

图 3.38　用压板螺钉装夹工件

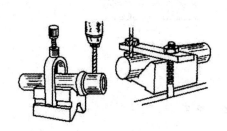

图 3.39　圆形工件的装夹

3）按划线钻孔

按划线钻孔时，应先对准样冲眼试钻一浅坑，如有偏位，可用样冲重新冲孔纠正，也可用錾子錾出几条槽进行纠正，如图 3.40 所示。钻孔时，进给速度必须均匀；即将钻通时，进给量必须减小。钻韧性材料应加切削液，钻深孔（孔深 L 与直径 d 比大于 5）时，钻头应多次退出排屑。钻削钢件时，为降低表面粗糙度值，应多使用机油作切削液；钻削铸铁时，应使用煤油作切削液。

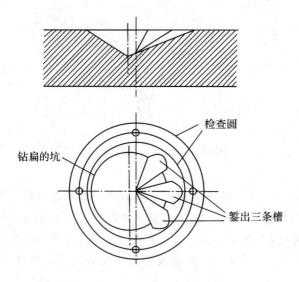

图 3.40　钻偏时錾槽校正

3.4.2　扩孔

用扩孔钻对已钻出的孔作扩大加工称为扩孔，如图 3.41(a)所示。扩孔尺寸公差等级可达 IT9，表面粗糙度 Ra 值可达 3.2 μm。扩孔可作为终加工，也可作为铰孔前的预加工。

扩孔所用的刀具是扩孔钻，如图 3.41(b)所示。扩孔钻与麻花钻的区别是：切削刃数量多（一般为 3～4 个），无横刃、钻芯较粗、螺旋槽浅，刚度和导向性较好，切削较平稳、加工余量较小，因而，加工质量比钻孔高。在钻床上扩孔的切削运动与钻孔相同。

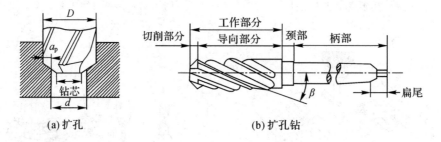

(a)扩孔　　　　　　　　　　　　(b)扩孔钻

图 3.41　扩孔及扩孔钻

3.4.3　铰孔

铰孔是用铰刀从工件孔壁上切除微量金属层，以提高尺寸精度和降低表面粗糙度值的方法，如图 3.42(a)所示。其尺寸公差等级可达 IT8～IT7，表面粗糙度 Ra 值可达 0.8 μm，加工余量小（粗铰 0.15～0.5 mm，精铰 0.05～0.25 mm）。铰孔前，工件应经过钻孔——扩孔（或镗孔）等加工。

铰刀是用于铰削加工的刀具，可分为机用铰刀和手用铰刀两种，如图 3.42(b)所示。

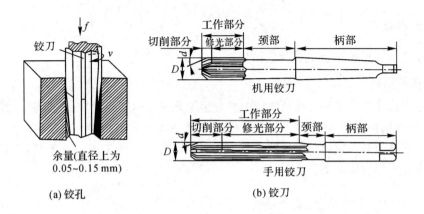

图 3.42 铰孔及铰刀

机用铰刀切削部分短,柄部多为锥柄,安装在机床上铰孔。

手用铰刀切削部分长,导向性好。手动铰孔时,用铰杠手动进给(手铰用铰杠与攻螺纹用铰杠相同)。铰刀与扩孔钻的区别是:切削刃更多(6～12 个),容屑槽更浅(刀芯截面大),故刚度和导向性比扩孔钻更好;铰刀切削刃前角为 0°,精度高,有校准部分,可以校准和修光孔壁;加工余量小,切削速度低,故切削力、切削热小。总之,铰削加工精度高,表面粗糙度值小。

铰孔时的注意事项如下:

(1)铰削时,铰刀不得反转,否则会导致孔壁被切屑划伤,切削刃崩裂。

(2)机动铰孔时,待铰刀退出孔后再停车,否则,孔壁会出现刀痕。铰通孔时,铰刀不得全部伸出孔外,否则,孔的出口处会被刮坏。

(3)手动铰孔时,先将铰刀沿原孔垂直放正;再顺时针转动铰杠并均匀施压;然后顺时针退出铰刀,禁止反转。

(4)手铰和机铰钢件时,应施加切削液进行冷却和润滑。

3.4.4 锪孔

在孔口表面,用锪钻加工出一定形状的孔或凸台平面的方法,称为锪孔。锪圆柱形埋头孔、锪圆锥形埋头孔、锪用于安放垫圈用的凸台平面如图 3.43 所示。

(a)锪圆柱形埋头孔　　　　(b)锪圆锥形埋头孔　　　　(c)锪凸台的平面

图 3.43 锪孔

3.4.5 攻螺纹

攻螺纹是指利用丝锥加工工件的内螺纹。

1. 丝锥和铰杠

丝锥是由高速钢、碳素工具钢 T12A 或合金工具钢 9SiCr 经滚牙(或切牙)、淬火(或回火)制成。丝锥结构如图 3.44 所示,其工作部分是一段开槽的内螺纹,包括切削部分和校准部分。切削部分有一定斜度,呈圆锥形,故切割部分牙齿不完整,且逐渐升高。丝锥可分机用丝锥和手用丝锥两类。

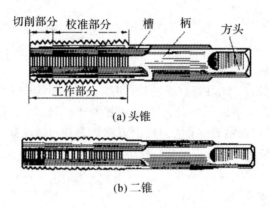

(a) 头锥

(b) 二锥

图 3.44 丝锥结构

M6~M24 的手用丝锥,多为两支一套;小于 M6 和大于 M24 的手用丝锥,多为 3 支一套,分别称为头锥、二锥、三锥,内螺纹由各丝锥依次攻出。对于两支一套的丝锥,头锥有 5~7 个不完整的牙齿;二锥有 1~2 个不完整的牙齿。校准部分的牙型完整,用来校准和修光已切出的螺纹。

铰杠是扳转丝锥的工具,如图 3.45 所示。常用的铰杠是可调节式的,用于夹持各种尺寸的丝锥。

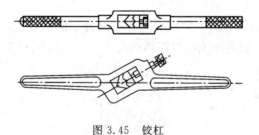

图 3.45 铰杠

2. 攻螺纹操作步骤

1) 确定螺纹底孔直径和深度

攻螺纹前钻出的孔称为螺纹底孔。攻螺纹时,丝锥的切削刃除切除螺纹牙间的金属外,还挤压底孔孔壁使之凸出,如果底孔直径过小,将使挤压力过大,导致丝锥崩刃、卡死甚至折断,因此,底孔直径应略大于螺纹小径。

实践中,应依据工件材料和钻孔时的扩张量,按下述经验公式选择合适的钻头,钻出螺纹底孔。

钻脆性材料(如铸铁)：

$$D_1 = D - (1.05 \sim 1.10)p \tag{3.1}$$

钻塑性材料(如钢)：

$$D_1 = D - p \tag{3.2}$$

式中：D_1——钻头直径(内螺纹底孔直径，mm)；

　　　D——螺纹大径(mm)；

　　　p——螺距(mm)。

攻不通孔螺纹时，因丝锥不能攻到孔底，故底孔深度应大于螺纹长度，钻孔深度取螺纹长度加 $0.7D$。

2) 钻底孔并倒角

钻底孔后，应对孔口倒角。倒角有利于引入丝锥，便于丝锥切入，并可避免孔口处螺纹受损。通孔两端均应倒角，倒角尺寸一般为 $(1\sim1.5)p\times45°$。

3) 攻螺纹

用铰杠将头锥轻压并旋入 $1\sim2$ 圈后，目测或用 $90°$ 角尺在两个方向，检查丝锥与孔端面是否垂直，旋入 $3\sim4$ 圈后只旋转不施压。其间，每转 $1\sim2$ 圈后，反转 $1/4\sim1/2$ 圈，以便断屑。图 3.46 所示为攻螺纹的操作示意图。

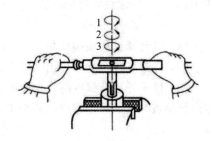

图 3.46　攻螺纹

此后，依次用二锥和三锥攻制螺纹，其方法是先用手将丝锥旋入孔内，旋不动时，再用铰杠，此时不必施压。攻钢件和灰铸铁时，应分别施加机油和煤油冷却和润滑。

3.4.6　套螺纹

套螺纹是用板牙或螺纹切刀加工螺纹的操作，如图 3.47 所示。

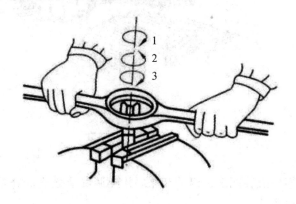

图 3.47　套螺纹

1. 套螺纹工具

套螺纹用的工具是板牙和板牙架。板牙有固定式和开缝式(可调式)两种。图 3.48 所示为开缝式板牙，其螺纹孔的大小可作微量的调节。套螺纹用的板牙架如图 3.49 所示。

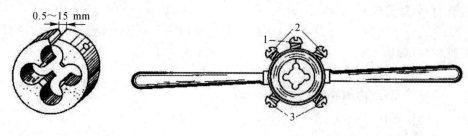

0.5～15 mm

图 3.48　板牙　　　　　　　　　　图 3.49　板牙架

2. 套螺纹操作步骤

（1）确定螺杆直径。圆杆直径应小于螺纹公称尺寸。圆杆直径可通过查询有关表格或按照下列经验公式确定：

$$圆杆直径 = d - 0.13p \qquad (3.3)$$

式中：d——外螺纹大径（mm）；

p——螺距（mm）。

（2）将套螺纹的顶端倒角 $15° \sim 20°$。

（3）将圆杆夹在软钳口内，应夹正紧固，并尽量降低高度。

（4）板牙开始套螺纹时，应检查校正，使板牙与圆杆垂直；然后，适当加压并按顺时针方向扳动板牙架；同攻螺纹一样要多次反转，使切屑断碎并及时排出，如图 3.50 所示。

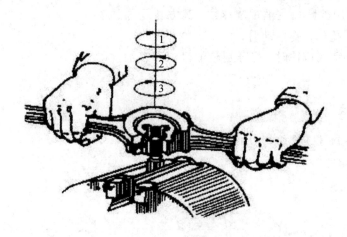

图 3.50　套螺纹

3.5　装　配

　　装配是将合格的零件按装配工艺组装起来，并经调试使之成为合格产品的过程，它是产品制造过程中的最后环节。

3.5.1　装配的作用

　　组成产品的零件加工质量很好，但整机却有可能是不合格品，其原因就是装配工艺不合理或装配操作不正确。可见，产品质量的好坏，不仅取决于零件的加工质量，还取决于装配质量。装配质量差的产品，精度低、性能差、寿命短，可能造成很大的损失。在整个产品制造过程中，装配工作占的比重较大。大批量生产中，装配工时约占机械加工工时的20%；而在单件小批量生产中，装配工时约占机械加工工时的40%以上。

3.5.2　装配的工艺过程

1. 装配前的准备

熟悉产品装配图及技术要求，了解产品结构、零件作用和相互间的连接关系；确定装配方法、程序和所需的工具，领取零件并对零件进行清理、清洗（去掉零件上的毛刺、锈蚀、切屑、油污及其他多余物），涂防护润滑油；对个别零件进行某些装配工作。

2. 装配

装配分为组件装配、部件装配和总装配。

1）组件装配

将若干零件及分组件，安装在一个基础零件上而构成一个组件的过程称为组件装配。例如，由轴、齿轮等零件组成的一根传动轴的装配。

2）部件装配

将若干个零件、组件，安装在另一个基础零件上而构成一个部件的过程称为部件装配。部件是装配工作中相对独立的部分，例如，车床床头箱、进给箱等的装配。

3）总装配

将若干个零件、组件、部件，安装在产品的基础零件上而构成产品的过程称为总装配。例如，卡车各部件安装在底盘上构成卡车的装配。

3. 调试及精度检验

产品装配完成后，首先，应对零件或机构的相互位置、配合间隙、结合松紧进行调整；然后，进行全面的精度检验；最后，进行试车。检验包括运转的灵活性、工作时的温升、密封性、转速、功率等各项性能指标。

4. 涂油、装箱

机器的加工表面应涂防锈油，贴标签，装入说明书、合格证、清单等，最后装箱。

3.5.3　装配方法及工作要点

为了使装配产品符合技术要求，对不同精度的零件装配，应采用不同的装配方法。

1. 完全互换法

在同类零件中，任取一件不需经过其他加工，就可以装配成符合规定要求的部件或机器，零件的这种性能称为互换性。具有互换性的零件，可以用完全互换法进行装配，如汽车的装配方法。完全互换法操作简单、易于掌握、生产效率高、便于组织流水作业、零件更换方便。但完全互换法对零件的加工精度要求比较高，一般需要专用工、夹、模具加以保证，适于大批量生产。

2. 选配法

对互换性不好的零件，装配前，可按零件的实际尺寸分成若干组，然后将对应的备组进行装配,以达到配合要求。例如,柱塞泵的柱塞和柱塞孔的配合、车床尾座与套筒的配合。选配法可提高零件的装配精度,且不增加零件的加工费用。这种方法适用于成批生产某些精密配合零件的场合。

3. 修配法

在装配过程中,修去某配合件上的预留量,以消除其累积误差,使配合零件达到规定的装配精度。例如,车床的前后顶尖中心不等高,装配时,可将尾座底座精磨或修刮来达到精度要求。修配法可使零件的加工精度降低,从而降低生产成本,但装配难度增加,时间加长,适用于小批量生产或单件生产。

4. 调整法

在装配中,还经常需要调整一个或几个零件的位置,以消除相关零件的累积误差来达到装配要求。例如,用楔铁调整机床导轨间隙。调整法装配的零件不需要修配加工,同样可以达到较高的装配精度。同时,还可以进行定期的再调整。这种方法用于小批量生产或单件生产。

5. 装配工作要点

(1) 装配前,应检查零件与装配有关的形状和尺寸精度是否合格、有无变形、损坏等,并注意零件上的标记,防止错装。

(2) 装配的顺序,应从里到外、由下向上。

(3) 固定连接零、部件,不允许有间隙;活动的零件,能够在正常间隙下灵活均匀地按规定方向运动。

(4) 装配高速旋转的零部件,应进行平衡试验,以防止高速旋转后,因离心作用而产生振动。旋转的机构外面,不得有凸出的螺钉或销钉头等,以免发生事故。

(5) 各类运动部件的接触表面,应足够润滑。各种管道和密封部件装配后,不得有渗油、漏水、漏气现象。

(6) 试车前,应检查各部件的可靠性和运动的灵活性。试车时,应从低速到高速逐步进行,根据试车的情况逐步调整,使其达到正常的运动要求。

3.5.4 常用连接方式

零件常用的连接方式有固定连接和活动连接两种。

1. 固定连接

固定连接是指装配后零件间不产生相对运动,如螺纹连接、键连接等。

2. 活动连接

活动连接是指装配后零件间可以产生相对运动的连接,如轴承、螺母丝杠连接等。

3. 胶接

胶接可把不同或相同的材料牢固地连接在一起,工艺简单,操作方便,连接可靠。以胶接代替机械紧固,简化了复杂的机械结构和装配工艺。

3.5.5　几种典型的装配工作

1. 螺纹连接的装配

装配中，使用螺钉、螺母与螺栓来连接零部件，如图 3.51 所示。

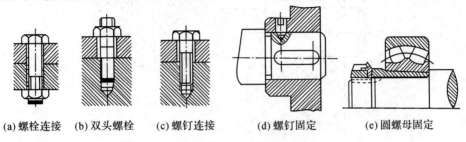

(a) 螺栓连接　　(b) 双头螺栓　　(c) 螺钉连接　　(d) 螺钉固定　　(e) 圆螺母固定

图 3.51　螺纹连接类型

在紧固成组螺钉、螺母时，为使紧固件的配合面受力均匀，应按照一定顺序拧紧，如图 3.52 所示，而且每个螺钉或螺母不能一次完全拧紧，应按照顺序分 2～3 次完成全部拧紧。

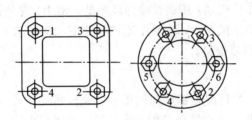

图 3.52　拧紧成组螺母顺序

为使每个螺钉或螺母的拧紧程度较为均匀一致，可使用测力扳手，如图 3.53 所示。

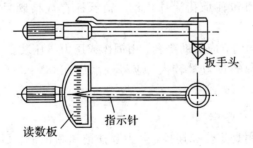

图 3.53　测力扳手

零件与螺母的贴合面应平整光洁，否则螺纹易松动，为提高贴合面质量，可加装垫圈。

2. 轴、键、传动轮的装配

轴与传动轮（齿轮、带轮等）多采用键连接，其中又以普通平键连接最为常用，如图 3.54 所示的两个侧面是工作面，用来传递扭矩。键与轴槽、轴与轮孔多采用过渡配合，键与轮槽则采用间隙配合。

轴、键、传动轮的装配要点（单件小批生产）如下：

（1）清除键与键槽上的毛刺。

（2）用键的短端与键槽试配，使键能较紧地嵌入轴槽。若键装不进键槽或过紧，则锉

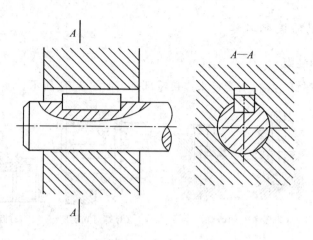

图 3.54 平键连接

削键的两侧面，但须保证两侧面平行且与底面垂直。

（3）锉配键槽并倒角，使键长比槽长短 0.1 mm 左右。

（4）在键的配合面涂抹机油，用铜棒将键轻轻敲入槽中，并使键与槽底紧密贴合。

（5）试配并安装齿轮。试配时，除须保证键与轮槽底部留有 0.3～0.4 mm 的间隙外，还应做接触精度和齿侧间隙检验。

3. 滚动轴承的装配

滚动轴承工作时，多数情况是轴承内圈随轴转动；外圈在孔内固定不动。因此，轴承内圈与轴的配合应紧一些。滚动轴承装配大多采用过盈量较小的过渡配合。

滚动轴承的种类很多，不同的轴承装配方法也有所不同。下面以深沟球轴承为例，介绍其装配要点：

（1）装配前，将轴颈和轴承孔涂抹机油，轴承标有规格牌号的端面朝外，以便更换时识别。

（2）为使轴承受力均匀，应借助垫套，用铜棒或压力机压装。

（3）若轴承内圈与轴的过盈量较大，应将轴承放在 80～90℃ 的机油中加热后，趁热压装。

4. 销钉的装配

销钉在装配中的作用是定位和连接，分为圆柱销和圆锥销。圆柱销与销孔的配合为过盈配合，因此，对销孔的尺寸精度、形状精度和表面粗糙度均有较高的要求。被定位或连接的两零件销孔必须一起钻、铰，其表面粗糙度值不得大于 1.6 μm。装配时，销钉圆柱面涂抹机油，用铜棒轻轻击入。圆柱销不宜多次拆装，否则会降低其定位精度和连接的可靠性。

圆锥销装配时，两零件上的销孔也必须一起钻、铰。钻头直径按圆锥销小头直径选取，铰刀选用 1∶50 锥度的铰刀。铰孔时，用试装法控制销孔直径，以圆锥销能自由插入 80％～85％孔深为宜，然后用铜棒轻轻击入。销钉大头应稍微露出或与零件上表面平齐。

3.5.6 机器的拆卸

机器工作一段时间后，需对机器检查和维修，这时，就必须对机器进行拆卸。拆卸是采用正确的方法，解除零部件相互间的约束和连接，将它们无损伤地逐一分解出来。

拆卸应按如下要求进行：

（1）机器拆卸前，应拟定操作程序。初次拆卸，应熟悉装配图，尤其须搞清楚零部件之间的连接方式、配合性质及零部件的结构特点，并据此有针对性地拟定拆卸方法和拆卸程序。盲目拆卸会使零件受损。

（2）拆卸顺序一般与装配顺序相反，后装的先拆，依次进行。

（3）有些零部件拆卸时，应做好标记（如成套加工件或不能互换的配合件等），以便维修后依次装配。有些零件拆下后，应按次序摆放整齐或按原来结构套（装）在一起（如轴上的零件可按原次序装到轴上，或用钢丝串起来）。对销钉、键等小件，拆下后按原位置临时装好，以免丢失。对丝杠、长轴等零件，用布包好，并用绳索垂直吊起，防止弯曲变形或碰伤。

（4）对不同的连接方式和配合性质，采用不同的拆卸方法，如击卸、拉卸或压卸等，并且应使用与之配套的专用工具（如铜棒、木槌、拉出器、拔销器等），以免损伤零部件。

（5）应更换拆卸后紧固件上的防松装置（开口销等），避免再次使用时断裂，造成事故。

3.6　钳工操作实例

榔头（如图 3.55 所示）的钳工操作步骤如下：

（1）毛坯选用 16 mm×16 mm×90 mm 的方料和 $\phi8×220$ 的棒料。

（2）操作步骤见表 3.2 所示。

（3）榔头与柄装配，并修整打磨，然后打上实习学生学号，如图 3.56 所示。为防锈，可对表面进行镀铬处理。

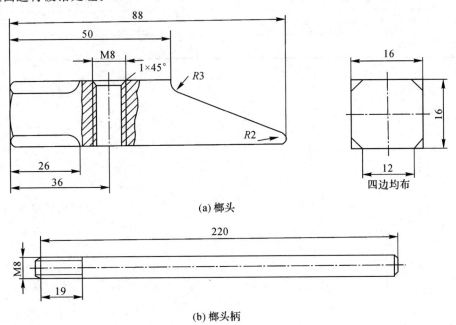

(a) 榔头

(b) 榔头柄

图 3.55　榔头零件图

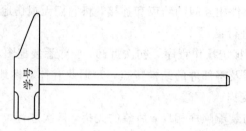

图 3.56 榔头产品图

表 3.2 榔头钳工操作步骤

序号	操 作 内 容
1	下料，锯 16 mm×16 mm 方料，90 mm 长；φ8×220 mm 棒料
2	在上平面 50 mm 右侧，錾切 2~2.5 mm 深槽
3	锉四周平面及断面，注意保证各面平直、相邻面的垂直和相对面的平行
4	划各加工线
5	锉圆弧面 R3
6	锯割 37 mm 长斜面
7	锉斜面及圆弧 R2
8	锉四边倒角和断面圆弧，并锉榔头柄两段倒角
9	锪 1×45°锥坑、钻 M8 螺纹孔
10	攻 M8 内螺纹
11	套 M8×19 的螺杆（榔头柄）
12	装配，将榔头柄旋入榔头的螺纹孔中
13	检验

第 4 章　CAD/CAM

本章引入 UG NX 8.5 软件的介绍，作为工程训练和金工实习的教学课程中 CAD/CAM 的一部分。有了 CAD 软件的辅助设计，加强学生在操作中思考，在思考中操作，也能让学生更好地理解机械加工的过程和意义。

4.1　UG NX 8.5 基础知识

4.1.1　软件简介

UG NX 8.5 提供了一套从概念到制造的统一的解决方案套件，为工业领域提供技术问题的解决方案，包括从消费产品到工具制造、机械、汽车与航天航空等领域。下面对 UG NX 8.5 一些常用的功能模块进行简单介绍。

1. 基本环境

该模块是所有模块的基本框架，是启动软件运行的第一个模块。它为其他 UG 模块提供统一的数据库支持和交互环境，可以执行打开、创建、保存、屏幕布局、视图定义等多种功能。

2. 建模模块

该模块分为实体建模、特征建模、自由形状建模、钣金特征建模和用户自定义特征建模，可以实现复杂模型的创建，并且支持各种复合方式建模。实体建模是通用的建模应用子模块，支持二维和三维模型的创建、布尔操作以及基本的相关编辑。实体建模是特征建模和自由形状建模的先决条件。

3. NX 钣金模块

该模块为用户提供了一整套工具，以便设计人员在材料特性知识和制造过程的基础上，智能化地设计和管理钣金零部件。

4. 外观造型设计模块

该模块为用户提供了产品概念设计阶段的设计环境，是一款用于曲面建模和曲面分析的工具。它主要用于概念设计和工业设计，如汽车设计开发早期的概念设计等。

5. 制图模块

该模块可以帮助用户在建模应用中创建三维模型或使用内置的曲线/草图工具创建二维设计布局以生成工程图纸。

6. 高级仿真模块

该模块是一种综合性的有限元建模和结果可视化的产品模块，旨在满足资深 CAE 分析师的需求。

7. 运动仿真模块

该模块可以帮助用户理解、评估和优化设计中的复杂运动行为,使产品功能和性能与开发目标相符。

8. 加工模块

该模块用于数控加工模拟及自动编程,可以模拟数控加工的全过程,支持线切割等加工操作,还可以根据加工机器控制器的不同,定制后处理程序,因而生成的指令文件可直接用于用户的特定数控机床,无须修改指令,即可进行加工。

9. 装配模块

该模块提供了并行的、自上而下和自下而上的产品开发方法。

4.1.2 UG NX 8.5 用户界面

UG NX 8.5用户界面包括标题栏、菜单区、工具条按钮区、消息区、图形区、资源工具条区,如图4.1所示。

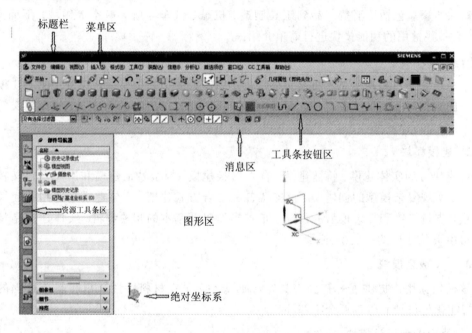

图 4.1　UG NX 8.5 用户界面

说明:用户会看到有些菜单命令和按钮处于非激活状态(呈灰色),这是因为它们目前还没有处在发挥功能的环境中,一旦它们进入有关的环境,就会自动激活。

1. 工具条按钮区

工具条中的命令便于用户快速选择命令及设置工作环境,用户可以根据具体情况定制工具条。在图形区上方的空白处右击,在弹出的快捷菜单中选择需要的选项,使其前面出现一个对号即可。再次单击该选项,前面的对号消失,则可使该工具条按钮在界面上隐藏。

2．菜单区

菜单区包含创建、保存、修改模型和设置 UG NX 8.5 环境的所有命令。

3．资源工具条区

资源工具条区包含"装配导航器""约束导航器""部件导航器""历史记录"等导航工具。对于每一种导航器，都可以直接在其相应的项目上右击，快速进行对应的各种操作。

4．消息区

执行有关操作时，与该操作有关的系统提示信息会显示在消息区。消息区中间有一条可见的边线，左侧是提示栏，用来提示用户如何操作；右侧是状态栏，用来显示系统或图形当前的状态，如显示选取结果信息等。对于初学者来说，应经常注意提示栏和状态栏，以熟悉操作和积累经验。

5．图形区

图形区是 UG NX 8.5 的主要工作区域。建模的主要过程、绘制前后的零件图形、分析结果和模拟仿真过程等都在图形区完成。

4.1.3　鼠标的使用方法

用鼠标可以控制图形区中的模型显示状态，其动作说明见表 4.1。

表 4.1　鼠标用法

鼠　标　键	功　能　说　明
左键(MB1)	选择或拖曳对象
Shift＋左键(MB1)	取消选择
中键(MB2)＋按下	确定或旋转提示
中键(MB2)＋滚动	放大或缩小提示
右键(MB3)	显示各种功能的快捷菜单
中键(MB2)＋右键(MB3)	平移对象
Shift＋中键(MB2)	平移对象
左键(MB1)＋中键(MB2)	缩放对象
Ctrl＋中键(MB2)	缩放对象

注意：右击会弹出快捷菜单，菜单的内容会随鼠标右击位置不同而不同。

4.2　草图绘制

在使用三维绘图软件时，首先应学会绘制二维的草图。

草图绘制和参数设置方法如下：

第一步，双击打开 NX 8.5 软件，如图 4.2 所示。在欢迎界面，单击菜单栏上的"文件",在下拉菜单中选择"新建"命令,打开"新建"对话框,如图 4.3 所示。

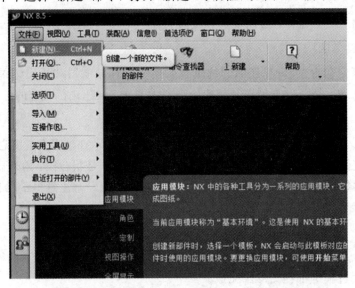

图 4.2　新建文件

单击"文件夹"右侧的图标修改路径,方便后续保存,然后点击【确定】按钮。

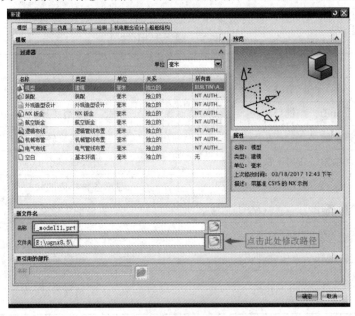

图 4.3　文件模板

　　注意:"名称"和"文件夹"路径中不能出现中文字,否则会出现错误或者打不开。

　　第二步,在图 4.4 所示的"NX 8.5 -建模"界面中,单击菜单栏中的"插入",在下拉菜单中选择"在任务环境中绘制草图",系统弹出"创建草图"对话框,如图 4.5 所示。在"平面方法"的下拉菜单中选择"现有平面",点击下方的"选择平的面或平面",使其成为选中状态,在绘图区域选中 XY 基准平面,使得"选择平的面或平面"选项中的"＊"符号变为绿色的"√",点击【确定】按钮,进入绘图状态。

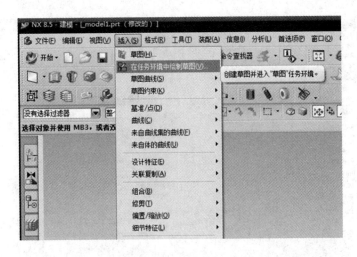

图 4.4　插入草图

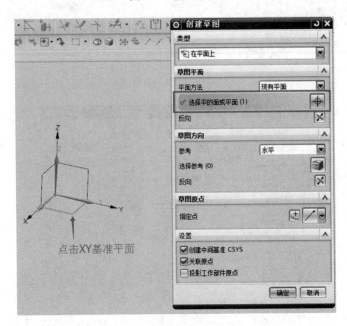

图 4.5　"创建草图"对话框

　　第三步，单击菜单栏中的"任务"，选择下拉菜单里的"草图样式"，系统弹出"草图样式"对话框，如图 4.6 所示。将"尺寸标签"下拉菜单修改为"值"，去掉"连续自动标注尺寸"复选框里的"√"，单击【确定】按钮。

　　第四步，单击菜单栏中的"首选项"，选择下拉菜单里的"注释"，系统弹出"注释首选项"对话框，如图 4.7 所示。单击"尺寸"选项卡，将里面的文本角度下拉菜单改为"成角度的文本"，将精度改为"2"。

　　以上完成了新建草图和草图参数设置，接下来就可以绘制草图了。以下介绍绘制草图的常用命令。

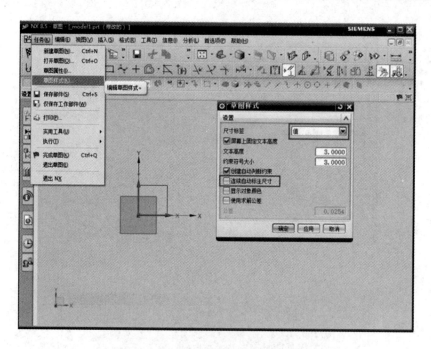

图 4.6　草图参数设置

图 4.7　"注释首选项"对话框

4.2.1　草图绘制命令

图 4.8 所示为草图工具条。

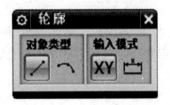

图 4.8　草图工具条

绘图命令包括轮廓、直线、圆弧、圆、圆角、倒斜角、矩形、多边形、艺术样条、椭圆、二次曲线和点等。

1. 轮廓

选择菜单栏"插入"→"草图曲线"→"轮廓"或者直接点击"草图工具条"上的【轮廓】图标，系统弹出"轮廓"选项卡，如图 4.9 所示。该命令是草图中最常用的命令，使用该命令可以绘制直线和圆弧。在绘制过程中，按住鼠标左键不放，可以在直线和圆弧之间相互转换。系统默认的对象类型为"直线"，输入模式为"坐标模式"。

图 4.9　"轮廓"选项卡

图 4.9 中：

(1) 对象类型：

直线：指定任意两点创建直线。

圆弧：指定任意两点创建圆弧。

(2) 输入模式：

坐标模式：通过在出现的"XC"和"YC"文本框中输入坐标值来确定点的位置。

参数模式：通过输入直线的"长度"和"角度"值来确定直线的参数，输入"半径"值来确定圆弧的大小。不确定直线或圆弧的精确坐标时，可使其浮动。

请使用"轮廓"命令完成如图 4.10 所示的练习题。

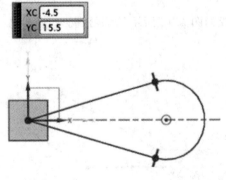

图 4.10　轮廓练习题

2. 直线

选择菜单栏"插入"→"草图曲线"→"直线"，系统弹出"直线"选项卡，如图 4.11 所示。其中各参数的含义同"轮廓"选项卡。

3. 圆弧

选择菜单栏"插入"→"草图曲线"→"圆弧",系统弹出"圆弧"选项卡,如图 4.12 所示。其中,"圆弧方法"包含"三点定圆弧"和"中心和端点定圆弧"两种方式,其余参数的含义与"轮廓"选项卡相同。

图 4.11 "直线"选项卡   图 4.12 "圆弧"选项卡

4. 圆

选择菜单栏"插入"→"草图曲线"→"圆",系统弹出"圆"选项卡,如图 4.13 所示。其中,"圆方法"包含"圆心和直径定圆"和"三点定圆"两种方式,其余参数的含义与"轮廓"选项卡相同。

5. 圆角

选择菜单栏"插入"→"草图曲线"→"圆角",系统弹出"圆角"选项卡,如图 4.14 所示。"圆角方法"包含"修剪"和"取消修剪"两种方式,区别在于是否保留原有曲线。"选项"包含"删除第三条曲线"和"创建备选圆角"。"创建备选圆角"是反向创建圆角,使之形成环形。

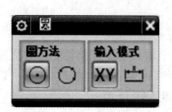

图 4.13 "圆"选项卡   图 4.14 "圆角"选项卡

请使用"圆角"命令完成如图 4.15 所示的练习题。

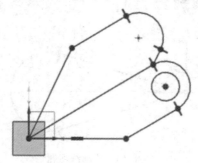

图 4.15 圆角练习题

6. 倒斜角

选择菜单栏"插入"→"草图曲线"→"倒斜角",系统弹出"倒斜角"对话框,如图 4.16 所示。"修剪输入曲线"勾选框决定是否保留原有曲线。"偏置"包含"对称""非对称"和"偏置和角度"三种方式。

请使用"倒斜角"命令完成如图 4.17 所示的练习题。

图 4.16　"倒斜角"对话框

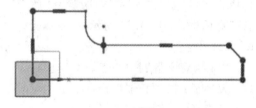

图 4.17　倒斜角练习题

7. 矩形

选择菜单栏"插入"→"草图曲线"→"矩形",系统弹出"矩形"选项卡,如图 4.18 所示。其中,"矩形方法"包含"按 2 点""按 3 点"和"从中心"三种方式,其余参数的含义与"轮廓"选项卡相同。

图 4.18　"矩形"选项卡

8. 多边形

选择菜单栏"插入"→"草图曲线"→"多边形",系统弹出"多边形"对话框,如图 4.19 所示。

图 4.19 中:

(1) 中心点:确定正多边形中心的位置。

(2) 边:输入多边形的边数。

(3) 大小:可以通过鼠标选取"指定点"来确定或者以下面三个方式确定。

内切圆半径:输入"半径"值和"旋转"角度来确定多边形的大小。

外接圆半径:输入"半径"值和"旋转"角度来确定多边形的大小。

边长:输入"长度"值和"旋转"角度来确定多边形的大小。

图 4.19　"多边形"对话框

9. 艺术样条

选择菜单栏"插入"→"草图曲线"→"艺术样条",系统弹出"艺术样条"对话框,如图4.20 所示。

图 4.20 中：

（1）通过点：通过选取各个点来生成曲线。

（2）根据极点：通过选取各个极点来生成曲线。

（3）匹配的结点位置：选取点与样条的结点重合。

（4）封闭的：确定曲线是否闭合。

（5）固定相切方向：相切方向是否固定。

（6）速率：用于控制微调的速度。速率数值越大，微调量越大，反之越小。

10. 椭圆

选择菜单栏"插入"→"草图曲线"→"椭圆"，系统弹出"椭圆"对话框，如图 4.21 所示。

图 4.21 中：

（1）中心：定义椭圆中心点。

（2）大半径：椭圆长轴半径。

（3）小半径：椭圆短轴半径。

（4）限制：选择椭圆是否封闭。

（5）角度：整个椭圆的旋转角度。

11. 二次曲线

选择菜单栏"插入"→"草图曲线"→"二次曲线"，系统弹出"二次曲线"对话框，如图 4.22 所示。

图 4.22 中：

（1）限制：通过定义起点与终点确定二次曲线的起点和终点。

（2）控制点：定义控制点可改变二次曲线形状。

（3）Rho：曲线饱满值。数值越大，曲线越饱满，反之越平坦。当值为 0.5 时，曲线为双曲线。

图 4.20 "艺术样条"对话框

图 4.21 "椭圆"对话框

图 4.22 "二次曲线"对话框

12. 点

选择菜单栏"插入"→"草图曲线"→"点",系统弹出"点"选项卡,如图 4.23 所示。可通过"指定点"右边的"点构造器"或者鼠标选择点来创建点。

图 4.23　草图"点"选项卡

4.2.2　曲线编辑

编辑曲线的命令有"偏置曲线""阵列曲线""镜像曲线""交点""派生直线""现有曲线""相交曲线"和"投影曲线"等。

1. 偏置曲线

选择菜单栏"插入"→"来自曲线集的曲线"→"偏置曲线",系统弹出"偏置曲线"对话框,如图 4.24 所示。

图 4.24 中:

(1) 对称偏置:以原曲线为对称中心,向内外两侧同时偏置曲线。

(2) 圆弧帽形体:在"端盖选项"处选择"圆弧帽形体",表示向外侧偏置曲线的过程中,在偏置曲线非光滑过渡的位置加入圆角过渡。

请使用"偏置曲线"命令完成如图 4.25 所示的练习题。

图 4.24　"偏置曲线"对话框

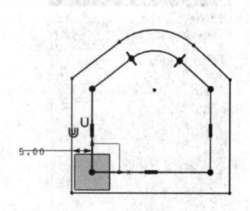

图 4.25　偏置曲线练习题

2. 阵列曲线

选择菜单栏"插入"→"来自曲线集的曲线"→"阵列曲线",系统弹出"阵列曲线"对话框,如图 4.26～图 4.28 所示。阵列有三种方式,分别是线性、圆形和点阵复制,体现在

"布局"的选项框里。

(1)线性：按照线性方式阵列。阵列出的对象间距方式有"数量和间距""数量和跨距"和"节距和跨距"3种。

(2)圆形：按照圆形方式阵列。同样有"数量和间距""数量和跨距"和"节距和跨距"3种间距方式。

(3)常规：阵列方式有"从点到点""从坐标系到点""从点到坐标系"和"从坐标系到坐标系"4种。

请使用"圆形阵列曲线"命令完成如图4.29所示的练习题。

图4.26 "线性阵列曲线"对话框

图4.27 "圆形阵列曲线"对话框

图4.28 "常规阵列曲线"对话框

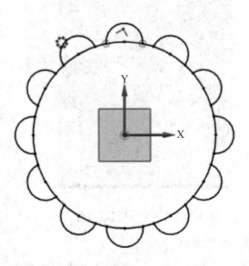

图4.29 圆形阵列曲线练习题

3. 镜像曲线

选择菜单栏"插入"→"来自曲线集的曲线"→"镜像曲线"，系统弹出"镜像曲线"对话框，如图 4.30 所示。

图 4.30 中：

(1) 转换要引用的中心线：系统会将中心线转换为参考对象。

(2) 显示终点：是否显示镜像后曲线的终点。

请使用"镜像曲线"命令完成如图 4.31 所示的练习题。

图 4.30　"镜像曲线"对话框

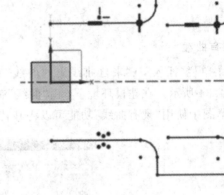

图 4.31　镜像曲线练习题

4. 交点

选择菜单栏"插入"→"来自曲线集的曲线"→"交点"，系统弹出"交点"对话框，如图 4.32 所示。此命令在草图模式下创建零件边界曲线与平面的交点。

图 4.32　"交点"对话框

5. 派生直线

选择菜单栏"插入"→"来自曲线集的曲线"→"派生直线"，根据选取不同的参考直线生成不同的派生曲线。

(1) 偏置直线：在原直线垂直的方向偏置一定距离生成新的直线，如图 4.33(a)所示。

(2) 创建两条平行线的中心线：在两条平行线中间生成新的中心线，可设置其长度，如图 4.33(b)所示。

创建角平分线：在两条不平行的直线中间生成角平分线，可设置其长度，如图 4.33(c)所示。

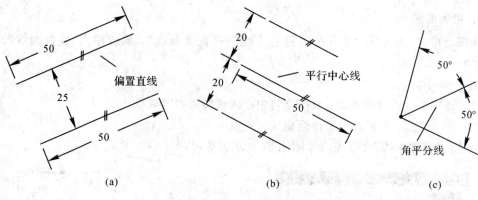

图 4.33 派生直线

6. 现有曲线

选择菜单栏"插入"→"来自曲线集的曲线"→"添加曲线"，系统弹出"添加曲线"对话框，如图 4.34 所示。在建模环境下，由"曲线"工具条中的"基本曲线"命令创建的二维基本曲线，在草图中使用"现有曲线"功能可以将其转换为草图曲线，如图 4.35 和图 4.36 所示。

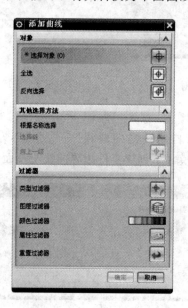

图 4.34 "添加曲线"对话框

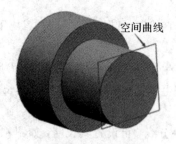

图 4.35 原始曲线

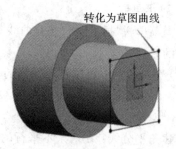

图 4.36 添加后的现有曲线

7. 相交曲线

选择菜单栏"插入"→"处方曲线"→"相交曲线"，系统弹出"相交曲线"对话框，如图 4.37 所示。此命令在草图模式下创建模型零件上曲面与平面的相交曲线，如图 4.38 所示。

图 4.37　"相交曲线"对话框　　　　图 4.38　相交曲线

8. 投影曲线

选择菜单栏"插入"→"处方曲线"→"投影曲线"，系统弹出"投影曲线"对话框，如图 4.39 所示。该命令将二维曲线、实体或片体的边投影到草图平面上，形成草图曲线，如图 4.40 所示。

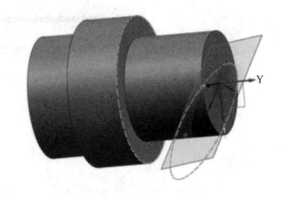

图 4.39　"投影曲线"对话框　　　　图 4.40　投影曲线

4.2.3　草图编辑

将不需要的曲线、约束或尺寸等元素删除的方法是将其选中，使用键盘上的【Delete】键。草图的修改和编辑命令还有"快速修剪""快速延伸"和"制作拐角"等。

1. 快速修剪

选择菜单栏"编辑"→"曲线"→"快速修剪"，系统弹出"快速修剪"对话框，如图 4.41 所示。

在"边界曲线"内修剪曲线，若不选择边界，则任意可选择的曲线均被系统默认为边界。请使用"快速修剪"命令将图 4.42 修剪成图 4.43。

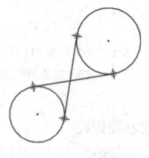
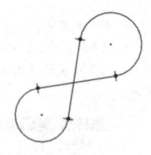

图 4.41 "快速修剪"对话框　　图 4.42 快速修剪前　　图 4.43 快速修剪后

2. 快速延伸

选择菜单栏"编辑"→"曲线"→"快速延伸"，系统弹出"快速延伸"对话框，如图 4.44 所示。在"边界曲线"内修剪曲线，若不选择边界，则任意可选择的曲线均被系统默认为边界。

图 4.44 "快速延伸"对话框

请使用"快速延伸"命令将图 4.45 右下角延伸成图 4.46 所示的图形。

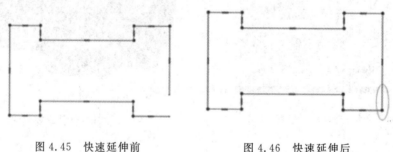

图 4.45 快速延伸前　　　　图 4.46 快速延伸后

3. 制作拐角

选择菜单栏"编辑"→"曲线"→"制作拐角"，系统弹出"制作拐角"对话框，如图 4.47 所示。

分别选择左侧的两条直线与右侧的圆弧和直线，生成最后的拐角。

请使用"制作拐角"命令将图 4.48 右下角经图 4.49 所示步骤延伸成图 4.50 所示的图形。

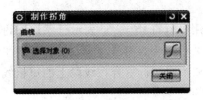

图 4.47　"制作拐角"对话框

图 4.48　制作拐角前

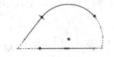

图 4.49　制作拐角目标

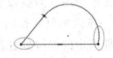

图 4.50　制作拐角后

4.2.4　草图约束

草图约束分为几何约束和尺寸约束，命令包括：自动判断尺寸、几何约束、设为对称、显示草图约束、自动约束、自动标注尺寸、显示移除约束、转换至自参考对象、备选解、自动判断约束和尺寸、创建自动判断约束、连续自动标注尺寸等。

1. 几何约束

当几何图形绘制完毕，即可添加几何约束。点击草图工具条上的【几何约束】图标 ，系统弹出"几何约束"对话框，如图 4.51 所示。系统默认提供 12 种常用的约束类型。

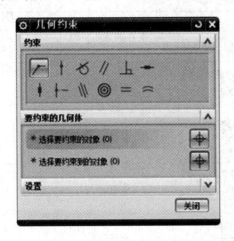

图 4.51　"几何约束"对话框

几何约束说明，如表 4.2 所示。

（1）重合：使选中的两个及以上的点重合在一起，表 4.2 中用实心点圈在两个重合点上，表示已添加该约束。

（2）点在曲线上：使选中的点放置到选中的线段上或其延长线上，表 4.2 中用空心小圆圈圈在点上并加虚延长线，表示已添加该约束。

（3）相切：使选中的线段与曲线或曲线与曲线相切，表 4.2 中用垂直切点或沿曲线径向的短粗线，表示已添加该约束。

(4) 平行：使选中的线段平行，表 4.2 中用平行符号"∥"，表示已添加该约束。

(5) 垂直：使选中的线段相互垂直，表 4.2 中用垂直符号"□"，表示已添加该约束。

(6) 水平：使选中的线段水平放置，表 4.2 中用平行重合在线段上的短粗线，表示已添加该约束。

(7) 竖直：使选中的线段竖直放置，表 4.2 中用竖直重合在线段上的短粗线，表示已添加该约束。

(8) 中点：使选中的点与线段的中点对齐，并不一定重合，表 4.2 中用实心点圈在线段的中点处，并加一条虚指引线指向点，表示已添加该约束。

(9) 共线：使选中的线段处在同一条线上或延长线上，表 4.2 中用穿过线段的长"＝"号及虚延长线，表示已添加该约束。

(10) 同心：使选中的曲线圆心重合，表 4.2 中用实心圆点圈在重合的圆心上，表示已添加该约束。

(11) 等长：使选中的线长度相等，表 4.2 中用等号"＝"放在线旁，表示已添加该约束。

(12) 等半径：使选中的圆弧半径相等，表 4.2 中用等号"＝"放在圆心旁，表示已添加该约束。

表 4.2 几何约束图标和图中样式

序号	约束命令	约束名称	图中样式
1		重合	
2		点在曲线上	
3		相切	
4	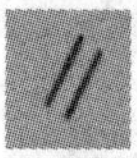	平行	
5	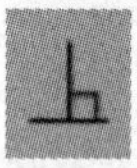	垂直	
6		水平	
7		竖直	
8		中点	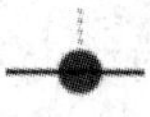

续表

序号	约束命令	约束名称	图中样式
9		共线	
10		同心	
11		等长	
12		等半径	

2. 显示/移除约束

显示/移除约束命令是显示与选定的草图几何图形关联的几何约束，并移除所有这些约束或列出信息。

在添加约束的过程中，为了快速找到未添加的约束，可点击"显示/移除约束"命令查看。单击草图工具条上的【显示/移除约束】图标，弹出如图 4.52 所示的对话框。勾选"选定的一个对象"，在图中选中任意曲线，"显示约束"清单里列出所有已经添加在其上的约束，用户对照清单一一排除，直到确定未添加的约束。

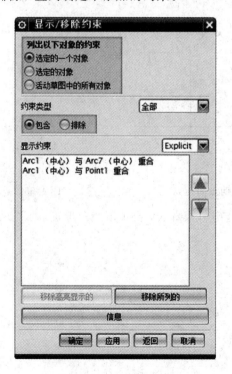

图 4.52　"显示/移除约束"对话框

3. 自动判断尺寸

在绘制草图过程中，添加完必要的几何约束，即可添加必要的尺寸约束。尺寸约束的约束力与几何约束的约束力相等。在草图工具条上单击【自动判断尺寸】图标，出现如图4.53所示的选项卡。

图 4.53 "尺寸"选项卡

注意：在不需要标注参考尺寸的情况下，不必单击对话框中间的【参考尺寸】按钮。

（1）点到点的尺寸标注：分别选中两点，再单击空白位置，系统根据鼠标移动的位置确定尺寸为两点间的距离，如图4.54所示。如果尺寸线水平放置，那么标注的是两点间的水平尺寸；如果尺寸线竖直放置，那么标注出来的是两点间的竖直尺寸。

（2）点到线的尺寸标注：分别选中点和直线，再单击空白位置，即添加点到线的垂直距离，如图4.55所示。

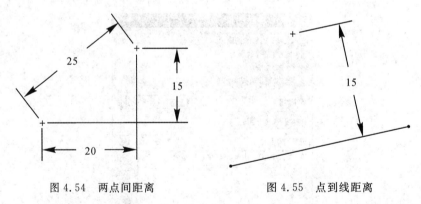

图 4.54 两点间距离   图 4.55 点到线距离

（3）线的尺寸标注：选中单根直线，再单击空白位置，标注尺寸效果与两点间尺寸标注一样，如图4.56所示。

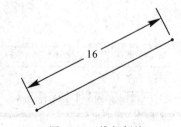

图 4.56 线长标注

（4）线与线之间的尺寸标注：分别选中两根直线，再单击空白处。如果这两根直线相互平行，则标注的是它们之间的间距；如果它们相互不平行，则标注的是它们之间的夹角，如图 4.57 所示。

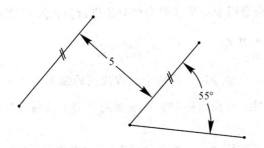

图 4.57　线间距和线夹角

（5）圆的尺寸标注：选中圆的曲线，再单击空白处。如果圆是完整的，则标注的是圆的直径尺寸；如果只是部分圆弧（如圆角），则标注的是圆的半径尺寸，如图 4.58 所示。

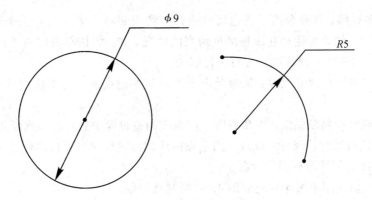

图 4.58　直径或半径标注

标注完尺寸，需要修改尺寸时，左键双击尺寸上的数字，即可更改。当需要更改尺寸数字位置时，左键按住尺寸数字，移动鼠标，可将其拖曳至合适位置。

【自动判断尺寸】图标下拉菜单中有具体的标注尺寸的命令，如图 4.59 所示。

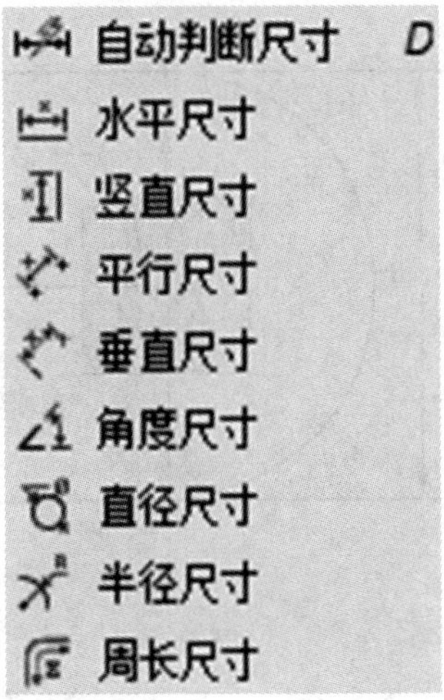

标注命令说明：

（1）自动判断尺寸：该命令是基于选定的对象和光标的位置，自动判断尺寸类型创建尺寸约束。

（2）水平尺寸：该命令用于对所选对象进行水平尺寸约束。

（3）竖直尺寸：该命令用于对所选对象进行竖直尺寸约束。

（4）平行尺寸：该命令用于对所选对象进行平行于指定对象的尺寸约束。

图 4.59　标注尺寸下拉列表

（5）垂直尺寸：该命令用于对所选的点到直线的垂直距离进行垂直尺寸约束。

（6）角度尺寸：该命令用于对所选的两条直线进行角度约束。

（7）直径尺寸：该命令用于对所选的圆或圆弧进行直径尺寸约束。

(8) 半径尺寸：该命令用于对所选的圆或圆弧进行半径尺寸约束。

(9) 周长尺寸：该命令用于对所选的多个对象进行周长尺寸约束。

4.2.5　草图其他命令简介

(1) 设为对称：该命令用于将两个点或曲线约束为相对于草图上的对称线对称。

(2) 显示草图约束：该命令用于显示施加到草图上的所有几何约束，画草图时常常按下此按钮。

(3) 自动约束：单击该命令，系统会弹出"自动约束"对话框，用于自动地添加约束。

(4) 自动标注尺寸：该命令用于根据设置的规则在曲线上自动创建尺寸。

(5) 转换至/自参考对象：该命令用于将草图曲线或草图尺寸从活动转换为参考，或者反过来。

(6) 备选解：该命令用于备选尺寸或几何约束解算方案。当对一个草图对象进行约束操作时，同一约束可能存在多种满足约束的情况，如：相切有内切与外切的情况，"备选解"命令可从约束的一种解法转为另一种解法。

(7) 自动判断约束和尺寸：该命令用于控制哪些约束或尺寸在曲线构造过程中被自动判断。

(8) 创建自动判断约束：该命令用于在曲线构造过程中启用自动判断约束。

(9) 连续自动标注尺寸：该命令用于在曲线构造过程中启用自动标注尺寸。

下面以草图实例练习草图绘制命令。

【例 4.1】　请使用草图命令完成图 4.60 绘制练习题。

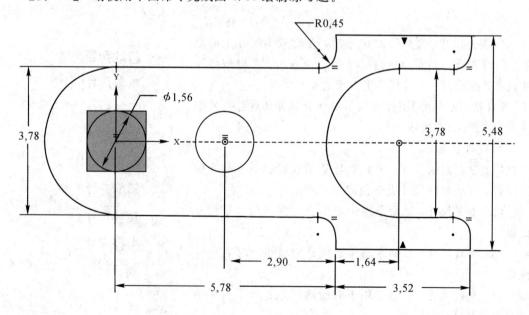

图 4.60　例 4.1 图

参考步骤：

第一步，利用"轮廓"命令画一半草图，如图 4.61 所示。

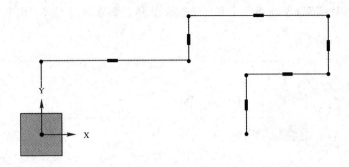

图 4.61　第一步

第二步，利用"镜像曲线"命令镜像出另一半草图，如图 4.62 所示。

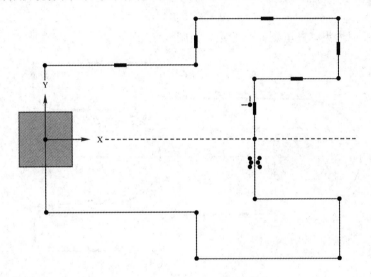

图 4.62　第二步

第三步，利用"圆弧"命令画两个半圆，如图 4.63 所示。

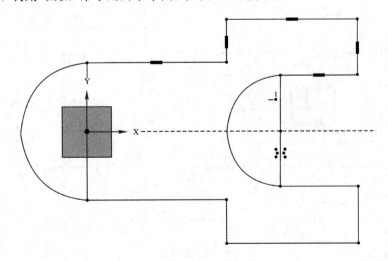

图 4.63　第三步

第四步，利用"圆"命令画两个小圆，做四个圆角，删除两根直线，如图 4.64 所示。

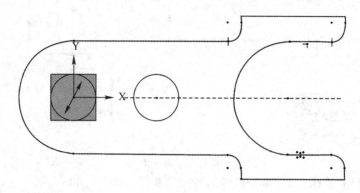

图 4.64　第四步

第五步，添加约束，直至剩 9 个约束，如图 4.65 所示。

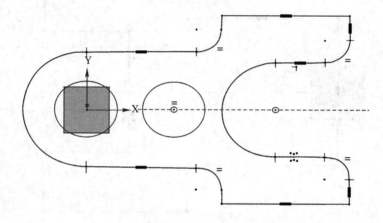

图 4.65　第五步

第六步，添加剩下的 9 个尺寸并更改至实例尺寸，完成草图，如图 4.66 所示。

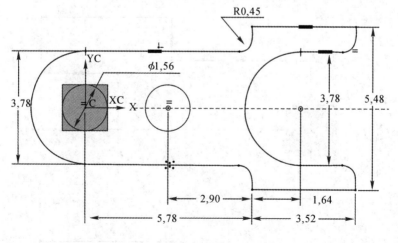

图 4.66　第六步

以下是其他草图练习题。

（1）完成图 4.67 的绘制练习题。

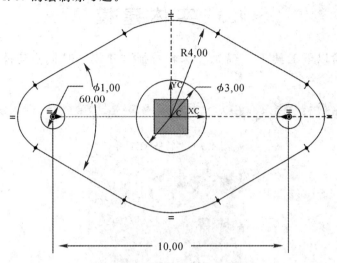

图 4.67　练习题

（2）完成图 4.68 的绘制练习题。

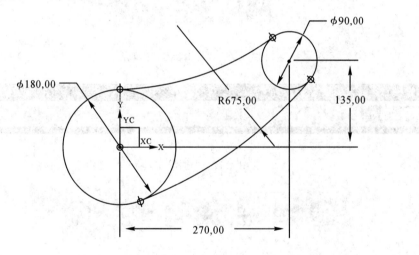

图 4.68　练习题

（3）完成图 4.69 的绘制练习题。（提示命令："插入"→"曲线"→"文本"）

图 4.69　练习题

4.3 实体建模

实体建模包含以下工具条："特征""编辑特征""建模"和"同步建模"，如图4.70～图4.73所示。

图4.70 "特征"工具条

图4.71 "编辑特征"工具条

图4.72 "建模"工具条

图4.73 "同步建模"工具条

通过图4.70～图4.73的工具条，可以建成实体模型。建模特征分类如下：

· 基本特征：包括长方体、圆柱体、球、圆锥。
· 扫描特征：包括拉伸、回转、沿引导线扫掠和管道。
· 成形特征：包括孔、凸台、腔体、垫块、凸起、偏置凸起、键槽、槽和螺纹。
· 细节特征：包括边倒圆、面倒圆、倒斜角、抽壳、拔模、修剪体和拆分体。
· 关联复制：包括阵列特征、实例几何体、镜像特征和阵列面。

4.3.1 拉伸

选择菜单栏中的"插入"→"设计特征"→"拉伸"，系统弹出如图4.74所示的"拉伸"对话框。

特殊选项说明：

（1）截面：其中各参数含义如下：

① 选择曲线：选择绘图区已经绘制好的草图曲线作为拉伸的截面。

② 绘制截面：如未绘制图形，可点击"绘制截面"进入草图绘制界面，绘制内部草图截面，完成后，点击【完成草图】返回到"拉伸"对话框。

（2）方向：定义拉伸的方向。系统通过自动判断给出方向；如需改变，可点击"指定矢量"定义矢量。如果只是改变正反方向，可点击"反向"。

（3）限制：根据实际拉伸长度或起始位置定义"开始"和"结束"的参数。

（4）布尔：根据设计需求，对拉伸的特征与其他特征之间进行相互加减材料运算。如果不设置，系统会进行自动判断；如需更改，点击"自动判断"进行选择。其中，各选项含义如下：

① 无：该拉伸特征形成独立的实体。

② 求和：合并拉伸特征与目标实体。

③ 求差：用拉伸特征减目标实体，形成挖切的效果。

④ 求交：生成独立实体，是拉伸特征与目标实体之间交叉的部分，同时，删除拉伸特征与目标实体交叉以外的部分。

⑤ 自动判断：根据拉伸的方向矢量及位置确定概率最高的布尔运算。

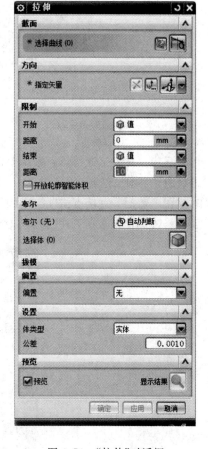

图 4.74　"拉伸"对话框

下面通过实例介绍拉伸。

第一步，单击"拉伸"命令，在弹出的对话框中点击"绘制草图"，将图 4.75 绘制好，并单击【完成草图】。

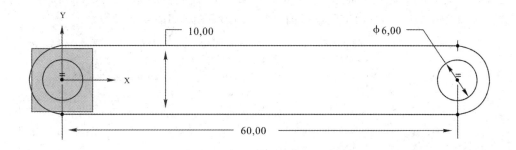

图 4.75　拉伸的截面草图

第二步，在"限制"中设置参数："开始"值为 0，"结束"值为 4。此参数意义是指定拉伸实体的高度为 4 mm。单击【确定】完成，如图 4.76 所示。

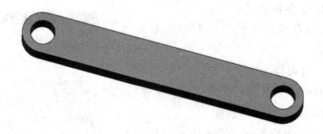

图 4.76 拉伸成形

第三步，完成拉伸特征，当需要修改参数时，可在左侧的"部件导航器"中找到该特征，右键点击该特征，选择"编辑参数"，如图 4.77 所示，重新弹出"拉伸"特征对话框；当需要修改草图参数时，直接点击"绘制草图"，进入草图模式，修改好参数后，点击【完成草图】；当需要修改其他参数时，在"拉伸"对话框里修改，例如，将零件的高度由 4 改成 10。

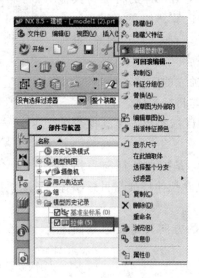

图 4.77 拉伸的编辑方法

第四步，"拉伸"特征里的布尔运算的使用（注意，布尔运算也可以单独进行，其具体操作方法见 4.3.5 节）。根据上面这个实例，再做第二个拉伸特征，单击"拉伸"命令里的"绘制截面"，在图 4.78 所示平面上建立草图，画一矩形草图，如图 4.79 所示。

图 4.78 选择图示截面图

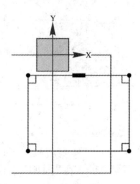

图 4.79 绘制矩形截面图

第五步，单击【完成草图】。在"拉伸"对话框里，高度设置为 5。因为"布尔"是默认的"自动判断"，所以，系统给出的是"求和"，如图 4.80 所示。

第六步，单击"方向"里的"反向"，反转其方向，"布尔"里的参数改成"求差"，预览效果如图 4.81 所示。

第七步，将"布尔"里的参数改成"求交"，效果如图 4.82 所示。

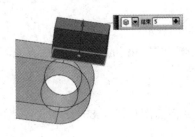

图 4.80 "求和"示意图　　　图 4.81 "求差"示意图　　　图 4.82 "求交"示意图

4.3.2 回 转

选择菜单栏中的"插入"→"设计特征"→"回转"，系统弹出如图 4.83 所示"回转"对话框。

图 4.83 "回转"对话框

注意："回转"与"拉伸"只有旋转轴和"限制"单位的区别。

特殊选项说明：

（1）轴：其中各参数含义如下：

① 指定矢量：选择旋转中心轴。可指定任意的边线或矢量，也可使用矢量构造器（"矢量"对话框）定义。注意：截面草图曲线只能在旋转轴的一侧，不能分布两侧，否则，无法生成回转。

② 指定点：指定旋转轴的一边端点。有时，系统可自动获取。

（2）限制：根据实际旋转的角度或起始角度定义"开始"和"结束"的参数。

（3）"布尔"的设置参数与"拉伸"对话框中的定义相同。

以下是回转实例。

（1）使用"回转"命令完成图 4.84 所示的回转实体，其截面图如图 4.85 所示。

图 4.84　回转实体

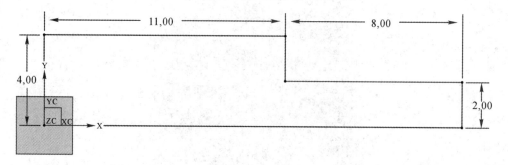

图 4.85　"回转"截面草图

（2）使用"拉伸"和"回转"命令完成图 4.86 所示的实体，其截面草图如图 4.87（拉伸长度 100 mm）和图 4.88 所示。

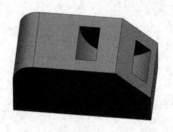

图 4.86　最终成形

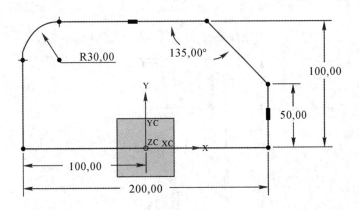

图 4.87　截面草图 1

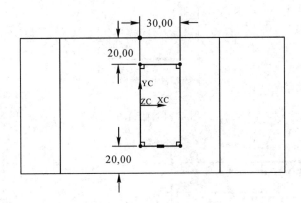

图 4.88　截面草图 2

（3）使用"回转"和"拉伸"命令完成图 4.89 和图 4.90 所示的实体，其截面草图如图4.91～图 4.93 所示。

（4）使用"回转"和"拉伸"命令完成图 4.94 所示的实体。

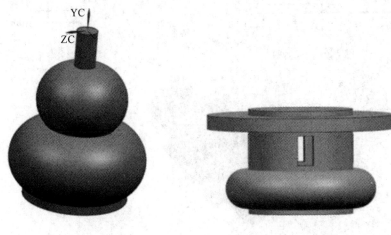

图 4.89　成形图 1　　　　　　　图 4.90　成形图 2

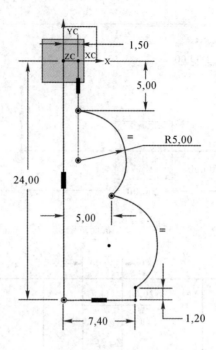

图 4.91 截面图 1

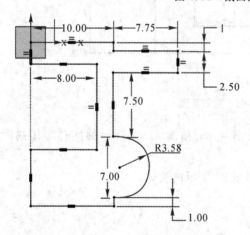

图 4.92 截面图 2

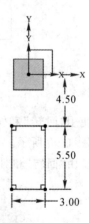

图 4.93 截面图 3

图 4.94 成形图

4.3.3　沿引导线扫掠

在使用沿引导线扫掠命令生成实体之前，应准备好截面图和曲线图，下面以实例进行说明。

第一步，绘制扫掠路径草图曲线，如图 4.95 所示。曲线应光滑过渡，并尽可能多地使用相切约束。

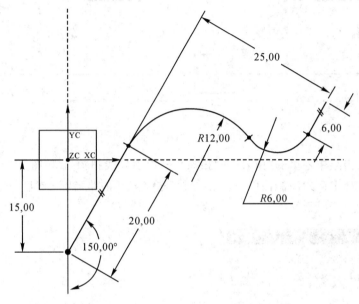

图 4.95　扫掠路径

第二步，使用"基于路径"的类型参数插入第二张草图，注意"指定点"的选取位置必须是路径的起始点，如图 4.96 所示。然后，绘制截面草图，图形必须封闭，如图 4.97 所示。

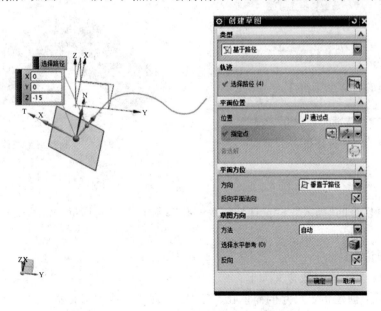

图 4.96　扫掠路径选择和"创建草图"对话框

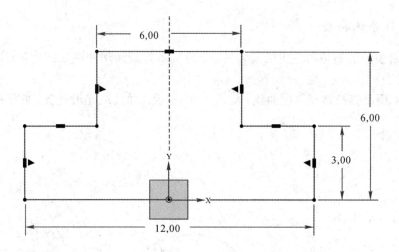

图 4.97　扫掠截面图

　　第三步，点击菜单栏里的"插入"→"扫掠"→"沿引导线扫掠"，如图 4.98 所示。在对话框里，"截面"选择上面封闭的截面图，"引导线"选择光滑的路径图，然后单击【确定】，生成扫掠实体，如图 4.99 所示。

图 4.98　"沿引导线扫掠"对话框

图 4.99　扫掠成形实体

4.3.4　孔

　　点击菜单栏里的"插入"→"设计特征"→"孔"，弹出"孔"对话框，如图 4.100 和图 4.101 所示。

　　特殊选项说明：

　　(1) 类型：其中各参数含义如下：

　　① 常规孔：创建指定尺寸的简单孔、沉头孔、埋头孔或锥形孔特征。

　　② 钻形孔：使用 ANSI 或 ISO 标准创建简单钻形孔特征。

图 4.100　"孔"对话框

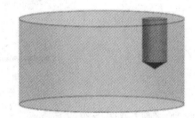

图 4.101　孔成形示意图

③ 螺钉间隙孔：创建简单、沉头或埋头通孔，是为具体应用而设计。

④ 螺纹孔：创建螺纹孔，其尺寸标注由标准、螺纹尺寸和径向进刀定义。

⑤ 孔系列：创建起始、中间和结束孔尺寸一致的多形状、多目标体的对齐孔。

（2）位置：该选项用于选择现有点或创建草图点指定孔的中心。

（3）方向：该选项用于指定孔的方向，其中各参数含义如下：

① 垂直于面：沿着与公差范围内每个指定点最近的面法向的反向定义孔的方向。

② 沿矢量：沿指定的矢量定义孔方向。

（4）形状和尺寸：其中各参数含义如下：

① 简单：创建具有指定直径、深度和尖端顶锥角的简单孔。

② 沉头：创建具有指定直径、深度、顶锥角、沉头直径、沉头深度的沉头孔。

③ 埋头：创建有指定直径、深度、顶锥角、埋头直径和埋头角度的埋头孔。

④ 锥形：创建具有指定锥角和直径的锥孔。

⑤ 尺寸：设置孔的参数，例如孔的直径、深度限制方式、深度值和顶锥角度等。

4.3.5　布尔运算

布尔运算提供对已创建的两个特征进行求和、求差和求交，最终生成一个实体的操作。布尔运算中涉及目标体和工具体，目标体是指进行布尔操作运算时选中的第一个体对象，操作结果体现在目标体上。在一次布尔运算中，目标体只能有一个；工具体是指进行布尔运算操作时选中的第二个或以后的体对象,这些体对象将加到目标体上,并构成目标体的一部分。

注意:一次布尔运算中工具体可以有多个,但每个工具体都要和目标体相交。

1. 求和运算

求和运算是将两个或两个以上有重叠或者体相交的实体合并为一个实体。单击【特征】工具条中的"求和"按钮,或选择"插入"→"组合"→"求和"命令,弹出"求和"对话框,如图4.102所示。

图 4.102 求和对话框

此时,【目标】选择按钮高亮显示,选择目标体,"工具"选择体自动被激活;再选择工具体;最后,单击【确定】按钮完成求和操作。具体步骤如图4.103所示。

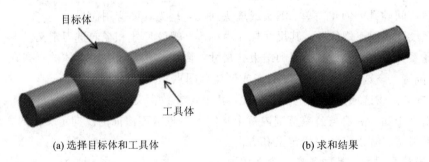

(a) 选择目标体和工具体   (b) 求和结果

图 4.103 求和操作

注意:布尔运算不但能生成新的实体,而且可以保留原来的目标体和工具体,在对话框的设置选项中选择相应的复选框即可。

2. 求差运算

求差运算是从一个目标体中减去一个或多个与之相交的体,得到一个或多个新的体。单击"特征"工具条中的【求差】按钮,或选择"插入"→"组合"→"求差"命令,弹出"求差"对话框,如图4.104所示。求差的操作步骤如图4.105所示,其使用方法和相关设置与求和命令相似,这里不再赘述。

注意:求差命令可用于实体和片体之间,但是目标体和工具体选择的顺序不同,则执行的结果不同。

图 4.104　求差对话框

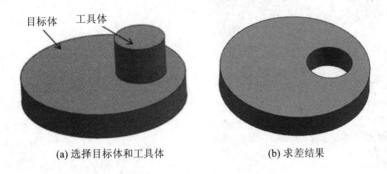

(a) 选择目标体和工具体　　　　　　　　(b) 求差结果

图 4.105　求差操作

3. 求交运算

求交运算是保留几个实体的公共部分，创建一个新的体。

求交运算的操作步骤如图 4.106 所示，使用方法和相关设置与求和命令类似，这里不再赘述。

注意：求交运算可以在实体与片体之间进行，但必须选择片体为目标体，实体为工具体。

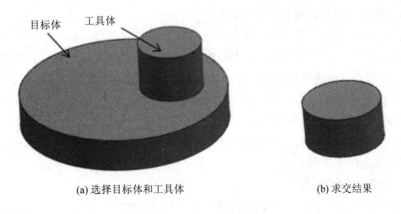

(a) 选择目标体和工具体　　　　　　　　(b) 求交结果

图 4.106　求交操作

4. 布尔运算的临界情况

布尔运算一般都可以顺利完成,但是以下两种情况不允许进行布尔运算。

(1) 运算结果出现零壁厚的实体。如果参与求差的目标体和工具体出现零壁厚的情况,系统就会报错,操作失败。

(2) 实体与实体之间以边缘线接触或者接触面是相切关系的情况,布尔运算不会成功。

4.3.6 边倒圆

单击菜单栏里的"插入"→"细节特征"→"边倒圆",弹出"边倒圆"对话框,如图 4.107 和图 4.108 所示。该命令可使实体尖锐边缘变圆滑。

图 4.107 "边倒圆"对话框

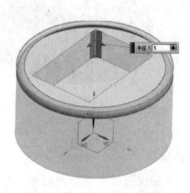

图 4.108 边倒圆成形示意图

特殊选项说明:

(1) 要倒圆的边:其中各参数含义如下:

① 选择边:为边倒圆集选择边。

② 形状:指定圆角横截面的基础形状。

圆形:创建圆形倒圆。在"半径"文本框中输入半径值。

二次曲线:控制对称边界边半径、中心半径和 Rho 值的组合,创建二次曲线倒圆。

(2) 可变半径点:该选项通过沿着选中的边缘指定多个点,并输入每一个点的半径,可以生成一个可变半径圆角。其中各参数含义如下:

① 指定新的位置:通过"点"对话框或点下拉列表中的点添加新的点。

② V 半径:指定选定点的半径值。

③ 位置:分为以下 3 种形式。

弧长:设置弧长的指定值。

弧长百分比:将可变半径点设置为边的总弧长的百分比。

通过点:指定可变半径点。

(3) 拐角倒角:该选项用于生成一个拐角圆角,或称为球状圆角。指定所有圆角的偏置值(这些圆角一起形成拐角),从而控制拐角的形状。拐角的作用是作为非类型表面钣金冲压的一种辅助,并用于生成曲率连续的面。其中各参数含义如下:

① 选择终点:在边集中选择拐角终点,每条边上会显示拖动手柄,可根据需要拖动手柄增大半径值。

② 点1回切1:设置当前所选缩进点的距离值。

(4) 拐角突然停止:该选项用于添加中止倒角点,限制倒角范围。其中各参数含义如下:

① 选择终点:选择要倒圆的边上的倒圆终点及停止位置。

② 停止位置:分为以下两种形式。

按某一距离:在终点处突然停止倒圆。

交点处:在多个倒圆相交的选定顶点处停止倒圆。

③ 位置:分为以下 3 种形式。

弧长:用于指定弧长值并在该处选择停止点。

弧长百分比:指定弧长的百分比用于在该处选择停止点。

通过点:用于选择模型上的点。

(5) 修剪,其中各参数含义如下:

① 用户选定的对象:勾选此复选框,指定用于修剪圆角的对象和位置。

② 限制对象:列出使用指定的对象修剪边倒圆的方法,其中:

平面:使用面集中的一个或多个平面修剪边倒圆。

面:使用面集中的一个或多个面修剪边倒圆。

边:使用边集中的一个或多个边修剪边倒圆。

③ 使用限制平面/面截断倒圆:使用平面或面来截断圆角。

④ 指定点:在"点"选项卡或"指定点"下拉列表中,指定距离待截断倒圆的交点最近的点。本方法适用于修剪平面与圆角面在多处相交的情况。

(6) 溢出解:该选项用于控制倒圆溢出。当倒圆的相切边与该实体上的其他边相交时,会发生倒圆溢出。其中各参数含义如下:

① 允许溢出解,其中:

在光顺边上滚动:倒角遇到另一表面时,实现光滑倒角过渡。

在边上滚动(光顺或尖锐):在溢出区域保留尖锐的边缘。

保留圆角并移出锐边:允许用户在倒角过程中与定义倒角边的面保持相切,并移除阻碍的边。

② 显示溢出解,其中:

选择要强制执行滚边的边:选择边以对其强制应用"在边上滚动(光顺或尖锐)"选项。

选择要禁止执行滚边的边:选择边以不对其强制应用"在边上滚动(光顺或尖锐)"选项。

4.3.7 倒斜角

点击菜单栏里的"插入"→"细节特征"→"倒斜角",弹出"倒斜角"对话框,如图 4.109 和图 4.110 所示。

图 4.109 "倒斜角"对话框

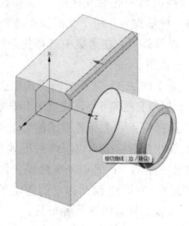

图 4.110 倒斜角成形示意图

特殊选项说明:

(1)边,其中各参数含义如下:

选择边:选择要倒斜角的一条或多条边。

(2)偏置,其中各参数含义如下:

① 横截面,其中:

对称:生成一个简单的倒角,倒角沿着两个面的偏置相同。必须输入一个正的偏置值。

非对称:用于与倒角边邻接的两个面分别采用不同偏置值创建倒角,必须输入〈距离1〉值和〈距离2〉值。这些偏置是从选择的边沿着面测量的,这两个值都必须是正的。在生成倒角以后,如果倒角的偏置和需要的方向相反,可以选择〈反向〉。

偏置和角度:用一个角度来定义简单的倒角。

② 距离。

(3)设置,其中各参数含义如下:

① 偏置方法:指定一种方法以使用偏置距离值定义新倒斜角面的边。

② 沿面偏置边:通过沿所选边的邻近面测量偏置距离值,定义新倒斜角面的边。仅为简单形状生成精确结果。

③ 偏置面和修剪:通过偏置相邻面以及将偏置面的相交处垂直投影到原始面,定义新倒斜角的边。与所选边相邻的面具有变化的角度、不平或不垂直时,可为复杂形状产生更精确的结果。

4.3.8 镜像特征

镜像特征是将指定的一个或多个特征复制到指定平面的另一侧。点击菜单栏里的"插入"→"关联复制"→"镜像特征",弹出"镜像特征"对话框,如图 4.111~图 4.113所示。

特殊选项说明:

(1)选择特征:选择一个或多个需要镜像的特征。如果选择的特征从属于未选择的其他特征,则在尝试创建镜像特征时,用户会收到"更新警告和失败报告"消息。

图 4.111　"镜像特征"对话框 1　　　　　　　图 4.112　"镜像特征"对话框 2

图 4.113　镜像特征成形

（2）参考点，其中参数含义如下：

指定点：用于指定源参考点。如果不想使用在选择源特征时由 NX 自动判断的默认点，应使用此选项。

（3）镜像平面，其中各参数含义如下：

① 选择平面：当"平面"设置为"现有平面"时显示，用于选择镜像平面，该平面可以是基准平面，也可以是平的面。

② 指定平面：当"平面"设置为"新平面"时显示，用于创建镜像平面。

（4）源特征的可重用引用：用于指定镜像特征是否应该使用一个或多个源特征的父引用。选择需要镜像的特征后，可重用的父引用（如果有）将显示在列表框中。选中引用旁边的复选框后，镜像特征会使用与源特征相同的父引用；如果不选中该复选框，则将对父引用进行镜像或复制和转换，并且镜像特征使用镜像的父引用。

（5）设置，其中各参数含义如下：

① CSYS 镜像方法：选择坐标系特征时可用，用于指定要使用镜像坐标系的哪两个轴；

为产生右旋的坐标系，NX 将派生出第三个轴。

② 保持螺纹旋向：选择螺纹特征时可用，用于指定镜像螺纹是否与源特征具有相同的旋向。例如，镜像右螺纹时，使用此选项可控制镜像螺纹是右旋还是左旋。

③ 保持螺纹线旋向：选择螺旋线特征时可用，用于指定镜像螺旋线是否与源特征具有相同的旋向。

4.3.9 阵列特征

将特征复制到许多图样或布局(线性、圆形、多边形等)中，并有对应图样边界、实例方位、旋转和变化的各种选项。

点击菜单栏里的"插入"→"关联复制"→"阵列特征"，弹出"阵列特征"对话框，如图 4.114 所示。

以下讲解三种布局的阵列方式。

1. 线性阵列

该方式是将特征向选取的一个或两个方向进行复制，同时，可以设置每个方向上的特征间距。特殊选项说明如下：

1) 要形成阵列的特征

选择特征：选择需要阵列复制的特征。

2) 参考点

指定点：指定输入特征中用于定义图样实例位置的位置。

3) 阵列定义

(1) 布局。

该项设置阵列布局，有七个可用的布局。

(2) 线性。

该项使用一个或两个线性方向定义布局。

(3) 边界定义。

① 面/曲线：为基于曲线(根据指定面定义)的图样

图 4.114 线性阵列特征对话框

定义边界。实例不会在指定边界之外创建。如果指定内边界，也会导致无法创建实例。其中各参数含义如下：

a. 简化边界填充：启用选项将实例填入指定边界内(根据指定的"布局"选项)。

b. 边距：定义用于偏置指定边界的距离。

c. 边距应用于内边界：如果内边界已指定，边距值将应用于这些边界。

② 排除：定义一个边界，该边界内不会创建实例。

(4) 方向 1。

该项用于设置阵列第一方向的参数，其中各参数含义如下：

① 指定矢量：设置第一方向的矢量方向，其中各参数含义如下：

② 间距：指定间距方式。包括"数量和节距""数量和跨距""节距和跨距"三种。

③ 数量：输入阵列中成员特征的总数目。

④ 节距：相邻两成员特征的距离。

⑤ 对称：按与指定方向相反的方向创建附加实例。

（5）方向 2。

该项设置阵列第二方向的参数，其中的参数含义如下：

① 使用方向 2：勾选后，阵列复制成二维状态。

② 其余参数含义同"方向 1"。

（6）阵列增量。

打开该对话框，可在其中定义随着阵列数量的增长而应用到实例的增量。

（7）实例点。

① 选择实例点：允许选择图样实例点。一旦选定实例，即可在选定实例上，通过快捷菜单访问"抑制""删除""旋转"（在图样内移动实例）和"指定变化"（指定各实例的参数）。

② 使用电子表格：用于编辑阵列定义参数，包括仅在电子表格中可用的任何阵列变化设置。确认值后，对话框中将重新显示这些值并更新几何体。

（8）方位。

① CSYS 到 CSYS：根据指定的 CSYS 定向阵列特征。

② 跟随面：保持与实例位置处所指定面垂直的阵列特征的方位。指定的面必须在同一个体上。

③ 投影方向，其中各参数含义如下：

a. 沿阵列平面法向：阵列平面上的实例位置将从阵列平面投影到指定的面。

b. 沿面的法向：阵列面上的实例位置将从阵列面投影到指定的面。

c. 沿矢量：实例位置将沿指定的矢量投影到指定的面。

4）阵列方法

（1）变化。

该项支持将多个特征作为输入以创建阵列特征对象，并评估每个实例位置处的输入。

可重用的引用用于显示输入特征的定义参数列表。

（2）简单。

该项支持将单个特征作为输入以创建阵列特征对象，只对输入特征进行有限评估。

5）设置

（1）输出。

① 阵列特征：从指定的输入创建"阵列特征"对象。如果阵列方法设置为"变化"，并且输入由多个特征组成，则输出单个"阵列特征"对象。

② 复制特征：创建输入特征的单个副本，而不是"特征阵列"对象。

③ 特征复制到特征组中：创建输入特征的单个副本，并将其放入"特征"组中。

（2）表达式。

① 新建：为复制的特征创建新表达式。

② 链接至原先的：将原始特征表达式链接到复制的特征。

③ 重用原先的：重用所复制特征的原始特征表达式。

2. 圆形阵列

该方式使用旋转轴和可选径向间距参数定义布局，如图 4.115 所示。

该方式是将特征以选定的"旋转轴"为圆心进行圆周上的复制，同时，可以设置圆周上特征的"数量""节距角"。选取"阵列定义"面板中的"圆形"布局选项，在绘图区中选取要形成阵列的特征，指定"旋转轴"中的"指定矢量""指定点"，设置"数量""节距角"，即可对特征形成圆形图样。这里只解释"节距角"，其余参数同"线性阵列"。

节距角：节距角指相邻两成员特征之间的环绕间隔角度。

3. 参考阵列

该方式使用现有阵列定义布局，如图 4.116 所示。

图 4.115　圆形阵列特征对话框

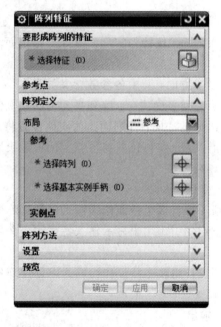

图 4.116　参考阵列特征对话框

特殊选项说明：

（1）选择阵列：允许选择阵列作为参考阵列，所选阵列的布局将定义此阵列布局。

（2）选择基本实例手柄：允许选择正在参考的阵列中的实例，用以映射参考阵列与此阵列之间的实例位置。

下面是参考矩阵的实例。

（1）使用"拉伸""镜像特征""孔"和"阵列特征"命令，完成图 4.117 所示的齿轮形实体。

（2）使用"拉伸""边倒圆""沿引导线扫掠"和"回转"命令，完成图 4.118 所示的台灯形实体。

图 4.117 齿轮形实体

图 4.118 台灯形实体

4.4 装 配 设 计

装配应用模块是支持"自顶向下"和"自底向上"的设计方法,提供装配结构的快速移动,并允许直接访问任何组件或子装配的设计模型。该模块支持"在上下文中设计"的方法,即当工作在装配的上下文中时,可以改变任何组件的设计模型。UG NX 8.5 提供自底向上和自顶向下的装配功能,并且两种方法可以混合使用。自底向上装配是一种常用的装配模式。

4.4.1 装配概述

装配的相关术语和概念如下:

(1) 装配:装配是指在装配过程中建立部件之间的相对位置关系,由部件和子装配组成。

(2) 组件:组件是指在装配中按特定位置和方向使用的部件。组件可以是独立的部件,也可以是由其他较低级别的组件组成的子装配。

(3) 部件:任何 prt 文件都可以作为部件添加到装配文件中。

(4) 工作部件:工作部件是指可以在装配模式下编辑的部件。在装配状态下,一般不能对组件直接进行修改,要修改组件,需要将该组件设为工作部件。

(5) 子装配:子装配是在高一级装配中被用作组件的装配,子装配也可以拥有自己的子装配。

子装配是相对于引用它的高一级装配来说的,任何一个装配部件可在更高级装配中被用作子装配。

(6) 引用集:定义在每个组件中的附加信息,其内容包括了该组件在装配时显示的信息。每个部件可以有多个引用集,供用户在装配时选用。

4.4.2 装配导航器

装配导航器是将装配结构显示为对象的树形图,每个组件都显示为装配结构树中的一个节点。

单击"新建"命令,如图 4.119 所示,建立一个"装配"文件,进入"装配"界面。

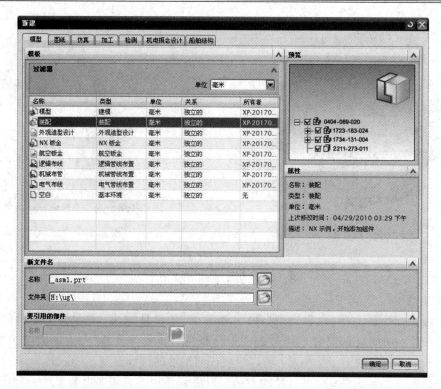

图 4.119　新建装配

装配工具条命令图标说明如下：

【查找组件】：单击该按钮，系统弹出"查找组件"对话框，可以利用该对话框中的"按名称""根据状态""根据属性""从列表""按大小"五个选项卡查找组件。

【打开组件】：该按钮用于打开某一关闭的组件。例如，在装配导航器中关闭某组件，该组件在装配体中消失，此时在装配导航器中选中该组件，单击【√】按钮，组件被打开。

【按邻近度打开】：该按钮用于按邻近度打开一个范围内的所有关闭的组件。单击此按钮，系统弹出"类选择"对话框，选择某一组件后，单击【确定】按钮，系统弹出"按邻近度打开"对话框。用户在"按相邻度打开"对话框中可以拖动滑块设定范围，主对话框中会显示该范围的图形，应用后，打开该范围内的所有关闭的组件。

【显示产品轮廓】：单击此按钮，显示当前定义的产品轮廓。如果在选择显示产品轮廓选项时，没有现有的产品轮廓，系统会弹出一条消息，选择是否创建新的产品轮廓。

【添加组件】：通过选择已加载的部件或从磁盘选择部件，将组件添加到装配中。在装配中经常会用到此按钮，其功能是向装配体中添加已存在的组件，添加的组件可以是未载入系统中的组件，也可以是已载入系统中的组件。用户可以选择在添加组件的同时定位组件，设定与其他组件的装配约束，也可以不设定装配约束。

【新建组件】：该按钮用于创建新的组件，并将其添加到装配中。

【创建组件阵列】：将组件复制到圆形或矩形阵列中。

【镜像装配】：创建整个装配或选定组件的镜像版本。对于含有很多组件的对称装配，只需要装配一侧的组件，然后进行镜像即可。镜像功能可以对整个装配进行镜像，也可以选择个别组件进行镜像，还可指定要从镜像的装配中排除的组件。

【抑制组件】：将组件及其子项从显示中移去，但不删除被抑制的组件，它们仍存在于数据库中。

【编辑抑制状态】：选择一个或多个组件，单击此按钮，系统弹出"抑制"对话框，可以定义所选组件的抑制状态。对于装配有多个布置，或选定组件有多个控制父组件，则可以对所选的不同布置或父组件定义不同的抑制状态。

【移动组件】：移动装配中的组件。

【装配约束】：通过指定约束关系，相对装配中的其他组件重新定位组件。

【显示和隐藏约束】：控制"选定的约束""与选定组件相关联的所有约束""仅选定组件之间的约束"的可见性。

【装配布置】：该按钮用于编辑排列。单击此按钮，系统弹出"编辑布置"对话框，可以定义装配布置为部件中的一个或多个组件指定备选位置，并将这些备选位置和部件保存在一起。

【爆炸图】：该按钮用于调出"爆炸视图"工具条，可以进行创建爆炸图、编辑爆炸图以及删除爆炸图等操作。

【装配序列】：打开"装配序列"任务环境以控制组件装配或拆卸的顺序，并仿真组件运动。

【WAVE 几何链接器】：将装配中其他部件的几何体复制到工作部件中。可以创建关联的链接对象，也可以创建非关联副本。编辑源几何体时，会更新关联的链接几何体及其大部分属性。

【产品接口】：定义其他部件可以引用的几何体、表达式和设置引用规则，并列出引用工作部件的部件。

【WAVE PMI 连接器】：将 PMI 从一个部件复制到另一个部件，或从一个部件复制到装配中。

【关系浏览器】：提供有关部件间链接的图形信息。

【装配间隙】：列出"装配间隙"命令。用于快速分析组件间的干涉，包括软干涉、硬干涉和接触干涉。如果干涉存在，单击此按钮，系统会弹出干涉检查报告。在干涉检查报告中，用户可以选择某一干涉，并隔离与之无关的组件。

4.4.3　装配约束

在装配中，两个部件之间的位置关系分为约束和非约束。"装配约束"就是将两个组件的位置关系进行约束，使组件根据需要合理地装配。进行约束关系后的组件之间存在关联关系，当一个组件移动时，有约束关系的所有组件随之移动，部件之间始终保持着相对位置，而且约束的尺寸可以进行灵活修改，真正实现装配的参数化。

"装配约束"类型说明如下：

（1）接触对齐：该约束用于两个组件，使其彼此接触或对齐。当选择该选项后，"要约束的几何体"区域的"方位"下拉列表中出现四个选项。"接触"约束可使两个装配部件中的两个平面重合，并且朝向相反。"接触"约束也可以使其他对象配对，如直线与直线接触等。

（2）首选接触：当接触和对齐都有可能时，优先选择接触约束（在大多数模型中，"接触"约束比"对齐"约束更常用）；当"接触"约束过度约束装配时，将显示"对齐"约束，此为默认选项。以下对两者分别作一介绍：

① 接触：使约束对象的曲面法向在反方向上。

② 对齐：选择该方位方式时，将对齐选定的两个要配合的对象。对于平面对象而言，将默认选定的两个平面共面，并且法向相同，可以进行反向切换设置。对于圆柱面，可以实现面相切约束，并对齐中心线。

（3）自动判断中心/轴：该选项主要用于定义两圆柱面、两圆锥面或圆柱面与圆锥面同轴约束。"自动判断中心/轴"约束可使两个装配部件中的两个旋转面的轴线重合。注意，两个旋转曲面的直径不要求相等。当轴线选取无效或不方便选取时，可以用这个约束。

（4）同心：该约束用于定义两个组件的圆形边界或椭圆边界的中心重合，并使边界的面共面。

（5）距离：该约束用于设定两个组件对象间的最小 3D 距离。选择该选项，在选择要约束的两个对象参照（如实体平面、基准平面）后，"距离"区域的距离文本框被激活，可以直接输入数值，距离可以是正数、也可以是负数。

（6）固定：该约束用于将组件固定在其当前位置，一般用在第一个装配元件上。

（7）平行：该约束用于使两个目标对象的矢量方向平行。可以执行平行操作的对象组合有"直线与直线""直线与平面""轴线与平面""圆柱面的轴线与轴线"和"平面与平面"等。

（8）垂直：该约束用于使两个目标对象的矢量方向垂直。

（9）拟合：该约束用于定义将半径相等的两个圆柱面拟合在一起。此约束适用于确定孔中的销或螺栓的位置。如果半径变为不等，则该约束无效。

（10）胶合：将组件"焊接"在一起，使它们作为刚体移动。使用"胶合"约束可以将添加进来的组件随意拖放到指定的位置，例如，可以往任意方向平移，但不能旋转。"胶合"约束只应用于组件，或组件和装配级的几何体，其他对象不可选。

（11）中心：该约束用于使一对对象之间的一个或两个对象居中，或使一对对象沿另一个对象居中。当选取该选项时，"要约束的几何体"区域的"子类型"下拉列表中出现三个选项：

① 1 对 2：该选项用于定义在后两个所选对象之间，使第一个所选对象居中。需要在添加的组件中选择一个对象中心，以及在原有组件中选择两个对象中心。

② 2 对 1：该选项用于定义将两个所选对象沿第三个所选对象居中。需要在添加的组件上指定两个对象中心，以及在原有组件中指定一个对象中心。

③ 2 对 2：该选项用于定义将两个所选对象在两个其他所选对象之间居中。需要在添加的组件和原有组件上各选择两个参照定义对象中心。

（12）⊿角度：该约束用于约束两对象间的旋转角。选取"角度"约束后，"要约束的几何体"区域的"子类型"下拉列表中出现以下两个选项：

① 3D 角：该选项用于约束"源"几何体和"目标"几何体。不指定旋转轴，可以任意选择满足指定几何体之间角度的位置。

② 方向角度：该选项用于约束"源"几何体和"目标"几何体，需要一个定义旋转轴的预先约束，否则创建定位角约束失败。因此，尽可能创建"3D 角度"约束，而不创建"方向角度"约束。

4.4.4　爆炸图

爆炸图是指在同一幅图里，把装配体的组件拆分开，使各组件之间分开一定的距离，以便于观察装配体中的每个组件，清楚地反映装配体的结构。

1. 新建爆炸图

执行方式：在打开装配体文件后，选择菜单栏里的"装配"→"爆炸图"→"新建爆炸图"，弹出"新建爆炸图"对话框，如图 4.120 所示。在名称中修改爆炸图名称，然后，单击【确定】按钮。

2. 编辑爆炸图

建立爆炸图文件之后，设置爆炸图参数。单击菜单栏里的"装配"→"爆炸图"→"编辑爆炸图"，弹出"编辑爆炸图"对话框，如图 4.121 所示。

图 4.120　"新建爆炸图"对话框　　　　　图 4.121　"编辑爆炸图"对话框

单击"选择对象"，在图形区域选中需要移动的零件；再单击"移动对象"；然后，在图形区域移动该零件至合适位置。重复前述操作，直至将所有装配体中的零件展示清晰，单击【确定】按钮，退出该命令。

特殊选项说明：

（1）选择对象：选择要爆炸的组件。

（2）移动对象：移动选定的组件。

（3）只移动手柄：移动拖动手柄而不移动任何其他对象。

（4）距离/角度：设置距离或角度以重新定位所选组件。点击拖动手柄的轴、旋转轴或任意线即可激活。

（5）捕捉增量：选中此复选框，可以在拖动手柄时，设置移动的距离或旋转的角度的捕捉增量。

（6）矢量工具：可定义拖动手柄的矢量方向。

（7）捕捉手柄至 WCS：将拖动手柄移到 WCS 位置。

（8）取消爆炸：将选定的组件移回其未爆炸的位置。

（9）原始位置：将所选组件移回它在装配中的原始位置。在爆炸视图过多、所选组件的未爆炸位置与原始装配位置不同时，可使用该选项。

图 4.122 是图 4.123 装配体爆炸后的效果图。

图 4.122　爆炸图　　　　　　　　　　　图 4.123　未爆炸图

3. 自动爆炸组件

使用该命令可定义爆炸图中一个或多个选定组件的位置。沿基于组件的装配约束的矢量，可偏置每个选定的组件。使用该命令无法保证一次生成理想的爆炸图，需要结合"编辑爆炸图"命令优化自动爆炸视图。

执行方式：

单击菜单栏里的"装配"→"爆炸图"→"自动爆炸组件"，弹出"类选择"对话框，如图4.124 所示。

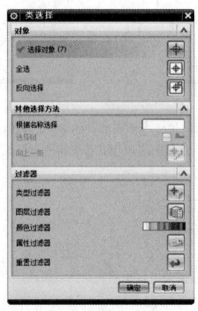

图 4.124　"类选择"对话框

选择要偏置的组件，单击【确定】按钮，弹出"自动爆炸组件"对话框，如图 4.125 所示。

图 4.125 "自动爆炸组件"对话框

特殊选项说明：

(1) 距离：为爆炸组件设置偏置距离，可设为正值或负值。

(2) 添加间隙：选中此复选框时，自动生成间隙偏置。

图 4.126 是图 4.127 所示装配体爆炸后的效果图。

图 4.126 自动爆炸图

图 4.127 未自动爆炸图

4. 取消爆炸组件

该命令将一个或多个选定组件恢复至未爆炸的原始位置。

执行方式：

单击菜单栏里的"装配"→"爆炸图"→"取消爆炸组件"，弹出"类选择"对话框，选择需要取消的组件，单击【确定】按钮。

5. 删除爆炸图

需更改显示视图至其他视图或隐藏该视图，否则系统无法删除显示视图。如果选中的爆炸图与任何其他视图有关联，应先删除其关联视图。

执行方式：

单击菜单栏里的"装配"→"爆炸图"→"删除爆炸图"，弹出"爆炸图"对话框，如图 4.128 所示。选择需要删除的爆炸图，单击【确定】按钮。

图 4.128 "爆炸图"对话框

4.5　工程图设计

工程图模块可以从已创建的三维模型自动生成工程图图样，也可以使用内置的草图工具里的"曲线"命令手动绘制工程图。由实体模型投影得到的工程图与实体模型完全关联，实体模型的任何修改都会引起工程图的相应变化。

工程图主要由以下三个部分组成：

第一部分为视图，包括六个基本视图（主视图、俯视图、左视图、右视图、仰视图和后视图）、放大图、各种剖视图、断面图、辅助视图等。在制作工程图时，应根据实际零件的特点，选择不同的视图组合，以便简单清楚地表达各个设计参数。

第二部分为尺寸、公差、注释说明及表面粗糙度，包括形状尺寸、位置尺寸、形状公差、位置公差、注释说明、技术要求以及零件的表面粗糙度要求。

第三部分为图框和标题栏等。

4.5.1　创建工程图

单击菜单栏里的"文件"→"新建"，弹出"新建"对话框，如图 4.129 所示。选择"图纸"标签头，在"模板"中选择合适的图纸，设置好文件名、路径和需要输出工程图的零件，单击【确定】，弹出"视图创建向导"对话框，如图 4.130 所示。按照步骤设置好相关参数，并在"Layout"中设置零件的基本投影视图，如图 4.131 所示，单击【完成】。

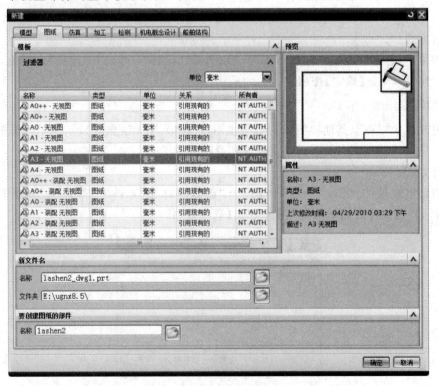

图 4.129　新建工程图

图 4.130　"视图创建向导"对话框

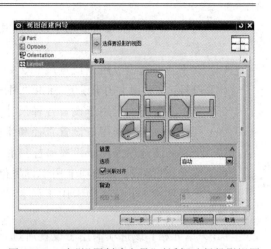

图 4.131　在"视图创建向导"对话框选择投影视图

4.5.2　工程图参数预设置

UG NX 8.5 安装后默认提供多个国际通用的制图标准，其中系统默认的制图标准"GB（出厂设置）"中的很多选项不能满足企业的具体制图需要，需要对工程图参数进行预设置。通过工程图参数的预设置，可以控制箭头的大小、线条的粗细、隐藏线的显示与否、标注的字体和大小等。用户可以通过预设置工程图的参数改变制图环境，使所创建的工程图符合我国国家标准。

选择菜单中的 首选项(P) → 制图(D)... 命令，系统弹出如图 4.132 所示的"制图首选项"对话框。

该对话框内可以设置视图和注释的版本、成员视图的预览样式、图纸页的页号及编号、视图的更新和边界、显示抽取边缘的面及加载组件、保留注释的显示、断开视图的断裂线等。

图 4.133 所示的"注释首选项"对话框中各选项卡的功能说明如下：

（1）尺寸：该选项卡用于设置箭头和直线格式、放置类型、公差和精度格式、尺寸文本角度和延伸线部分的尺寸关系等参数。

图 4.132　"制图首选项"对话框

（2）直线/箭头：该选项卡用于设置应用于指引线、箭头以及尺寸的延伸线和其他注释的相关参数。

（3）文字：该选项卡用于设置尺寸、文本和公差等文字的相关参数。

（4）符号：该选项卡用于设置"标识""用户定义""中心线"和"形位公差"等符号的参数。

（5）单位：该选项卡用于设置各种尺寸显示的参数。

（6）径向：该选项卡用于设置直径和半径尺寸值显示的参数。

（7）坐标：该选项卡用于设置坐标集和折线的参数。

（8）填充/剖面线：该选项卡用于设置剖面线和区域填充的相关参数。

（9）零件明细表：该选项卡用于设置零件明细表的参数，以便为现有的零件明细表对象设置形式。

（10）单元格：该选项卡用于设置所选单元的各种参数。

（11）适合方法：该选项卡用于设置单元适合方法的样式。

（12）表区域：该选项卡用于设置表格的格式。

（13）表格注释：该选项卡用于设置表格中的注释参数。

（14）层叠：该选项卡用于设置注释的对齐方式。

（15）标题块：该选项卡用于设置标题栏的对齐位置。

（16）肋骨线：该选项卡用于设置造船制图中的肋骨线参数。

图 4.134 所示的"截面线首选项"对话框中各选项的说明如下：

图 4.133 "注释首选项"对话框

图 4.134 "截面线首选项"对话框

（1）标签：该选项用于设置剖视图的标签号。

（2）样式：该选项用于选择剖切线箭头的样式。

（3）箭头显示：该选项通过在"箭头头部长度""箭头长度"和"箭头角度"文本框中输入值，控制箭头的大小。

（4）箭头通过部分：该选项通过在"边界到箭头距离"文本框中输入值，控制剖切线箭头线段和视图线框之间的距离。

（5）短划线长度：该选项用于在"短划线长度"文本框中输入短划线长度。

（6）标准：该选项用于控制剖切线的符号。

（7）颜色：该选项用于控制剖切线的颜色。

（8）宽度：该选项用于选择剖切线的宽度。

4.5.3　图纸操作

1. 创建视图

4.5.1 节通过"视图创建向导"可以创建初始工程图。如需自己创建，可单击"图纸"工具栏中的【新建图纸页】按钮，弹出"图纸页"对话框，如图 4.135 所示；或者单击菜单栏里的"插入"命令，下拉菜单里的第一个选项"图纸页"，新建图纸。

图 4.135　"图纸页"对话框

特殊选项说明：

（1）大小，其中各参数含义如下：

① 使用模板：选择系统中已有的模板。

② 标准尺寸：设置标准图纸的大小和比例。

③ 定制尺寸：自定义设置图纸的大小和比例。

（2）名称，其中各参数含义如下：

① 图纸中的图纸页：列出工作部件中的所有图纸页。

② 图纸页名称：设置默认的图纸页名称。

③ 页号：图纸页编号由初始页号、初始次级编号以及可选的次级页号分隔符组成。

④ 版本：说明新图纸页的唯一版次代号。

（3）设置，其中各参数含义如下：

① 单位：指定图纸页的单位，分为"毫米"和"英寸"。

② 投影：指定第一角投影或第三角投影。

2. 编辑工程图

在视图添加及编辑过程中，有时需要临时添加剖视图、技术要求等，而新建过程中设置的工程图参数可能无法满足要求（例如比例不适当），就需要对已有的工程图进行修改编辑。

选择菜单栏中的"编辑"→"图纸页"，弹出"图纸页"对话框。在对话框中修改已有工程图的名称、尺寸、比例和单位等参数。修改完成后，系统会按照新的设置对工程图进行更新。需要注意的是：在编辑工程图时，投影角度参数只能在没有产生投影视图的情况下进行修改，否则，需要删除所有的投影视图后执行投影视图的编辑。

3. 图纸工具条

用户可以使用图纸工具条上的命令编辑视图，如图 4.136 所示。

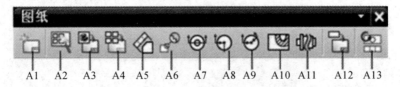

A1 A2 A3 A4 A5 A6 A7 A8 A9 A10 A11 A12 A13

A1 — 新建图纸页；A2 —视图创建向导；A3 —基本视图；A4 — 标准视图；A5 —投影视图；

A6 —局部放大图；A7 —剖视图；A8 —半剖视图；A9 —旋转剖视图；A10 —局部剖视图；

A11 —断开视图；A12 —图纸视图；A13 —更新视图

图 4.136 "图纸"工具条

下面介绍几个常用视图。

1）基本视图

单击"图纸工具条"上的"基本视图"命令，弹出"基本视图"对话框，如图 4.137 所示。设置好参数后，在绘图区适当位置放置基本视图，即可关闭对话框。图 4.138 和图 4.139 所示为该零件创建基本视图的俯视图。

图 4.137　"基本视图"对话框

图 4.138　实体图

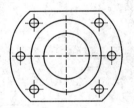

图 4.139　基本视图示意

特殊选项说明：

（1）部件，其中各参数含义如下：

① 已加载的部件：显示所有已加载部件的名称。

② 最近访问的部件：选择最近访问的一个部件，以便为该部件加载并添加视图。

③ 打开：浏览或打开其他部件，并为这些部件添加视图。

（2）视图原点，其中各参数含义如下：

① 指定位置：可以使用光标指定一个屏幕位置，其中各选项含义为：

a. 放置：指定所选视图的位置。

b. 方法：选择对齐视图选项。

c. 光标跟踪：开启 XC 和 YC 跟踪。

d. 关联对齐：当"方法"选项里不是"自动判断"时出现，在两个视图之间创建永久视图对齐。即便更改或移动，关联对齐也会强制对齐。

② 移动视图：指定视图的屏幕位置。

（3）模型视图，其中各参数含义如下：

① 要使用的模型视图：选择一个要用作基本视图的模型视图。

② 定向视图工具：打开"定向视图"工具，可用于定制基本视图的方位。

（4）比例：为制作视图指定一个特定的比例。

（5）设置，其中各参数含义如下：

① 视图样式：设置视图的显示样式。

② 隐藏的组件：适用于装配图纸，能够控制一个或多个组件在基本视图中的显示。

③ 非剖切：适用于装配图纸，指定一个或多个组件为未切削组件。

2）投影视图

通过"投影视图"命令，从现有的基本视图、正交视图或辅助视图投影视图。单击"图纸工具条"上的"投影视图"命令，弹出"投影视图"对话框，如图 4.140 所示。图 4.141 所示为该零件的投影视图。

图 4.140 "投影视图"对话框

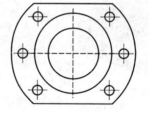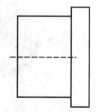

图 4.141 基本视图和投影视图

特殊选项说明：

（1）父视图，其中的参数含义如下：

选择视图：在绘图区选择视图作为基本视图（父视图），并投影出其他视图。

（2）铰链线，其中的各参数含义如下：

① 矢量选项：包括自动判断和已定义，其中各选项含义为：

a. 自动判断：为视图自动判断铰链线和投影方向。

b. 已定义：允许为视图手工定义铰链线和投影方向。

② 反转投影方向：镜像铰链线的投影箭头。

③ 关联：当铰链线与模型中平的面平行时，铰链线将自动关联该面，仅与"自动判断矢量"选项一起可用。

3）局部放大图

局部放大图包含一部分现有视图，局部放大图的比例可根据需要进行调整，以便更容易地查看在视图中显示的对象，并对其进行注释。单击"图纸"工具条上的"局部放大视图"命令，弹出"局部放大视图"对话框，如图 4.142 所示。图 4.143 所示为该零件俯视图上添加了局部放大视图的效果。

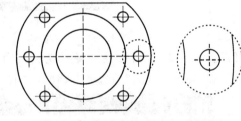

图 4.142　"局部放大图"对话框　　　　图 4.143　基本视图和局部放大图

特殊选项说明：

(1) 类型，其中各参数含义如下：

① 圆形：创建有圆形边界的局部放大图。

② 按拐角：通过选择对角线上的两个拐角点创建矩形局部放大图边界，其中，各选项含义为：

a. 指定拐角 1：定义矩形边界的第一个拐角点。

b. 指定拐角 2：定义矩形边界的第二个拐角点。

③ 按中心和拐角矩形：通过选择一个中心点和一个拐角点创建矩形局部放大图边界，其中，各选项含义为：

a. 指定中心点：定义圆形边界的中心。

b. 指定边界点：定义圆形边界的半径。

(2) 父视图，其中的参数含义如下：

选择视图：选择一个父视图。

(3) 原点，其中各参数含义如下：

① 指定位置：指定局部放大图的位置。

② 移动视图：在创建局部放大图的过程中移动现有视图。

（4）比例：默认局部放大图的比例因子大于父视图的比例因子。

（5）父项上的标签，其中的参数含义如下：

标签：提供下列在父视图上放置标签的选项，其中各选项含义为：

① 无：无边界。

② 圆：圆形边界，无标签。

③ 注释：有标签，但无指引线的边界。

④ 标签：有标签和半径指引线的边界。

⑤ 内嵌的：标签内嵌在带有箭头的缝隙内的边界。

⑥ 边界：显示实际视图边界。

4）剖视图

单击"图纸工具条"上的"剖视图"命令，弹出"剖视图"选项卡，如图4.144所示。

图4.144　未选基本视图的"剖视图"选项卡

选择需要进行剖切示意的基本视图为父视图，打开"剖视图"选项卡，如图4.145所示。"半剖视图"和"旋转剖视图"的选项卡相似，如图4.146和图4.147所示。

图4.145　已选基本视图的"剖视图"选项卡

图4.146　"半剖视图"选项卡

图4.147　"旋转剖视图"选项卡

特殊选项说明：

（1）父项，其中的参数含义如下：

基本视图：选择一个不同的父视图。在图纸页中有一个以上可用作父视图的视图时，才可出现此选项。选择父视图后，视图将显示剖切线符号。

（2）铰链线，其中各参数含义如下：

① 自动判断铰链线：放置剖切线。

② 定义铰链线：单击此项，能够在"自动判断的矢量"列表中选择矢量定义关联铰链线。

③ 自动判断矢量：单击"定义铰链线"，此选项可用。通过选择几何体自动判断矢量，或者从"矢量构造器"列表中选择一个选项定义铰链线矢量。

④ 反向：反转剖切线箭头的方向。

（3）截面线，其中各参数含义如下：

① 添加段：将剖切线放置到父视图中后才可使用，可为阶梯剖视图添加剖切线。

② 删除段：删除剖切线上的剖切段。

③ 移动段：在父视图中移动剖切线符号的单个段，同时，保留与之相邻段的角度和连接。用户可以移动剖切段、折弯段和箭头段。

④ 无第二焊脚分段：仅旋转剖视图时可用，省略旋转剖切线符号的第二条支脚。

⑤ 移动旋转点：仅旋转剖视图时可用，用于定义新的旋转点。

（4）放置视图：放置视图。

（5）方位，其中各参数含义如下：

① 剖视图方向：创建具有不同方位的剖视图。

② 正交的：生成正交的剖视图。

③ 继承方向：生成与所选的另一个视图完全相同的方位。

④ 剖切现有视图：在所选的现有视图中生成剖切。

⑤ "折叠剖视图"和"展开剖视图"无法使用"剖视图方向"。

下面举例说明旋转剖视图和半剖视图。

【例 4.2】　画旋转剖视图。

第一步，单击"旋转剖视图"命令，选择需要进行剖切的基本视图，如俯视图。在弹出的"旋转剖视图"工具栏里，点击"铰链线"里的"反向"，效果如图 4.148 所示。

第二步，按顺序选中图示中三个圆的圆心，放置剖切线，如图 4.149 所示。

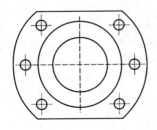　　　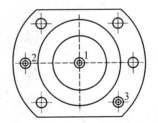

图 4.148　旋转剖第一步　　　　　图 4.149　旋转剖第二步

第三步，选择俯视图下方的空白位置放置旋转剖视图，如图 4.150 所示。

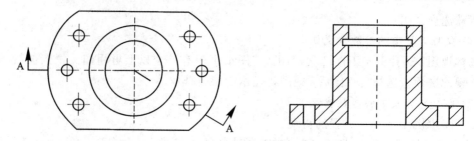

图 4.150　旋转剖第三步

【例 4.3】 画半剖视图。

第一步，单击"基本视图"命令，弹出"基本视图"选项卡。在"模型视图"下面的"要使用的模型视图"里选择"正等测图"，在绘图区空白处放置该正等测图。

第二步，单击"半剖视图"命令，选择需要进行剖切的俯视图，弹出"半剖视图"选项卡，如图 4.151 所示。

图 4.151　"半剖视图"选项卡

第三步，两次选择俯视图正中心的圆心，单击"半剖视图"选项卡中的"方向"，改成第三个"剖切现有视图"，然后，选择前面创建的"正等测图"。

第四步，当剖切方向不合适时，双击俯视图中的半剖截面线，弹出"截面线"对话框，如图 4.152 所示。选择"重新定义铰链线"，修改矢量方向至方向合适。例如，使用"两点定线"的方式修改矢量方向，如图 4.153 所示。

图 4.152　"截面线"对话框

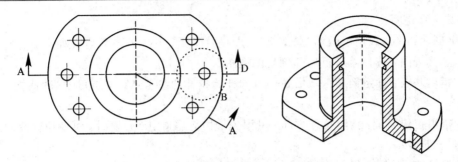

图 4.153　半剖视图效果图

第五步，重新布局，如图 4.154 所示。

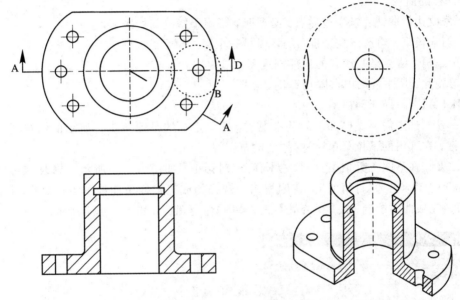

图 4.154　半剖视图最终布局

5）局部剖视图

单击"图纸工具条"上的"局部剖视图"命令，弹出"局部剖"对话框，如图 4.155 所示。

图 4.155　"局部剖"对话框

特殊选项说明：

（1）创建：该选项用于激活"局部剖"视图创建步骤，其中各参数含义如下：

① 选择视图：选择需进行局部剖切的视图。

② 指出基点：确定剖切区域沿拉伸方向开始拉伸的参考点，该点可通过"捕捉点"工具条指定。

③ 指出拉伸矢量：指定拉伸方向，可用矢量构造器指定。必要时，可使拉伸反向，或指定为视图法向。

④ 选择曲线：定义局部剖切视图剖切边界的封闭曲线。可用单击对话框中的【链】按钮选择剖切面，也可以直接在图形中选择。点击【取消选择上一个】图标，可以从边界上移除上一条选择的曲线。

⑤ 修改边界曲线：修改边界点。必要时，可用于修改剖切区域。

⑥ 切穿模型：勾选该复选框，剖切时可完全穿透模型。

（2）编辑：编辑修改现有的局部剖视图。

（3）删除：从主视图中移除局部剖。

【例4.4】 画局部剖视图。

第一步，选中需要做局部剖的基本视图，这里选择的是图4.154所示的俯视图。点击鼠标右键，在弹出的下拉菜单中选择"活动草图视图"。

第二步，在草图工具条中打开"艺术样条"对话框，如图4.156所示。修改"参数化"里的"次数"为"3"，勾选"封闭的"。在俯视图中选择构成艺术样条曲线的点；然后，点击【确定】按钮，完成曲线绘制；最后，单击【完成草图】命令图标，如图4.157所示。

图4.156 "艺术样条"对话框

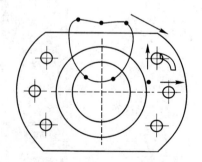

图4.157 绘制艺术样条曲线

第三步，单击【局部剖视图】命令图标，如图4.158所示，选择图4.154所示的俯视图。

选择俯视图下面的正视图里的点作为"基点","矢量方向"如图 4.159 所示的竖直向下;"选择曲线"选中上一步绘制的样条曲线(如图 4.157 所示);最后,单击【应用】,完成图示局部剖。

图 4.158　"局部剖"对话框

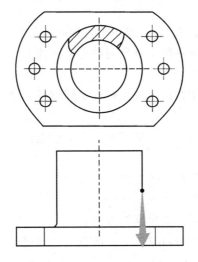

图 4.159　基点和矢量方向选择示意

4.5.4　工程图标注

添加图纸后,还应对图纸进行尺寸标注,添加中心线和符号等。

1. 尺寸标注

(1) 图 4.160 所示的"尺寸"工具条中,各按钮说明如下:

① 自动判断尺寸:该按钮允许系统自动判断尺寸类型,根据光标位置和选中的对象创建尺寸,详见后面图 4.161 的介绍。

② 圆柱尺寸:该按钮用于创建两个对象或点位置之间的线性距离的尺寸,测量圆柱体的轮廓视图尺寸。

③ 直径尺寸:该按钮用于创建圆形特征的直径尺寸。创建的尺寸包含双向箭头,指向圆弧或圆的相反方向。

④ 特征参数:该按钮用于将孔和螺纹的参数(以标注的形式)或草图尺寸继承到图纸页。

⑤ 水平链尺寸:系统允许用户创建一组水平尺寸,其中,每个尺寸都与相邻尺寸共享

图 4.160　"尺寸"工具条

其端点。

⑥ 竖直链尺寸：系统允许用户创建一组竖直尺寸，其中，每个尺寸都与相邻尺寸共享其端点。

⑦ 水平基线尺寸：系统允许用户创建一组水平尺寸，其中，每个尺寸都共享一条公共基准线。

⑧ 竖直基线尺寸：系统允许用户创建一组竖直尺寸，其中，每个尺寸都共享一条公共基准线。

⑨ 坐标尺寸：该按钮包含允许用户创建坐标尺寸的选项。

（2）图 4.161 所示"自动判断尺寸"菜单中包含以下命令：

① 水平尺寸：该命令用于在两个选定对象之间创建一个水平尺寸。

② 竖直尺寸：该命令用于在两个选定对象之间创建一个竖直尺寸。

③ 平行尺寸：该命令用于在两个选定对象之间创建一个平行尺寸。

④ 垂直尺寸：该命令用于在一条直线或中心线与一个定义的点之间创建一个垂直尺寸。

⑤ 倒斜角尺寸：该命令用于创建倒斜角尺寸。

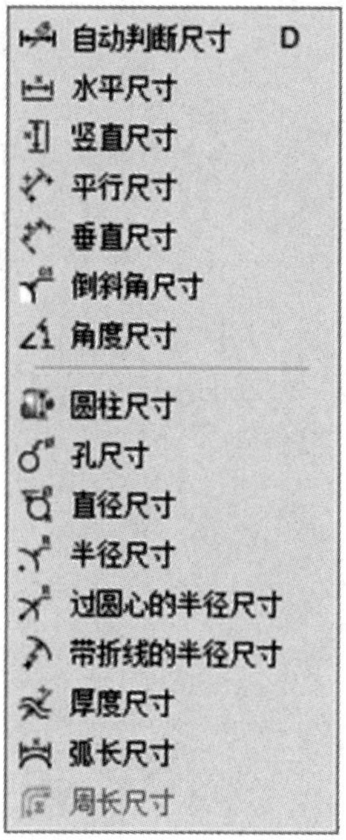

⑥ 角度尺寸：该命令用于在两条不平行的直线之间创建一个角度尺寸。

图 4.161　尺寸命令

⑦ 圆柱尺寸：该命令用于创建一个等于两个对象或点位置之间的线性距离的圆柱尺寸。

⑧ 孔尺寸：该命令用于创建孔特征的直径尺寸。

⑨ 直径尺寸：该命令用于标注圆或弧的直径尺寸。

⑩ 半径尺寸：该命令用于创建半径尺寸，此半径尺寸使用一个从尺寸值到弧的短箭头。

⑪ 过圆心的半径尺寸：该命令用于创建一个半径尺寸，此半径尺寸从弧的中心绘制一条延伸线。

⑫ 带折线的半径尺寸：该命令用于对极大的半径圆弧创建一条折叠的指引线半径尺寸，其中心可以在绘图区之外。

⑬ 厚度尺寸：该命令用于创建厚度尺寸，该尺寸测量两个圆弧或两个样条之间的距离。

⑭ 弧长尺寸：该命令用于创建一个测量圆弧周长的圆弧长尺寸。

⑮ 周长尺寸：该命令用于创建周长约束，以控制选定直线和圆弧的集体长度。

单击每一种尺寸标注类型，将弹出"水平尺寸"工具栏，如图 4.162 所示。

图 4.162　"水平尺寸"工具栏

（3）特殊选项说明：

① 值，其中各参数含义如下：

a. 公差类型：指定尺寸的公差值，可以从可用公差类型的列表中选择。

b. 标称值：用于设置主名义值的精度（0 到 6 位小数）。如果格式为分数，则选项将以分数精度值显示。

② 公差，其中各参数含义如下：

a. 公差值：指定创建尺寸时的上限和下限公差值，可以在屏显输入框中输入值。上限公差和下限公差可以是正数，也可以是负数。

b. 公差精度：用于设置主公差的精度（0 到 6 位小数）。

③ 文本编辑器：显示"文本编辑器"对话框，以输入符号和附加文本，如图 4.163 所示。

图 4.163　"文本编辑器"对话框

④ 设置，其中各参数含义如下：

a. 尺寸样式标注：打开"尺寸标注样式"对话框，如图 4.164 所示，仅显示应用于尺寸的属性页面。

b. 重置：将局部首选项重设为部件中的当前设置，并清除附加文本。

图 4.164　"尺寸标注样式"对话框

⑤ 驱动，其中的参数含义如下：

驱动尺寸标注：可用于对图纸中创建的草图添加尺寸。指出应将尺寸视为驱动草图尺寸还是文档尺寸，驱动尺寸标注可用于更改草图。

⑥ 层叠，其中的参数含义如下：

层叠注释：用于标注 2D 制图尺寸，将新尺寸与图纸页上的其他注释堆叠。

⑦ 对齐，其中的参数含义如下：

水平或竖直对齐：用于标注 2D 制图尺寸，尺寸与图纸页上的其他注释自动水平或竖直对齐。

2. 制图注释

用于创建注释、编辑及中心线等。图 4.165 所示为"注释"工具条。

图 4.165　"注释"工具条

各命令图标的说明如下：

(1) 注释：该图标用于创建、编辑和管理永久性注释，用于后处理显示。

(2) 特征控制框：该图标用于创建单行、多行或复合的特征控制框。

(3) 基准特征符号：该图标用于创建形位公差基准特征符号（带有或不带指引线），以便在图纸上指明基准特征。

（4）基准目标：该图标用于在部件上创建基准目标符号，指明部件上特定于某个基准的点、线或面积。

（5）符号标注：该图标用于在图纸上创建并编辑符号标注符号，可将符号标注符号作为独立符号进行创建。

（6）表面粗糙度符号：该图标用于创建一个表面粗糙度符号来指定曲面参数，如粗糙度、处理或涂层、模式、加工余量和波纹。

（7）焊接符号：该图标用于创建一个焊接符号来指定焊接参数，如类型、轮廓形状、大小、长度或间距及精加工方法。

（8）目标点符号：该图标用于创建进行尺寸标注的目标点符号。

（9）相交符号：该图标用于创建相交符号，该符号代表拐角上的证示线。

（10）剖面线：使用剖面线命令能够为指定区域填充图样。对象包括剖面线图样及定义边界实体。

（11）区域填充：该图标用于创建区域填充对象，包括由一组边界曲线封闭的指定图样的复杂线或实心填充等。

（12）中心标记：该图标用于创建中心标记，包括中心标记、螺栓圆中心线、圆形中心线、对称中心线、2D 中心线、3D 中心线、自动中心线、偏置中心点符号命令。

（13）图像：该图标用于在图纸页上放置光栅图像（图像格式为.jpg、.png 或.tif）。

3. 表格

一般装配体工程图需要添加零件明细表，图 4.166 所示为"表"工具条。

图 4.166　"表"工具条

各按钮的说明如下：

（1）表格注释：该按钮用于创建信息表。

（2）零件明细表：该按钮用于创建用于装配的物料清单。

（3）自动符号标注：该按钮用于将关联零件明细表标注添加到图纸的一个或多个视图中。

4. 制图编辑工具条

图 4.167 所示为"制图编辑"工具条。

各按钮的说明如下：

（1）编辑样式：点击该按钮就可以使用与选定制图对象相对应的"样式"选项卡，编辑该制图对象的样式。

图 4.167　"制图编辑"工具条

（2）编辑注释：点击该按钮就可以使用与制图对象相应的选项卡，编辑该制图对象的注释。

（3）编辑尺寸关联：该按钮用于将尺寸重新关联至相同类型（文本、几何体、中心线等）的其他对象上，这些对象可用于创建尺寸。

（4）视图中剖切：点击该按钮就可以使用视图中"剖切"选项卡，将剖视图中组件的显示方式设置为"剖切"或"非剖切"。

练习使用"视图"命令创建了零件的基本视图、旋转剖视图、局部视图和半剖视图，再使用各个尺寸标注和注释工具条命令，创建如图 4.168 所示的工程图。

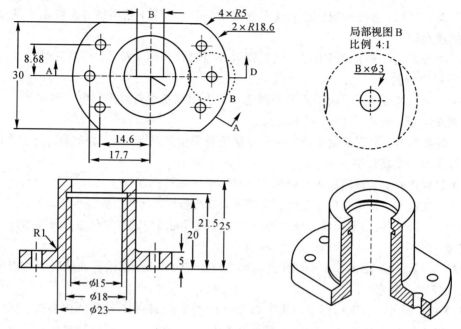

图 4.168　零件各个视图例题

4.6　CAM 简介

UG 编程是指采用西门子公司研发的专业 3D 软件 UGNX，用于进行数控机床的数字程序的编制。

数控机床没有程序就不能运转，需要专业人员利用专业软件工具，根据产品的形状编制程序。

UG 是当前世界最先进、面向先进制造行业、紧密集成的 CAID/CAD/CAE/CAM 软件系统，提供从产品设计、分析、仿真到数控程序生成等一整套解决方案。UG CAM 是整个 UG 系统的一部分，以三维主模型为基础，具有强大可靠的刀具轨迹生成功能，可以完成铣削（2.5 轴～5 轴）、车削、线切割等的编程。UG CAM 是模具数控行业最具代表性的数控编程软件，最大的特点是生成的刀具轨迹合理、切削负载均匀、适合高速加工。另外，加工过程中的模型、加工工艺和刀具管理，均与主模型相关联，如果主模型更改设计，编程只需重新计算即可，所以，UG 编程的效率非常高。

UG CAM 主要由 5 个模块组成，即交互工艺参数输入模块、刀具轨迹生成模块、刀具轨迹编辑模块、三维加工动态仿真模块和后置处理模块，下面对这 5 个模块作简单的介绍。

（1）交互工艺参数输入模块。通过人机交互的方式，用对话框和过程向导的形式输入刀具、夹具、编程原点、毛坯和零件等工艺参数。

（2）刀具轨迹生成模块。具有非常丰富的刀具轨迹生成方法，主要包括铣削（2.5 轴～5 轴）、车削、线切割等加工方法。

（3）刀具轨迹编辑模块。刀具轨迹编辑器可用于观察刀具的运动轨迹，并提供延伸、缩短和修改刀具轨迹的功能。同时，能够通过控制图形和文本的信息编辑刀轨。

（4）三维加工动态仿真模块。具有无需利用机床、成本低、高效率的测试 NC 加工的方法，可以检验刀具与零件和夹具是否发生碰撞、是否过切以及加工余量分布是否均匀等情况，以便在编程过程中及时处理。

（5）后处理模块。包括一个通用的后置处理器（GPM），用户可以方便地建立用户定制的后置处理。通过使用加工数据文件生成器（MDFG），一系列交互选项提示用户，选择定义特定机床和控制器特性的参数，包括控制器和机床规格与类型、插补方式、标准循环等。

第 5 章 数 控 加 工

5.1 数控加工技术

5.1.1 数控技术和数控机床

数控技术是综合了计算机、自动控制、电动机、电气传动、测量、监控、机械制造等学科领域的最新成果而形成的一门科学技术，是实现柔性制造（Flexible Manufacturing System，FMS）、计算机集成制造（Computer Integrated Manufacturing System，CIMS）、工厂自动化（Factory Automation，FA）的重要基础技术之一。数控技术较早地应用于机床装备中。本书中的数控技术具体指机床数控技术。

数控机床是一种采用计算机，利用数字信息进行控制的高效、能自动化加工的机床，它能够按照机床规定的数字化代码，把各种机械位移量、工艺参数、辅助功能（如刀具交换、切削液开与关等）表示出来，经过数控系统的逻辑处理与运算，发出各种控制指令，实现要求的机械动作，自动完成零件加工任务。在被加工零件或加工工序变换时，数控机床只需改变控制的指令程序就可以实现新的加工。所以，数控机床是一种灵活性强、技术密集度及自动化程度高的机电一体化加工设备。

随着自动控制理论、电子技术、计算机技术、精密测量技术及机械制造技术的发展，数控技术向高速度、高精度、智慧化、开放型以及高可靠性等方向迅速发展。

5.1.2 数控机床的特点

数控机床对零件的加工过程，是严格按照加工程序所规定的参数及动作执行的。数控机床是一种高效能的自动或半自动机床，与普通机床相比，它具有以下特点：

（1）适用于复杂异形零件的加工。

数控机床可以完成普通机床难以完成或根本不能加工的复杂零件的加工，因此在航空航天、造船、模具等加工业中得到了广泛应用。

（2）精度高，质量稳定。

数控加工不受零件复杂程度的影响，尺寸精度一般在 $0.005 \sim 0.01$ mm 之间。由于大部分操作由机器自动完成，因而消除了人为误差，提高了批量零件尺寸的一致性，同时，精密控制的机床还采用了位置检测装置，更加提高了数控加工的精度。

（3）加工适应性强。

复杂形状零件在汽车、纺织机械、航空航天、船舶、模具、动力设备和军事等工业部门的产品中具有十分重要的作用，其加工质量至关重要。数控机床能够控制多个进给轴联动，从而实现刀具相对工件的复杂运动。对于普通机床无法加工的零件，数控加工有很好的适应性。

（4）自动化程度高。

数控机床加工零件时，除手工装卸工件外，其余加工过程都能由机床自动完成。应用"FMS"加工零件时，上（下）工件、检测、诊断、对刀、传输、调度、管理等也都可由机床自动完成。机床采用数字信息控制，易于与计算机辅助设计系统连接，形成 CAD、CAM 一体化系统，并且可以建立各机床间的联系，容易实现群控。

（5）柔性好。

数控机床加工对象改变时，一般只需要更改数控程序，这体现出其很好的适应性，并节省了生产准备时间。在数控机床上加工新的零件，大部分准备工作是根据零件图样重新编写数控加工程序，而机床的夹具、工装等工艺装备的改动工作量较小。编程工作可以在新零件开始加工之前进行，这样就大大缩短了生产准备时间。因此，数控机床十分适合单件、小批量零件的加工，特别适用于新产品的开发。

（6）劳动条件好。

机床自动化程度高，操作人员劳动强度大大降低，工作环境较好。

（7）有利于现代化管理。

采用数控机床有利于向计算机控制与管理方面发展，为实现生产过程自动化创造条件。

5.1.3　数控机床的组成

数控机床一般由输入装置、输出装置、数控装置、可编程控制器、伺服系统、位置检测反馈装置和机床主机等组成，如图 5.1 所示。

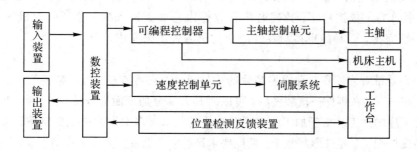

图 5.1　数控机床组成

1. 输入、输出装置

输入装置可将不同加工信息传递给计算机。在数控机床产生的初期，输入装置为穿孔纸带，现已趋于淘汰；目前，键盘、磁盘、手轮等的应用，极大地方便了信息输入工作。

输出装置指视频信号显示器（CRT）及 LED 指示灯，主要用于机床加工状态及程序数据的显示输出等。

2. 数控装置

数控装置是数控机床的核心与主导，完成所有加工数据的处理、计算工作，最终实现数控机床各功能的指挥工作。数控装置包含微计算机的电路、各种接口电路等硬件及相应的软件。

3. 可编程控制器

可编程控制器即 PLC，其作用是：对主轴单元实现控制，将程序中的转速指令进行处理，进而控制主轴转速；管理刀库，进行自动刀具交换、选刀方式、刀具累计使用次数、刀具剩余寿命及刀具刃磨次数等管理；控制主轴正反转和停止、准停、切削液开关、卡盘夹紧松开、机械手取送刀等动作；对机床外部开关（如行程开关、压力开关、温控开关等）进行控制；对输出信号（如刀库、机械手、回转工作台等）进行控制。

4. 检测反馈装置

检测反馈装置由检测元件和相应的电路组成，主要用于检测速度和位移，并将信息反馈给数控装置，实现闭环控制，以保证数控机床的加工精度。

5. 机床主机

机床主机是数控机床的主体，包括床身、主轴、进给传动机构等机械部件。机床主体在整体布局、外部造型、主传动系统、进给传动系统、夹具系统、支承系统和排屑系统等方面都有着很大的变化。这些变化是为了更好地满足数控技术的要求，并充分适应数控加工的特点。数控技术通常在机床的精度、静刚度、动刚度和热刚度等方面有较高的要求，而传动链则要求尽可能简化。

5.1.4 数控机床的分类

1. 按加工方式和工艺用途分类

1）普通数控机床

普通数控机床是指在加工工艺过程中的一个工序上实现数字控制的自动化机床，如数控铣床、数控车床、数控钻床、数控磨床和数控齿轮加工机床等。普通数控机床在自动化程度上还不够完善，刀具的更换与零件的装夹仍需人工来完成。

2）加工中心

加工中心是带有刀库和自动换刀装置的数控机床，它将数控铣床、数控镗床、数控钻床的功能组合在一起，在零件一次装夹后，可以对其大部分加工面进行铣、镗、钻、扩、铰及攻螺纹等多道工序的加工。由于加工中心能有效地避免由于多次安装造成的定位误差，所以它适用于产品变换频繁、零件形状复杂、精度要求高、生产批量不大而生产周期较短的产品。

2. 按运动方式分类

1）点位控制数控机床

如图 5.2 所示，点位控制是指数控系统只控制刀具或工作台从一点移至另一点的准确定位，然后进行定点加工，而点与点之间的路径不需要控制。采用这类控制方式的数控机床有数控钻床、数控镗床和数控坐标镗床等。

2）点位直线控制数控机床

如图 5.3 所示，点位直线控制是指数控系统除控制直线轨迹的起点和终点的准确定位外，还要控制在这两点之间以指定的进给速度进行直线切削。采用这类控制方式的数控机床有数控铣床、数控车床和数控磨床等。

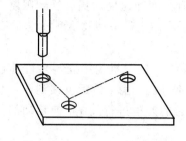

图 5.2　点位控制加工示意图

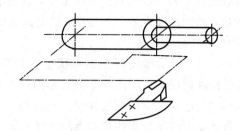

图 5.3　点位直线控制加工示意图

3）轮廓控制数控机床

如图 5.4 所示，轮廓控制数控机床可以连续控制两个或两个以上坐标方向的联合运动。为了使刀具按规定的轨迹加工工件的曲线轮廓，数控装置应具有插补运算的功能，使刀具的运动轨迹以最小的误差逼近规定的轮廓曲线，并协调各坐标方向的运动速度，以便在切削过程中始终保持规定的进给速度。采用这类控制方式的数控机床有数控铣床、数控车床、数控磨床和加工中心等。

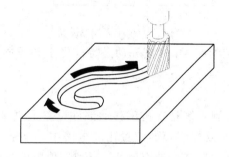

图 5.4　轮廓控制加工示意图

3．按控制方式分类

1）开环控制系统

开环控制系统是指不带反馈装置的控制系统，由步进电机驱动电路和步进电机组成，如图 5.5 所示。数控装置经过控制运算发出脉冲信号，每一个脉冲信号使步进电机转动一定的角度，通过滚珠丝杠推动工作台移动一定的距离。

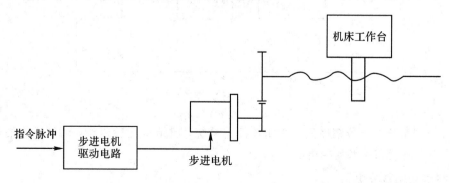

图 5.5　开环控制系统

　　这种伺服机构比较简单，工作稳定，容易掌握，但精度和速度的提高受到限制。由于成本较低，调试维修方便，因此开环控制系统仍被广泛应用于经济型及小型数控机床。

　　2）半闭环控制系统

　　如图 5.6 所示，半闭环控制系统是在开环控制系统的伺服机构中安装角位移检测装置，通过检测伺服机构的滚珠丝杠转角间接检测移动部件的位移，然后反馈到数控装置的比较器中，与输入的原指令位移值进行比较，用比较后的差值进行控制，使移动部件补充位移，直到差值消除为止的控制系统。

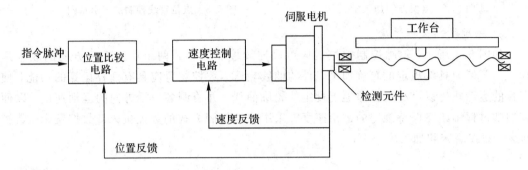

图 5.6　半闭环控制系统

　　这种伺服机构所能达到的精度、速度和动态特性优于开环伺服机构，被大多数中小型数控机床所采用。

　　3）闭环控制系统

　　如图 5.7 所示，闭环控制系统是在机床移动部件位置上直接安装直线位置检测装置，将检测到的实际位移反馈到数控装置的位置比较电路中，与输入的原指令位移值进行比较，用比较后的差值控制移动部件作补充位移，直到差值消除才停止移动，从而达到精确定位的控制系统。

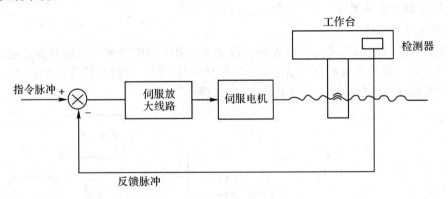

图 5.7　闭环控制系统

　　闭环控制系统的定位精度高于半闭环控制系统，但结构比较复杂，调试维修的难度较大，常用于高精度和大型数控机床。

　　4. 按联动轴数分类

　　数控机床控制几个坐标轴按需要的函数关系同时协调运动，称为坐标联动。按照联动轴数，数控机床可以分为以下三种：

1）两轴联动机床

两轴联动机床能同时控制两个坐标轴联动,适用于加工旋转曲面或铣削平面轮廓。

2）三轴联动机床

三轴联动机床能同时控制三个坐标轴联动,用于一般曲面的加工。一般的型腔模具均可以用三轴联动加工完成。

3）多坐标联动机床

多坐标联动机床能同时控制四个以上坐标轴联动。多坐标联动机床的结构复杂,精度要求高,程序编制复杂,适用于加工形状复杂的零件,如叶轮叶片类零件。

通常三轴联动机床可以实现二轴、二轴半、三轴联动加工;五轴联动机床可以只让三轴联动,而其他两轴不联动。

5.1.5 数控机床的坐标系

机床坐标系是机床固有的坐标系,是机床加工运动的基本坐标系,是考察刀具在机床上的实际运动位置的基准坐标系。

为方便数控加工程序的编制并使程序具有通用性,目前,国际上数控机床的坐标轴和运动方向均已标准化。我国也颁布了相应的标准 GB/T 19660 — 2005《工业自动化系统与集成 机床数值控制 坐标系和运动命名》。标准中规定:在加工过程中无论是刀具移动、工件静止,还是工件移动、刀具静止,一般都假定工件相对静止不动,而刀具在移动,并规定刀具远离工件的方向为坐标轴的正方向。

机床坐标系通常采用如图 5.8 所示的右手笛卡尔直角坐标系——拇指为 X 向,食指为 Y 向,中指为 Z 向。一般情况下,主轴的方向为 Z 坐标,而工作台的两个运动方向分别为 X、Y 坐标。

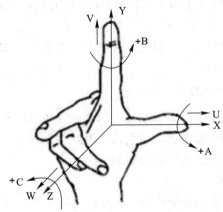

图 5.8 右手笛卡尔直角坐标系

机床坐标系的坐标原点是指机床上设置的一个固定的点,在机床装配、调试时就已经确定,是数控机床进行运动加工的基准参考点,一般取在机床运动方向的最远点。图 5.9 所示为数控机床的坐标系示例。

为了方便起见,在数控编程时往往采用工件上的局部坐标系(称为工件坐标系),即以工件上的某一点(工件原点)为坐标系原点进行编程。数控编程采用的坐标系称为编程坐标系，数控程序中的加工刀位点坐标均以编程坐标系为参照进行计算。

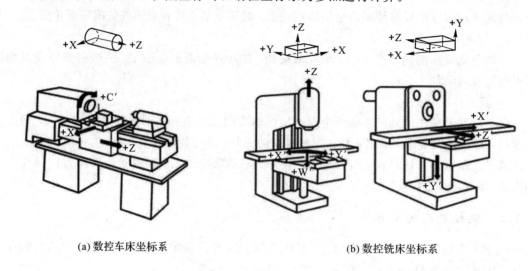

(a) 数控车床坐标系　　　　　　　(b) 数控铣床坐标系

图 5.9　数控机床的坐标系示例

5.2　数控加工工艺

5.2.1　数控加工工艺的主要内容

数控加工工艺就是用数控机床加工零件的一种工艺方法。数控机床的加工工艺与通用机床的加工工艺有许多相同之处，但数控机床的工艺规程要复杂得多。在数控加工前，要将机床的运动过程、零件的工艺过程、刀具的形状、切削用量和走刀路线等编入程序，这就要求程序设计人员具备多方面的知识。

在进行数控加工工艺设计时，一般应进行以下两方面的工作：数控加工工艺内容的选择和数控加工工艺路线的设计。

1. 数控加工工艺内容的选择

对于一个零件来说，并非全部加工工艺过程都适合在数控机床上完成，往往只是其中的一部分工艺内容适合进行数控加工。这就需要对零件图样进行仔细的工艺分析，选择那些最适合、最需要的内容和工序进行数控加工。

1) 适于数控加工的内容

(1) 通用机床无法加工的内容应作为优先选择内容。

(2) 通用机床难加工、质量也难以保证的内容应作为重点选择内容。

(3) 通用机床加工效率低、手工操作劳动强度大的内容，可在数控机床尚存在富余加工能力时选择。

2) 不适于数控加工的内容

(1) 占机调整时间长（如以毛坯的粗基准定位加工第一个精基准）、需用专用工装协调的内容。

(2) 加工部位分散，需要多次安装、设置原点的内容。

(3) 按某些特定的制造依据（如样板等）加工的型面轮廓。其主要原因是获取数据困难，易与检验依据发生矛盾，增加了程序编制的难度。

此外，在选择和决定加工内容时，应考虑生产批量、生产周期、工序间周转情况等。总之，应尽量做到合理，达到多、快、好、省的目的。应避免把数控机床降格为通用机床使用。

2. 数控加工工艺路线的设计

数控加工工艺路线设计与通用机床加工工艺路线设计的主要区别在于：它不是从毛坯到成品的整个工艺过程，而仅是几道数控加工工序工艺过程的具体描述。在工艺路线设计中应注意到，由于数控加工工序一般都穿插于零件加工的整个工艺过程中，因此，应考虑与其他加工工艺的衔接。数控加工工艺路线设计应注意以下几个问题：

1）工序的划分

根据数控加工的特点，数控加工工序的划分一般可按下列方法进行：

(1) 以一次安装、加工作为一道工序。这种方法适用于加工内容较少的零件，加工完后就能达到待检状态。

(2) 以同一把刀具加工的内容划分工序。有些零件虽然能在一次安装中加工出很多待加工表面，但程序太长，会受到某些限制，如控制系统的限制（主要是内存容量）、机床连续工作时间的限制（如一道工序在一个工作班内不能结束）等。此外，程序太长会增加出错与检索的困难度。因此，程序不能太长，一道工序的内容也不能太多。

(3) 以加工部位划分工序。对于加工内容很多的工件，可按其结构特点将加工部位分成几个部分（如内腔、外形、曲面或平面），并将每一部分的加工作为一道工序。

(4) 以粗、精加工划分工序。对于经加工后易发生变形的工件，由于对粗加工后可能发生的变形需要进行校形，因此，凡要进行粗、精加工的过程，应将工序分开。

2）加工顺序的安排

加工顺序应根据零件的结构和毛坯状况，以及定位、安装与夹紧的需要来考虑。加工顺序安排应按以下原则进行：

(1) 上道工序的加工不能影响下道工序的定位与夹紧，中间穿插有通用机床加工工序时应综合考虑。

(2) 先进行内腔加工，后进行外形加工。

(3) 以相同定位、夹紧方式加工或用同一把刀具加工的工序，应连续加工，以减少重复定位次数、换刀次数与挪动压板次数。

3）数控加工工序与普通加工工序的衔接

一般数控加工工序前后都穿插有其他普通加工工序，如衔接得不好，则容易产生矛盾。因此，在熟悉整个加工工艺内容的同时，应清楚数控加工工序与普通加工工序各自的技术要求、加工目的、加工特点，如要不要留加工余量，留多少，定位面与孔的精度要求及形位公差，对校形工序的技术要求，对毛坯的热处理状态等。这样才能使各工序相互满足加工需要，且质量目标及技术要求明确，交接验收有依据。

5.2.2 数控加工工艺设计方法

在选择了数控加工工艺内容和确定了零件加工路线后，即可进行数控加工工序的设计。数控加工工序设计的主要任务是进一步确定本工序的加工内容、切削用量、工艺装备、定位夹紧方式及刀具运动轨迹，为编制加工程序做好准备。

1. 确定走刀路线和安排加工顺序

走刀路线就是刀具在整个加工工序中的运动轨迹，它不但包括工步的内容，也反映工步顺序。走刀路线是编写程序的依据之一。确定走刀路线时应注意以下几点：

（1）寻求最短加工路线。

以图 5.10(a)所示零件上的孔系为例，图 5.10(b)的走刀路线为先加工完外圈孔，再加工内圈孔。若改用图 5.10(c)所示的走刀路线，则减少了空刀时间，缩短了定位时间，提高了加工效率。

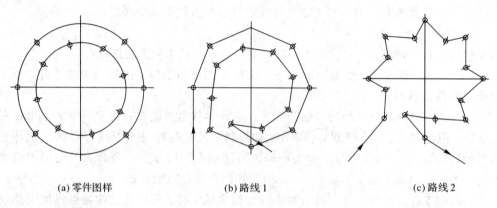

(a) 零件图样　　　　　　　(b) 路线 1　　　　　　　(c) 路线 2

图 5.10　最短走刀路线的设计

（2）最终轮廓一次走刀完成。

为保证加工后工件轮廓表面的粗糙度要求，最终轮廓应安排在最后一次走刀中连续加工出来。图 5.11(a)为用行切方式加工内腔的走刀路线，这种走刀路线能切除内腔中的全部余量，不留死角，不伤轮廓。但行切法会在两次走刀的起点和终点间留下残留高度，达不到要求的表面粗糙度。若采用图 5.11(b)所示的走刀路线，先用行切法，再沿周向环切一刀，光整轮廓表面，就能获得较好的效果。此外，图 5.11(c)也是一种较好的走刀路线。

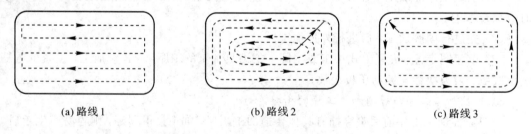

(a) 路线 1　　　　　　　(b) 路线 2　　　　　　　(c) 路线 3

图 5.11　铣削内腔的三种走刀路线

（3）选择切入/切出方向。

考虑刀具的进/退刀(切入/切出)路线时，刀具的切出或切入点应在沿零件轮廓的切线上，以保证工件轮廓光滑；应避免在工件轮廓面上垂直上/下刀而划伤工件表面；应减少在轮廓加工切削过程中的暂停(切削力突然变化会造成工件的弹性变形)，以免留下刀痕，如图 5.12 所示。

（4）选择使工件在加工后变形小的路线。

对横截面积小的细长零件或薄板零件，应采用分几次走刀加工到最后尺寸或对称去除余量的方法安排走刀路线。安排工步时，应先安排对工件刚性破坏较小的工步。

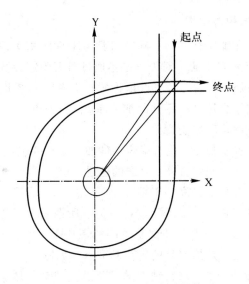

图 5.12　刀具切入和切出时的外延

2. 确定定位和夹紧方案

在确定定位和夹紧方案时应注意以下几个问题：

(1) 尽可能做到设计基准、工艺基准与编程计算基准的统一。

(2) 尽量将工序集中，减少装夹次数，尽可能在一次装夹后加工出全部待加工表面。

(3) 避免采用占机调整时间长的装夹方案。

(4) 夹紧力的作用点应落在工件刚性较好的部位。

图 5.13(a)所示的薄壁套的轴向刚性比径向刚性好，用卡爪径向夹紧时工件变形大，若沿轴向施加夹紧力，则变形会小得多。在夹紧图 5.13(b)所示的薄壁箱体时，夹紧力不应作用在箱体的顶面，而应作用在刚性较好的凸边上，或改为在顶面上三点夹紧，改变着力点的位置，以减小夹紧变形，如图 5.13(c)所示。

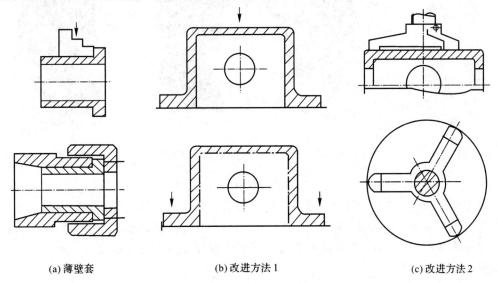

(a) 薄壁套　　　　　　　　(b) 改进方法 1　　　　　　　　(c) 改进方法 2

图 5.13　夹紧力作用点与夹紧变形的关系

3. 确定刀具与工件的相对位置

对于数控机床来说，在加工开始时，确定刀具与工件的相对位置是很重要的，这一相对位置是通过确认对刀点来实现的。对刀点是指通过对刀确定刀具与工件相对位置的基准点。对刀点可以设置在被加工零件上，也可以设置在夹具上与零件定位基准有一定尺寸联系的某一位置。对刀点往往会选择在零件的加工原点。对刀点的选择原则如下：

（1）所选的对刀点应使程序编制简单。

（2）对刀点应选择在容易找正、便于确定零件加工原点的位置。

（3）对刀点应选在加工时检验方便、可靠的位置。

（4）对刀点的选择应有利于提高加工精度。

在使用对刀点确定加工原点时，需要进行对刀。所谓对刀，是指使刀位点与对刀点重合的操作。每把刀具的半径与长度尺寸都是不同的，刀具装在机床上后，应在控制系统中设置刀具的基本位置。刀位点是指刀具的定位基准点。如图 5.14 所示，圆柱铣刀的刀位点是刀具中心线与刀具底面的交点；球头铣刀的刀位点是球头的球心点或球头顶点；车刀的刀位点是刀尖或刀尖圆弧中心；钻头的刀位点是钻头顶点。各类数控机床的对刀方法不完全一样，这一内容将结合各类机床分别讨论。

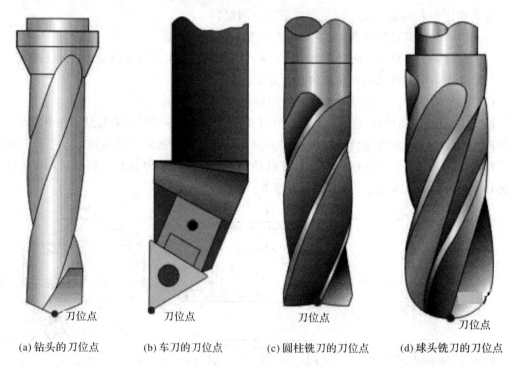

| (a) 钻头的刀位点 | (b) 车刀的刀位点 | (c) 圆柱铣刀的刀位点 | (d) 球头铣刀的刀位点 |

图 5.14 常见刀具的"刀位点"

换刀点是为加工中心、数控车床等采用多刀进行加工的机床而设置的，因为这些机床在加工过程中需要自动换刀。对于手动换刀的数控铣床，应确定相应的换刀位置。为防止换刀时碰伤零件、刀具或夹具，换刀点常常设置在被加工零件的轮廓之外，并留有一定的安全量。

4. 确定切削用量

被加工材料、切削刀具、切削用量是金属切削机床加工的三大要素。这些要素决定着加工时间、刀具寿命和加工质量。经济、有效的加工方式，要求必须合理地选择切削要素。

编程人员在确定每道工序的切削用量时，应根据刀具的耐用度和机床说明书中的规定选择。也可以结合实际经验用类比法确定切削用量，根据被加工工件材料、硬度、切削状态、背吃刀量、进给量，刀具耐用度等，选择合适的切削速度。

5.3 数控机床编程基础

在数控加工之前，首先，需要对零件图纸规定的技术要求、几何形状、加工内容、加工精度等进行分析；然后，在分析的基础上确定加工方案、加工路线、对刀点、刀具和切削用量等；最后，进行必要的坐标计算。在完成工艺分析并获得坐标的基础上，将确定的工艺过程、工艺参数、刀具位移量与方向以及其他辅助动作，按走刀路线和所用数控系统规定的指令代码及程序格式编制加工程序，经验证后，通过 MDI、RS232 接口、USB 接口、DNC 接口等多种方式输入数控系统，以控制机床进行自动加工。这种从分析零件图纸开始，到获得数控机床所需的数控加工程序的全过程称为数控编程。

5.3.1 数控编程的步骤

数控编程的主要内容有：分析零件图样，确定加工工艺过程，进行数值计算，编写零件加工程序，制备控制介质，校对程序，首件试切（或用模拟加工软件进行验证）。数控编程的步骤如图 5.15 所示。

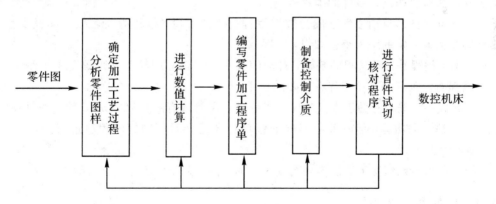

图 5.15 数控编程的步骤

（1）分析零件图样，确定加工工艺过程：分析零件的材料、形状、尺寸、精度、批量、毛坯形状和热处理要求等，以便确定该零件是否适合在数控机床上加工，并且要明确加工的内容和要求，同时确定零件的加工方法（如采用的工夹具、装夹定位方法等）、加工路线（如对刀点、换刀点、进给路线）及切削工艺参数（如主轴转速、进给速度和进给量）等。

（2）进行数值计算：根据零件图的几何尺寸确定工艺路线及设定坐标系，计算零件粗、精加工运动的轨迹,得到刀位数据。

（3）编写零件加工程序单：加工路线、工艺参数及刀位数据确定以后,编程人员根据数控系统规定的功能指令代码及程序段格式,逐段编写加工程序单。

（4）制备控制介质：把编制好的程序单上的内容记录在控制介质上,作为数控装置的输入信息。通过程序的传输(或阅读)装置送入数控系统。

（5）核对程序,进行首件试切：程序单和制备好的控制介质应经过校验和试切才能正式使用。校验的方法是直接将数控程序输入数控系统中,让机床空运转,以检查机床的运动轨迹是否正确。也可用模拟加工软件进行验证。

5.3.2　数控编程的方法

数控编程分为手工编程和自动编程两种方法。

（1）手工编程：手工编程是指从零件图纸分析、工艺处理、数值计算、编写程序单,直到程序校核等各步骤的数控编程工作均由人工完成的过程。手工编程适合于编写进行点位加工或几何形状不太复杂的零件的加工程序,以及程序坐标计算较为简单、程序段不多、程序编制易于实现的场合。手工编程方法是编制加工程序的基础,是机床操作人员必须掌握的基本功,其重要性是不容忽视的。

（2）自动编程：自动编程是指在计算机软件系统的支持下,自动生成数控加工程序的过程。其特点是采用简单、规范的语言对加工对象的几何形状、加工工艺、切削参数及辅助信息等内容按规则进行描述；再由计算机自动地进行数值计算、刀具中心运动轨迹计算、后置处理；然后产生出零件加工程序,并且对加工过程进行模拟。对于形状复杂,具有非圆曲线轮廓、三维曲面等零件编写加工程序,采用自动编程方法效率高、可靠性好,可解决手工编程无法解决的复杂零件的编程难题。

尽管交互式图形自动编程已成为数控编程的主要手段,但作为一名数控编程工程师,仍然有必要掌握一定的手工编程知识,原因如下：

（1）手工编程是自动编程的基础,自动编程中许多核心的经验都来源于手工编程。掌握手工编程对深刻理解自动编程有重要的作用。

（2）掌握手工编程有助于提高程序的可靠性。尽管现有的CAD/CAM软件都具备对数控程序进行仿真的功能,但一些有经验的程序员还是会对编制好的程序进行一次人工检查,以确认其正确性。

（3）在某些特殊情况下无法实现自动编程时,需要采用手工方式进行编程。

5.3.3　数控程序结构

程序一般是由程序号、程序段号、准备功能、尺寸字、进给速度、主轴功能、刀具功能、辅助功能、刀补功能等构成。

图5.16所示是一个数控程序结构示意图。

一般情况下,一个基本的数控程序由以下几个部分组成：

（1）程序起始符。一般为"％""＄"等,不同的数控机床起始符可能不同,应根据具体的数控机床说明使用。程序起始符单列一行。

（2）程序名。程序名单列一行,有两种形式,一种是以规定的英文字母(通常为O)为

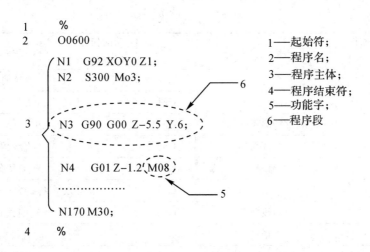

图 5.16　数控程序结构示意图

首,后面接若干位数字(通常为 2 位或者 4 位),如 O0600,也可称为程序号;另一种是以英文字母、数字和符号"－"混合组成,比较灵活。程序名具体采用何种形式,由数控系统决定。

(3) 程序主体。指一个程序段中指令字的排列顺序和表达方式。目前,数控系统广泛采用的是字地址程序段格式。字地址程序段格式由一系列指令字(或称功能字)组成,程序段的长短、指令字的数量是可变的,指令字的排列顺序没有严格要求。各指令字可根据需要选用,不需要的指令字以及与上一程序段相同的续效指令字可以不写。这种格式的优点是程序简短、直观、可读性强,易于检验、修改。字地址程序段的一般格式如下:

　N G X Y Z ...... F S T M。

其中:N 为程序段号字;G 为准备功能字;X、Y、Z 为坐标功能字;F 为进给功能字;S 为主轴转速功能字;T 为刀具功能字;M 为辅助功能字。

(4) 程序结束符。程序结束的标记符,一般与程序起始符相同。

5.3.4　功能指令简介

在输入代码、坐标系统、加工指令、辅助功能及程序格式等方面,国际上已形成了两种通用的标准,即国际标准化组织(ISO)标准和美国电子工程协会(EIA)标准。我国机械工业部根据 ISO 标准制定了 JB 3050—82《数字控制机床用的七单位编码字符》、JB 3050—82《数字控制坐标和运动方向的命名》、JB 3208—83《数字控制机床穿孔带程序段格式中的准备功能 G 和辅助功能 M 代码》。但是,由于各个数控机床生产厂家所用的标准尚未完全统一,其所用的代码、指令及其含义不完全相同,因此,在数控编程时必须按所用数控机床编程手册中的规定进行。

1. 准备功能字 G 代码

准备功能字是使数控机床建立起某种加工方式的指令,如插补、刀具补偿、固定循环等。由地址符 G 和其后的两位数字组成,有从 G00～G99 共 100 种功能。JB 3208—83 标准中对 G 代码的规定如表 5.1 所示。

表 5.1 G 代 码

代码	功能作用范围	功 能	代码	功能作用范围	功 能
G00		点定位	G50	*	刀具偏置 0/−
G01		直线插补	G51	*	刀具偏置 +/0
G02		顺时针圆弧插补	G52	*	刀具偏置 −/0
G03		逆时针圆弧插补	G53		直线偏移注销
G04	*	暂停	G54		直线偏移 X
G05		不指定	G55		直线偏移 Y
G06		抛物线插补	G56		直线偏移 Z
G07	*	不指定	G57		直线偏移 XY
G08	*	加速	G58		直线偏移 XZ
G09	*	减速	G59		直线偏移 YZ
G10～G16	*	不指定	G60		准确定位（精）
G17		XY 平面选择	G61		准确定位（中）
G18		ZX 平面选择	G62		准确定位（粗）
G19		YZ 平面选择	G63	*	攻丝
G20～G32	*	不指定	G64～G67	*	不指定
G33		螺纹切削，等螺距	G68	*	刀具偏置，内角
G34		螺纹切削，增螺距	G69	*	刀具偏置，外角
G35		螺纹切削，减螺距	G70～G79	*	不指定
G36～G39	*	不指定	G80		固定循环注销
G40		刀具补偿/刀具偏置注销	G81～G89		固定循环
G41		刀具补偿——左	G90		绝对尺寸
G42		刀具补偿——右	G91		增量尺寸
G43	*	刀具偏置——正	G92	*	预置寄存
G44	*	刀具偏置——右	G93		进给率，时间倒数
G45	*	刀具偏置 +/+	G94		每分钟进给
G46	*	刀具偏置 +/−	G95		主轴每转进给
G47	*	刀具偏置 −/−	G96		恒线速度
G48	*	刀具偏置 −/+	G97		每分钟转数（主轴）
G49	*	刀具偏置 0/+	G98～G99	*	不指定

注：* 表示如作特殊用途，必须在程序格式中说明。

2. 辅助功能字 M 代码

辅助功能字是用于指定主轴的旋转方向、启动、停止、切削液的开关，工件或刀具的夹紧和松开，刀具的更换等功能。辅助功能字由地址符 M 和其后的两位数字组成。JB 3208—83 标准中对 M 代码的规定如表 5.2 所示。

表 5.2　M　代　码

代码	功能作用范围	功 能	代码	功能作用范围	功　能
M00	*	程序停止	M36	*	进给范围 1
M01	*	计划结束	M37	*	进给范围 2
M02	*	程序结束	M38	*	主轴速度范围 1
M03		主轴顺时针转动	M39	*	主轴速度范围 2
M04		主轴逆时针转动	M40～M45		齿轮换挡
M05		主轴停止	M46～M47	*	不指定
M06	*	换刀	M48	*	注销 M49
M07		2 号切削液开	M49	*	进给率修正旁路
M08		1 号切削液开	M50	*	3 号切削液开
M09		切削液关	M51	*	4 号切削液开
M10		夹紧	M52～M54	*	不指定
M11		松开	M55	*	刀具直线位移，位置 1
M12	*	不指定	M56	*	刀具直线位移，位置 2
M13		主轴正转，冷却开	M57～M59	*	不指定
M14		主轴逆转，冷却开	M60		更换工作
M15	*	正运动	M61		工件直线位移，位置 1
M16	*	负运动	M62	*	工件直线位移，位置 2
M17～M18	*	不指定	M63～M70	*	不指定
M19		主轴定向停止	M71	*	工件角度位移，位置 1
M20～M29	*	永不指定	M72	*	工件角度位移，位置 2
M30	*	纸带结束	M73～M89	*	不指定
M31	*	互锁旁路	M90～M99	*	永不指定
M32～M35	*	不指定			

注：* 表示如作特殊用途，必须在程序格式中说明。

5.3.5　数控机床常用功能指令

1. 绝对和增量尺寸编程（G90/G91）

G90 和 G91 指令分别对应绝对位置数据输入和增量位置数据输入。G90 表示程序段中的尺寸字为绝对坐标值，即从编程零点开始的坐标值。系统上电后，机床处在 G90 状态。G90 编入程序，表示以后所有输入的坐标值都是以编程零点为基准的绝对坐标值，并且一直有效，直到在后面的程序段中由 G91（增量位置输入数据）替代为止。

图 5.17 中给出了刀具由原点按顺序向 1、2、3 点移动时，两种不同指令的区别。

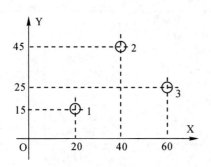

图 5.17　两种不同指令的区别

G90编程	G91编程
%0001	%0002
N1 G92 X0 Y0	N1 G91G01X20Y15
N2 G90G01 X20 Y15	N2 X20 Y30
N3 X40 Y45	N3 X20 Y-20
N4 X60 Y25	N4 X-60 Y-25
N5 X0 Y0	N5 M30
N6 M30	

2. 可设定的零点偏置(G54～G59)

可设定的零点偏置给出工件零点在机床坐标系中的位置(工件零点以机床零点为基准的偏移量)。工件装卡到机床上后,通过对刀求出偏移量,并通过操作面板输入到规定的数据区,程序可以通过选择相应的功能 G54～G59 激活此值。

编程举例:

```
N10 G54              ;//调用第一个可设定的零点偏置//
N20 G00 X20 Z30      ;//快速定位//
N30 G01 X25 Z25 F100 ;//加工工件//
...
N90 G00 X100 Z100    ;//回到 X100 Z100 点//
```

3. 快速定位移动(G00)

G00 用于快速定位刀具,不对工件进行加工,可以在几个轴上同时执行快速移动,由此产生一条线性轨迹。G00 指令是模态代码,其编程格式为

G00 X__ __ Z__ __ ;

4. 带进给率的线性插补(G01)

直线插补指令是直线运动指令,它命令刀具在两坐标点间以插补联动方式按指定的进给速度作任意斜率的直线运动。G01 指令是模态(续效)指令。

1) 编程格式

G01 X__ __ Z__ __ F__ __ ;

2) 说明

(1) G1 指令后的坐标值取绝对值编程还是取增量值编程,由 G90/G91 决定。

(2) 进给速度由 F 指令决定。F 指令是模态指令,单位为直线进给率 mm/min。

5. 圆弧插补指令(G02/G03)

圆弧插补指令命令刀具在指定平面内按给定的进给速度 F 作圆弧运动,切削出圆弧轮廓。

1) 编程格式

$$\begin{Bmatrix} G17 \\ G18 \\ G19 \end{Bmatrix} \begin{Bmatrix} G02 \\ G03 \end{Bmatrix} \begin{Bmatrix} X\_Y\_ \\ X\_Z\_ \\ Y\_Z\_ \end{Bmatrix} \begin{Bmatrix} I\_J\_ \\ I\_K\_ \\ J\_K\_ \end{Bmatrix} F\_$$

$$或 \qquad \begin{Bmatrix} G17 \\ G18 \\ G19 \end{Bmatrix} \begin{Bmatrix} G02 \\ G03 \end{Bmatrix} \begin{Bmatrix} X\_Y\_ \\ X\_Z\_ \\ Y\_Z\_ \end{Bmatrix} R\_F\_;$$

2）G02/G03 的判断

在这里，我们所讲的圆弧方向，对于 XY 平面讲，是由 Z 轴的正向往 Z 轴的负向看，XY 平面所看到的圆弧方向；同样，对于 XZ 平面或 YZ 平面讲，观测的方向是从 Y 轴或 X 轴的正向到 Y 轴或 X 轴的负向（适用于右手坐标系，如图 5.18 所示）。

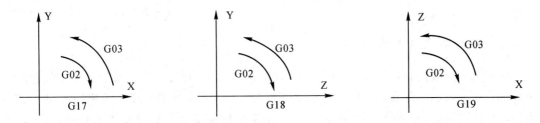

图 5.18　右手坐标系下的圆弧的方向

3）说明

（1）编程格式中，用 G17 代码进行 XY 平面的指定。G17 省略时，被默认为是 G17。

（2）圆弧的终点由地址 X、Y 和 Z 确定。在 G90 模态，即绝对值模态下，地址 X、Y、Z 给出了圆弧终点在当前坐标系中的坐标值；在 G91 模态，即增量值模态下，地址 X、Y、Z 给出了在各坐标轴方向上，当前刀具所在点到终点的距离。

（3）在 X 方向，地址 I 给定了当前刀具所在点到圆心的距离；在 Y 方向和 Z 方向，当前刀具所在点到圆心的距离分别由地址 J 和 K 给定，I、J、K 的值的符号由它们的方向确定。

（4）对一段圆弧进行编程，除了用给定终点位置和圆心位置的方法，还可以用给定半径和终点位置的方法对一段圆弧进行编程，用地址 R 给定半径值，替代给定圆心位置的地址。R 的值有正负之分，一个正的 R 值用于编程一段小于 180 度的圆弧；一个负的 R 值用于编程一段大于 180 度的圆弧。编程一个整圆，只能使用给定圆心的方法。

6．辅助功能指令 M

如果在地址 M 后面指定了 2 位数值，就需把对应的信号送给机床，用于控制机床的 ON/OFF。M 代码在一个程序段中只允许一个有效，M 代码信号为电平输出，保持信号。FANUC 系统常用的辅助功能 M 指令见表 5.3。

表 5.3　常用 M 指令一览表

序号	指令	功　　能	序号	指令	功　　能
1	M00	程序暂停	7	M30	程序结束并返回程序头
2	M01	程序选择停止	8	M08	切削液开
3	M02	程序结束	9	M09	切削液关
4	M03	主轴顺时针方向旋转	10	M98	调用子程序
5	M04	主轴逆时针方向旋转	11	M99	返回主程序
6	M05	主轴停止			

5.4 数控车削

数控车削主要是对轴类、盘类零件自动地完成内外圆柱面、圆锥面、螺纹表面等的切削加工；对盘类零件进行钻孔、扩孔、铰孔和镗孔等加工；完成车端面、切槽、倒角等加工。数控车削的设备主要是数控车床。数控车床具有加工精度高、稳定性好、加工灵活、通用性强等优点，能满足多品种、小批量生产自动化的需求，适用于加工形状复杂的轴类或盘类零件。

5.4.1 数控车床的基本组成

数控车床由数控装置、床身、主轴箱、刀架进给系统、尾座、液压系统、冷却系统、润滑系统等部分组成。普通车床的进给运动是经过挂轮架、进给箱、溜板箱传到刀架，实现纵向和横向进给运动；数控车床的进给运动是采用伺服电动机经滚珠丝杠传到滑板和刀架，实现 Z 轴(纵向)和 X 轴(横向)进给运动，其结构较普通车床大为简化。数控车床主要结构如图 5.19 所示。

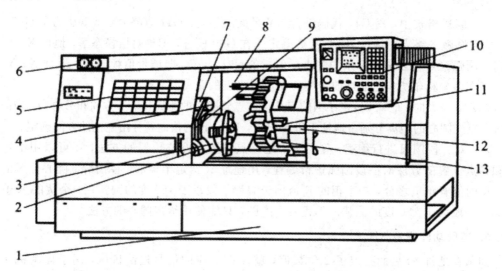

1—水平床身；2—对刀仪；3—液压卡盘；4—主轴箱；5—防护门；6—压力表；7—对刀仪防护罩；
8—防护罩；9—对刀仪转臂；10—操作面板；11—回转刀架；12—尾座；13—刀架滑板

图 5.19 数控车床结构示意图

5.4.2 数控车床的分类

数控车床的品种繁多、规格不一。其分类方式主要有以下几种：

1. 按数控车床主轴位置分类

(1)立式数控车床。车床主轴垂直于水平面，并具有一个直径较大的圆形工作台，供装夹工件。这类数控车床主要用于加工径向尺寸较大、轴向尺寸较小的大型复杂零件。

(2)卧式数控车床。车床主轴轴线处于水平位置，床身和导轨有多种布局形式。

2. 按加工零件的基本类型分类

（1）卡盘式数控车床。这类数控车床未设置尾座，适用加工于车削盘类（含短轴类）零件，其夹紧方式多为电动液压控制。

（2）顶尖式数控车床。这类数控车床设置有普通尾座或数控尾座，适用于车削较长的轴类零件及零件直径不大的盘、套类零件。

3. 按功能分类

（1）经济型数控车床。

（2）普通型数控车床。

（3）车削加工中心。

5.4.3　数控车床常用刀具及作用

由于工件材料、生产批量、加工精度以及机床类型、工艺方案的不同，车刀的种类也异常繁多。根据与刀体的连接固定方式，车刀主要可分为焊接式车刀与机械夹固式可转位车刀两大类。

（1）焊接式车刀。将硬质合金刀片用焊接的方法固定在刀体上称为焊接式车刀。这种车刀的优点是结构简单，制造方便，刚性较好。缺点是由于存在焊接应力，使刀具材料的使用性能受到影响，甚至出现裂纹；而且，刀杆不能重复使用，硬质合金刀片不能充分回收利用，造成刀具材料的浪费。常见的焊接式车刀的形状见图 5.20。

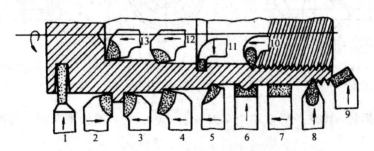

1—切断刀；2—90° 左偏刀；3—90° 右偏刀；4—弯头车刀；5—直头车刀；6—成型车刀；7—宽刃精车刀；8—外螺纹车刀；9—端面车刀；10—内螺纹车刀；11—内槽车刀；12—通孔车刀；13—盲孔车刀

图 5.20　常见焊接式车刀的形状

（2）机械夹固式可转位车刀。如图 5.21 所示，机械夹固式可转位车刀由刀杆、刀片、刀垫以及夹紧元件组成。刀片每边都有切削刃，当某一个边的切削刃磨损钝化后，只需松开夹紧元件，将刀片转一个位置便可继续使用。

刀片是机械夹固可转位车刀的重要组成元件。按照国标 GB 2076—2021，刀片可分为带圆孔、带沉孔以及无孔三大类，有三角形、正方形、五边形、六边形、圆形以及菱形等多种形状。图 5.22 为常见可转位车刀刀片。

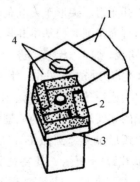

1—刀杆；2—刀片；3—刀垫；4—夹紧元件

图 5.21　机械夹固式可转位车刀的组成

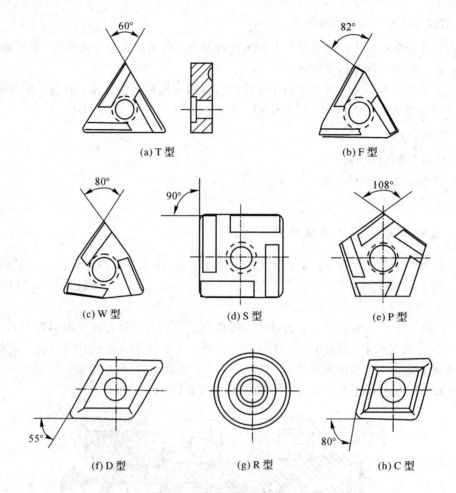

(a) T 型　　　　　　　　　　(b) F 型

(c) W 型　　　　(d) S 型　　　　(e) P 型

(f) D 型　　　　(g) R 型　　　　(h) C 型

图 5.22　常见可转位车刀刀片

根据车刀形状,数控车削常用的车刀一般分为三类,即尖形车刀、圆弧车刀和成形车刀。

(1) 尖形车刀。尖形车刀是以直线形切削刃为特征的车刀。车刀的刀尖由直线形的主、副切削刃构成,如 90°内外圆车刀、左右端面车刀、车槽(切断)车刀及刀尖倒棱很小的各种外圆和内孔车刀。尖形车刀几何参数(主要是几何角度)的选择方法与普通车削时的基本相同。但应结合数控加工的特点(如加工路线、加工干涉等)进行全面的考虑,包含刀尖的强度:用这类车刀加工零件时,其零件的轮廓形状主要由一个独立的刀尖或一条直线形主切削刃位移得到,它与另外两类车刀加工的零件轮廓形状的原理截然不同。

(2) 圆弧形车刀。圆弧形车刀是较为特殊的数控加工用车刀,如图 5.23 所示。其特征如下:构成主切削刃的刀刃形状为一段圆度误差或轮廓误差很小的圆弧,该圆弧上的每一点都是圆弧形车刀的刀尖,因此,刀位点不在圆弧

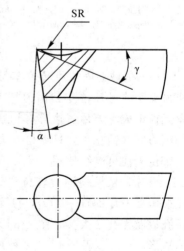

图 5.23　圆弧形车刀

上，而在该圆弧的圆心。理论上车刀的圆弧半径与被加工零件的形状无关，并可按需要灵活确定或经测定后确定。圆弧形车刀可以用于车削内外表面，适用于车削各种光滑连接（凹形）的成形面。

选择车刀圆弧半径应考虑以下两点：一是车刀切削刃的圆弧半径应小于或等于零件凹形轮廓上的最小曲率半径，以免发生加工干涉；二是车刀圆弧半径不宜选择太小。否则，不但制造困难，还会因刀尖强度低或刀体散热能力差而导致车刀损坏。当某些尖形车刀或成形车刀（如螺纹车刀）的刀尖具有一定的圆弧形状时，也可作为这类车刀使用。

(3) 成形车刀。成形车刀俗称样板车刀，其加工零件的轮廓形状完全由车刀刀刃的形状和尺寸决定。数控车削加工中，常见的成形车刀有小半径圆弧车刀、矩形车槽刀和螺纹车刀等。在数控加工中，应尽量少用或不用成形车刀，当确有必须选用时，应在工艺文件或加工程序单上进行详细说明。

5.5　数控车床编程基础

数控车床的操作系统比较多，如 FANUC、SINUMERIK、HNC 等，虽然操作系统的大部分基本指令相同，但有些指令代码定义不统一，同一准备功能的 G 代码或 M 代码的含义不完全相同，甚至完全不同。FANUC 系统为目前我国数控机床采用较多的数控系统，本书以 FANUC 为主介绍数控车床的编程基础。

5.5.1　数控车床的编程特点

(1) 在数控车削加工中，被加工零件的径向尺寸在图纸标注和数控程序中一般都用直径值表示，这样可避免尺寸换算过程可能造成的错误，给编程带来很大方便。

(2) 由于车削加工常用棒料或锻料作为毛坯，加工余量较大，为简化编程，数控装置常具备不同形式的固定循环，可进行多次重复循环切削。

(3) 对于车削加工，进刀时采用快速走刀接近工件切削起点附近的某个点，再改用切削进给，以减少空走刀的时间，提高加工效率。切削起点的确定与工件毛坯余量大小有关，应以刀具快速走到该点时刀尖不与工件发生碰撞为原则。

(4) 数控切削完成后，刀具应先径向退刀，然后轴向退刀，以免损坏零件已加工面和刀具。

5.5.2　数控车床编程坐标系

工件坐标系是编程使用的坐标系，又称编程坐标系。数控编程应首先确定工件坐标系和工件原点。零件在设计过程中有设计基准，在加工过程中有工艺基准，应尽量将工艺基准与设计基准统一，该基准点通常称为工件原点。

以工件原点为坐标原点建立起来的 X、Z 轴直角坐标系，称为工件坐标系。工件坐标系是人为设定的，为了编程方便以及各尺寸较为直观，应合理选择工件原点的位置。在车床上，工件原点的选择如图 5.24 所示。Z 向应取在工件的旋转中心（即主轴轴线上），X 向应选择工件的左端面或右端面，如图 5.24 中的 O 点或 O′ 点。

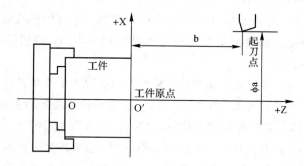

图 5.24　工件坐标系

5.5.3　数控车床的编程指令体系

FANUC 系统为目前我国数控机床采用较多的数控系统，其常用的功能指令分为准备功能指令（G 指令）、辅助功能指令（M 指令）及其他功能指令三类。

1. 准备功能指令（G 指令）

常用的准备功能指令如表 5.4 所示。

表 5.4　FANUC 系统常用准备功能一览表

G 指令	组别	功　　能	程序格式及说明
G00	01	快速点定位	G00 X(U)_Z(W)_;
G01		直线插补	G01 X(U)_Z(W)_F_;
G02		顺时针方向圆弧插补	G02 X(U)_Z(W)_R_F_;
G03		逆时针方向圆弧插补	G02 X(U)_Z(W)_I_K_F_;
G04	00	暂停	G04 X_; G04 U_; G04 P_;
G20	06	英制输入	G20;
G21		米制输入	G21;
G27	00	返回参考点检查	G27 X_Z_;
G28		返回参考点	G28 X_Z_;
G30		返回第 2、3、4 参考点	G30 P3 X_Z_; G30 P4 X_Z_;
G32	01	螺纹切削	G32 X_Z_F_; //F 为导程//
G34		变螺距螺纹切削	G34 X_Z_F_K_;
G40	07	刀尖半径补偿取消	G40 G00 X(U)_Z(W)_;
G41		刀尖半径左补偿	G41 G01 X(U)_Z(W)_F_;
G42		刀尖半径右补偿	G42 G01 X(U)_Z(W)_F_;
G50	00	坐标系设定或主轴最大速度设定	G50 X_Z_; G50 S_;
G52		局部坐标系设定	G52 X_Z_;
G53		选择机床坐标系	G53 X_Z_;

G 指令	组别	功 能	程序格式及说明
G54	14	选择工件坐标系 1	G54；
G55		选择工件坐标系 2	G55；
G56		选择工件坐标系 3	G56；
G57		选择工件坐标系 4	G57；
G58		选择工件坐标系 5	G58；
G59		选择工件坐标系 6	G59；
G65	00	宏程序调用	G65 P_L_；//自变量指定//
G66	12	宏程序模态调用	G66 P_L_；//自变量指定//
G67		宏程序模态调用取消	G67；
G70	00	精车循环	G70 P_Q_；
G71		粗车循环	G71 U_R_； G71 P_Q_U_W_F_；
G72		端面粗车复合循环	G72 W_R_； G72 P_Q_U_W_F_；
G73		多重车削循环	G73 U_W_R_； G73 P_Q_U_W_F_；
G74		端面深孔钻削循环	G74 R_； G74 X(U)_Z(W)_P_Q_R_F_；
G75	00	外径/内径钻孔循环	G75 R_； G75 X(U)_Z(W)_P_Q_R_F_；
G76		螺纹切削复合循环	G76 P_Q_R_； G76 X(U)_Z(W)_R_P_Q_F_；
G90	01	外径/内径切削循环	G90 X(U)_Z(W)_F_； G90 X(U)_Z(W)_R_F_；
G92		螺纹切削复合循环	G92 X(U)_Z(W)_F_； G92 X(U)_Z(W)_R_F_；
G94		端面切削循环	G94 X(U)_Z(W)_F_； G94 X(U)_Z(W)_R_F_；
G96	02	恒线速度控制	G96 S_；
G97		取消恒线速度控制	G97 S_；
G98	05	每分钟进给	G98 F_；
G99		每转进给	G99 F_；

2. 辅助功能 M 指令

FANUC 系统常用的辅助功能指令如表 5.5 所示。

表 5.5　常用 M 指令一览表

序号	指令	功　能	序号	指令	功　能
1	M00	程序暂停	7	M30	程序结束，并返回程序头
2	M01	程序选择停止	8	M08	切削液开
3	M02	程序结束	9	M09	切削液关
4	M03	主轴顺时针方向旋转	10	M98	调用子程序
5	M04	主轴逆时针方向旋转	11	M99	返回主程序
6	M05	主轴停止			

3. 其他功能指令(S、F、T 功能)

常用的其他功能指令有刀具功能指令、主轴转速功能指令、进给功能指令，这些功能指令的应用，有利于简化编程。

(1) 主轴转速功能指令 S。数控机床的主轴转速可以编程在地址 S 下，用于指定主轴的转速。旋转方向和主轴运动的起点和终点通过 M 指令规定。主轴转速可以有恒转速和恒线速度两种方式，并可限制主轴的最高转速。在数控车床上加工工件时，只有在主轴启动之后，刀具才能进行切削加工。

(2) 进给功能指令 F。进给功能指令 F 可以指定刀具相对于工件的进给进度，一般在 F 后面直接写进给速度值，进给量的单位用 G94 和 G95 指定。也可采用 F00～F99，表示 100 种指定进给速度。

(3) 刀具功能指令 T。刀具功能指令 T 后面接若干位数字，主要用于选择刀具，也可用于选择刀具偏置。例如，T1 在用作选刀时，表示 1 号刀具；在用作刀具补偿时，表示按照 1 号刀具事先设定的偏置值进行刀具补偿。若用四位数字时，如 T0101，前两位 01 表示刀具号，后两位 01 表示刀具补偿号。

5.5.4　常用 G 指令详细介绍

1. 直线插补 G01 与快速点定位 G00

G01 可以使刀具以指定的进给速度沿直线移动到目标点；G00 可以使刀具按机床给定的最大进给速度沿直线移动到目标点，G00 不受速度控制指令 F 的限制。

指令格式：

　　G01 X(U)_Z(W)_F_；G00 X(U)_Z(W)_；

其中：X、Z——目标点绝对值坐标；

U、W——目标点相对前一点的增量坐标；

F 表示进给量，若在前面已经指定，可以省略。

通常，在车削端面、沟槽等与 X 轴平行的加工时，只需单独指定 X(或 U)坐标；在车外圆、内孔等与 Z 轴平行的加工时，只需单独指定 Z(或 W)坐标。

2．圆弧插补（G02，G03）

指令格式：

　　　G02(G03)X(U)_Z(W)_R_F_；

或

　　　G02(G03)X(U)_Z(W)_I_K_F_ ；

G02 为顺时针圆弧插补指令，G03 为逆时针圆弧插补指令；G02 或 G03 可省略为 G2 或 G3。圆弧的顺、逆方向判断见图 5.25，分别表示车床前置刀架和后置刀架对圆弧顺与逆方向的判断。圆弧插补指令说明如表 5.6 所示。

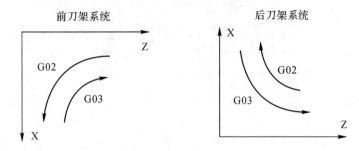

图 5.25　圆弧方向判断

表 5.6　圆弧插补指令说明

序号	指定内容	命　令	描　述
1	插补方向	G02	顺时针圆弧插补(CW)
		G03	逆时针圆弧插补(CCW)
2	终点位置或距离	X、Z 中的两轴	绝对坐标系中的终点位置
		U、W 中的两轴	从始点坐标到终点坐标的距离
3	圆心位置或半径	I、K 中的两轴	从始点坐标到圆心坐标的距离
		R	圆弧半径
4	进给速度	F	圆弧进给的切线速度

对图 5.26 中的圆弧轨迹分别用绝对方式和增量方式进行编程。

1）绝对方式

　　　G02 X50.0 Z30.0 I25.0 F30；//I，K 指定//

或

　　　G02 X50.0 Z30.0 R25.0 F30 ；//R 指定//

2）增量方式

　　　G02 U20.0 W - 20.0 I25.0 F30 ；//I，K 指定//

或

　　　G02 U20.0 W - 20.0 R25.0 F30 ；//R 指定//

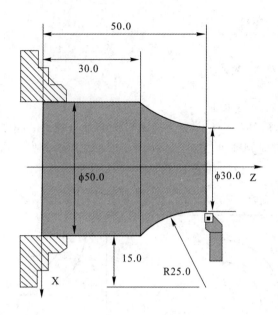

图 5.26　圆弧轨迹

3. 常用循环加工指令

当车削加工余量较大，需要多次进刀切削加工时，可采用循环指令编写加工程序，这样可减少程序段的数量，缩短编程时间和提高数控机床工作效率。

1) 外圆切削循环指令（G90）

指令格式：

G90 X(U)_ Z(W)_ R_ F_；

指令功能：实现外圆切削循环和锥面切削循环。X(U)、Z(W)表示切削终点坐标，R表示圆锥面加工起、终点半径差，有正、负号。

指令说明：X、Z、U、W、F参数与圆弧参数相同。R表示切削始点与切削终点在X轴方向的坐标增量（半径值），外圆切削循环时，R为零，且可省略。

刀具从循环起点按图5.27与图5.28所示走刀路线移动，最后返回到循环起点，图中虚线表示按快速移动，实线表示按F指定的工件进给速度移动。

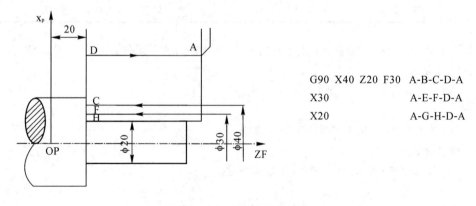

图 5.27　外圆切削循环

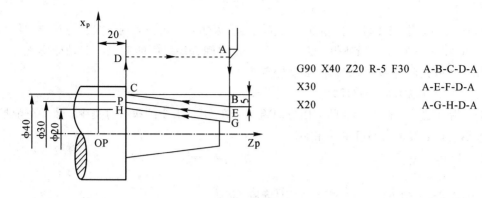

图 5.28　锥面切削循环

2) 外圆粗车切削循环指令(G71)

横向(外径)切削复合循环 G71 指令常见格式如下：

G71 U(Δd) R(e);

G71 P(ns) Q(nf) U(Δu) W(Δw) F(f) S(s) T(t);

N(ns);

…

N(nf);

图 5.29 中 A→A′→B 的精加工形状的移动指令,由顺序号 ns 到 nf 之间的程序指定。

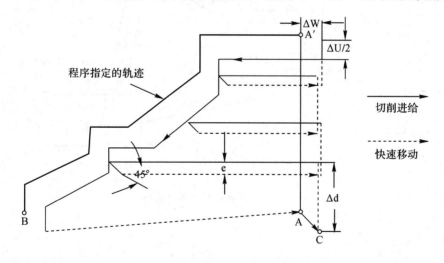

图 5.29　外圆粗车切削循环

说明：

Δd——切深,无符号,半径指定。切入方向由 AA′方向决定。该指定是模态的,一直到下次指定以前均有效。

e——退刀量。该指令是模态的,在下次指定之前均有效。用参数 P22'也可设定,根据该指令的设定,参数值也随之改变。

ns——精加工形状程序段群的第一个程序段的顺序号。

nf——精加工形状程序段群的最后一个程序段的顺序号。

Δu——用于指定 X 轴方向精加工余量的距离及方向(直径/半径指定)。不设置时,默认为 0。

Δw——用于指定 Z 轴方向精加工余量的距离及方向。不设置时，默认为 0。

F、S、T——在 G71 循环中，顺序号 ns～nf 之间程序段中的 F、S、T 功能均无效，仅在有 G71 指令的程序段中，F、S、T 功能有效。

3）端面粗车循环指令（G72）

G72 指令适用于圆柱毛坯的端面方向粗车。在 G72 指令的执行过程中，除了车削是平行于 X 轴进行，其余与 G71 指令相同。

指令格式：

    G72 U(Δd) R(e)；

    G72 P(ns) Q(nf) U(Δu) W(Δw) F(f) S(s) T(t)；

4）成形棒料复合切削循环指令（G73）

利用该循环指令，可以按同一轨迹重复切削，每次切削刀具向前移动一次。因此，对于锻造、铸造等粗加工已初步形成的毛坯，可以进行高效率加工，如图 5.30 所示。

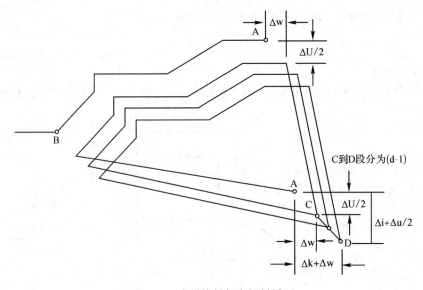

图 5.30　成形棒料复合切削循环

G73 指令常见格式如下：

    G73 U(Δi) W(Δk) R(d)；

    G73 P(ns) Q(nf) U(Δu) W(Δw) F(f) S(s) T(t)；

图 5.30 中 A→A′→B 的精加工形状的移动指令，由顺序号 ns 到 nf 之间的程序指定。

说明：

Δi——用于指定 X 轴方向退刀的距离及方向（半径指定）。这个指定是模态的。

Δk——用于指定 Z 轴方向退刀距离及方向。这个指定是模态的。

d——分割次数，等于粗车次数。该指定是模态的。

ns——精加工形状程序段群的第一个程序段的顺序号。

nf——精加工形状程序段群的最后一个程序段的顺序号。

Δu——用于指定 X 轴方向精加工余量的距离及方向（直径/半径指定）。不设置时，默认为 0。

Δw——用于指定 Z 轴方向精加工余量的距离及方向。不设置时，默认为 0。

F、S、T——在 G73 循环中，顺序号 ns～nf 之间程序段中的 F、S、T 功能均无效，仅在有 G73 指令的程序段中，F、S、T 功能有效。

F——切削速度。

注：(1) 在 p～q 间任何一个程序段上的 F、S、T 功能均无效，仅在 G73 中指定的 F、S、T 功能有效。

(2) 循环结束后，刀具就返回 A 点。

5）精加工循环指令（G70）

在用 G71、G72、G73 粗车后，可以用下述指令精车。

指令格式：

　　G70 P(ns) Q(nf)；

说明：

ns——构成精加工形状的程序段群的第一个程序段的顺序号。

nf——构成精加工形状的程序段群的最后一个程序段的顺序号。

ns 与 nf 顺序号之间包含五个程序段。

注：(1) 在含 G71、G72、G73 程序段中指令的 F、S、T 对于 G70 的程序段无效，而顺序号 ns～nf 间指令的 F、S、T 为有效。

(2) G70 的循环一结束，刀具就用快速进给返回始点，并开始读入 G70 循环的下个程序段。

(3) 在 G70～G73 指令中，在被使用的顺序号 ns～nf 程序段中，不能调用子程序。

6）螺纹切削循环指令（G92）及螺纹切削指令（G32）

指令格式：

　　G92 X(U)_Z(W)_ F_；

　　G32 X(U)_Z(W)_ F_；

用于加工圆柱螺纹、圆锥螺纹和平面螺纹。

说明：

X、Z——绝对编程时，用于指定有效螺纹终点在工件坐标系中的坐标。

U、W——增量编程时，用于指定有效螺纹终点相对于螺纹切削起点的位移量。

F——螺纹导程，即主轴每转一圈，刀具相对于工件的进给值。

【例 5.1】　加工如图 5.31 所示的零件，运用圆柱螺纹切削循环指令编程。

　　N30 X100 Z50；

　　N40 S300 T0101 M03；

　　N50 G00 X35 Z3；

　　N60 G92 X29.2 Z－21 F1.5；

　　N70 X28.6；

　　N80 X28.2；

　　N90 X28.04；

　　N100 G00 X100 Z50；

　　M05；

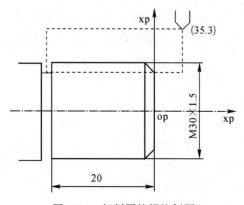

图 5.31　切削圆柱螺纹例题

【例5.2】 加工如图5.32所示的零件，运用锥螺纹切削循环指令编程。

    N10 X100 Z50；
    N20 S300 T0101 M03；
    N30 G00 X80 Z2；
    N40 G92 X49.6 Z-48 R-5 F2；
    X48.7；
    X48.1；
    X47.5；
    X47.1；
    X47；
    N50 G00 X100 Z50；
    N60 M05；

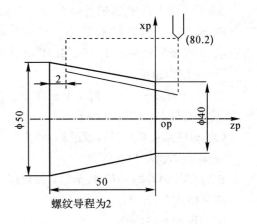

图5.32 切削锥螺纹例题

5.5.5 数控车床编程实例

下面以图5.33所示为例，说明数控车床编程的方法。

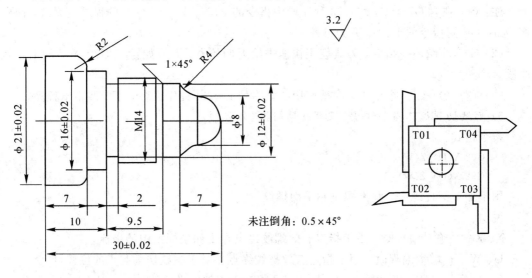

图5.33 数控车床编程实例

说明：（1）毛坯为 $\phi22$ 的铝棒料。

（2）T01为粗车外形刀，T03为割槽刀，T04为螺纹刀。

（3）以毛坯右端面圆心为编程原点。

程序：

%	//程序开始//
O1102；	//程序号//
N10 T0101；	//换1号车刀//
N20 M03 S600；	//主轴正转600RPM//
N30 G00 X25 Z2.0；	//快速定位到下刀点//
N40 G71 U1.5 R1.0；	//粗加工循环指令//

```
N50 G71 P60 Q170 U0.5 W0.2 F80 ;
N60 G00 X0S800 ;
N70 G01 Z0 F30 ;                              //直线差补//
N80 G03 X8 Z-4.0 R4.0 ;                       //逆圆弧差补//
N90 G02 X11.5 Z-7.0 R4.0 ;
N100 G01 Z-10.5 ;
N110 G01 X14 Z-11.5 ;
N120 G01 Z-20 ;
N130 G01 X16 ;
N140 G01 Z-23.0 ;
N150 G01 X17 ;
N160 G03 X21 Z-25.0 R2.0 ;
N170 G01 Z-30 ;                               //粗加工循环结束//
N180 G70 P60 Q170 ;                           //精加工外形//
N190 G00 X90 Z90.0 ;                          //退到换刀点//
N200 T0303 ;                                  //换 3 号割槽刀//
N210 M03 S300 ;                               //调整主轴转速//
N220 G00 X25 Z-20.0 ;
N230 G01 X12 F20 ;                            //割槽//
N240 G00 X90 ;                                //退到换刀点//
N250 G00 Z90.0 ;
N260 T0404 ;                                  //换 4 号螺纹刀//
N270 M03 S300 ;                               //调整主轴转速//
N280 G00 X17 ;                                //准备车螺纹//
Z-9.0 ;
N290 G92 X13.5 Z-18.0 F2 ;                    //螺纹切削循环指令//
N300 X13 ;
N310 X12.6 ;
N320 X12.3 ;
N330 X12.1 ;
N340 X11.9 ;
N350 X11.8 ;                                  //循环结束//
N390 G00 X90 ;                                //先退 X 方向//
N400 G00 Z90.0 ;                              //再退 Z 方向//
N410 T0303 ;                                  //换刀割断//
N420 M03 S200 ;                               //调整主轴转速
N430 G00 X25 Z-32 ;
N440 G01 X-1 F20 ;                            //割断//
N450 G00 X100Z100 ;                           //退刀//
N460 M05 ;                                    //主轴停//
N470 M30 ;                                    //程序结束//
%
```

在图 5.34 中, 自己设计一个简单的轴类零件, 要求零件轮廓由圆弧和直线组成。毛坯棒料尺寸：$\phi \leqslant 22$ mm，$L \leqslant 65$ mm，编写加工程序。

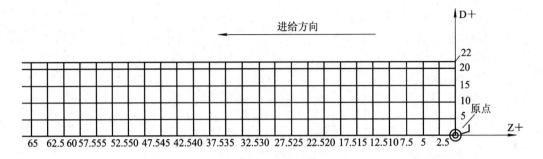

图 5.34　编程练习

5.6　数控车床操作

1. 控制面板简介

数控车床的控制面板由 LCD 液晶面板、编辑按键区、机床操作面板组成。本章所述数控车床操作系统为北京凯恩帝 K100Ti‑B 数控系统，其控制面板如图 5.35 所示。

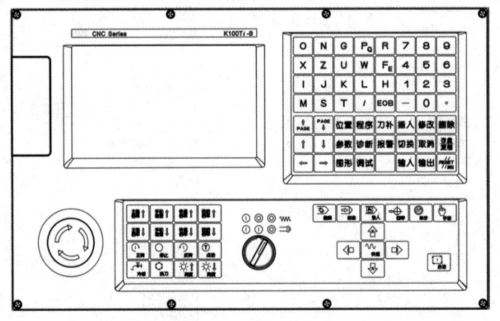

图 5.35　K100Ti‑B LCD/MDI 面板

2. 开机和关机

（1）开机前，应检查机床的初始状态是否完好，机床控制柜的前、后门是否关好。

（2）机床的电源总开关一般位于机床的侧面或背面，在使用机床时，必须将总电源开关置于"ON"挡。

（3）确定电源接通后，按下机床操作面板上的【电源】按键，LCD 上出现画面。

（4）确认机床的运动全部停止后，按下机床操作面板上的【断电】按键，数控系统电源被切断。

(5) 将总电源开关置于"OFF"挡。

3. 手动操作方式

1) 手动返回参考点

(1) 按下机床操作面板上的【回零】按键。

(2) 分别使各轴向回参考点。手动进给：先按【+X】按钮使 X 轴正方向回参考点；再按【+Z】按钮使 Z 轴正方向回参考点。当机床面板上"X 轴回零"和"Z 轴回零"指示灯亮时，表示已回到参考点。

注意：多数机床(增量编码器)系统通电时，必须回到参考点。如果加工过程中因发生意外而按下急停按钮后，必须重新回一次参考点。为了防止机床与刀架相撞，在回参考点时，应先将 X 轴回零，再将 Z 轴回零。

2) 手动进给操作

手动连续进给操作步骤如下。

(1) 按下机床操作面板上的【手动】按键。

(2) 选择移动轴，按 X 轴【+】、【-】或 Z 轴【+】、【-】按键朝选择的轴方向移动。

(3) 按下【快移】按键，各轴快速移动。

3) 手轮进给操作

(1) 按下机床操作面板上的【单步】按键，选择需要移动的轴。

(2) 转动手摇脉冲发生器，实现手轮进给。

注意：进行手动连续进给、增量进给以手轮进给操作时，选择相应手轮增量可选择不同的进给速度。

4. 主轴旋转操作

(1) 按下机床操作面板上的【手动】按键。

(2) 按下【主轴正转】按键、【主轴反转】按键或【停止】按键，可实现机床主轴正、反转及停止。

(3) 按下【主轴点动】按键，使机体主轴旋转；松开后，主轴停止旋转。

(4) 在主轴旋转过程中，可以通过【主轴倍率调节】按键对主轴旋转实现无级调速。主轴倍率调节挡位为 0%～120%。在加工程序执行过程中，也可对程序按指定转速进行调整。

注意：主轴的旋转必须在 S 值已设定的情况下启动。

5. MDI 操作方式

(1) 按下机床操作面板上的【录入】按键。

(2) 按下【程序】按键，进入"MDI"输入窗口。

(3) 在数据输入行输入一个程序段，按【INSERT】键确定。

(4) 按【启动】按键，执行输入的程序段。

6. 程序的编辑操作方式

按下机床操作面板上的【编辑】按键。先在系统操作面板上按下【程序】键，出现程序界面，系统处于程序编辑状态；再按程序编制格式进行程序的输入和修改；然后将程序保存在系统中。也可以通过系统软键的操作，对程序进行程序选样、段序复制、程序改名、程序删除、取消等操作。

5.6.1 面板按键说明

（1）显示界面菜单区按键说明如表 5.7 所示。

表 5.7 显示界面菜单区按键说明

菜单键	备 注
 位置	进入位置界面。位置界面有相对坐标、绝对坐标、综合坐标、坐标 & 程序等四个页面
 程序	进入程序界面。程序界面有程序内容、程序状态、程序目录和 U 盘四个页面
 刀补	进入刀补界面、测量界面（反复按键可在两界面间转换）。刀补界面可显示刀偏量
 参数	显示参数画面。重复按键，显示换为下一页（同下页键）
 报警	显示报警画面。重复按键，报警与 PLC 报警画面切换（同【下页】键）
 图形	图形画面。重复按键，图形和图形参数画面切换

（2）机床按键区按键说明如表 5.8 所示。

表 5.8 机床按键区按键说明

按 键	名 称	功能说明
 编辑	编辑方式选择键	进入编辑操作方式
 自动	自动方式选择键	进入自动操作方式
 录入	录入方式选择键	进入录入操作方式
 回零	机械回零方式选择键	进入机械回零操作方式
 单步	单步/手轮方式选择键	进入单步或手轮操作方式（两种操作方式由参数选择其一）

按　键	名　称	功能说明
手动	手动方式选择键	进入手动方式操作键
启动	启动键	程序，MDI 指令启动键
快速	手动进给键	手动、单步操作方式 X、Z 轴正向/负向移动
主轴倍率↑　主轴倍率↓	主轴倍率键	选择主轴倍率 50%～120%。（间隔 10%）
手轮增量↑　手轮增量↓	手轮增量键	手轮或单步增量选择
快速倍率↑　快速倍率↓	快速倍率键	快速倍率有 F0、25%、50%、100% 四挡。可通过快速倍率上下调节键选择，其百分比数值在位置页面的左下角显示。F0 由参数 P026 设置
进给倍率↑　进给倍率↓	进给倍率键	手动方式：手动速率选择 自动方式：进给倍率选择
冷却	切削液开关	手动/手轮/单步方式下，按下此键，同带自锁的按钮，进行"→关→开…"切换输出
换刀	手动换刀键	手动/手轮/单步方式下，按下此键，刀架旋转更换下一把刀
点动	点动开关键	手动/手轮/单步方式下，一直按着此键，主轴正向转动；松开此键，主轴停止转动
正转　停止　反转	主轴控制键	手动/手轮/单步方式下，主轴正转/停止/反转

按　　键	名　　称	功能说明
	暂停三位旋钮：进给暂停及主轴暂停	该旋钮有 3 个位置，左侧：正常；中间：进给暂停；右侧：主轴暂停，进给也暂停。 加工过程中，把旋钮扳在中间位置时，轴进给暂停；置于右侧时，主轴暂停；返回中间位置时，主轴恢复旋转；返回左侧正常位置后，按循环启动开关，加工继续
	急停开关	按下急停开关，系统复位，进给停止，出现"准备未绪"报警；松开急停开关，报警消失，系统需重新对刀

5.6.2　对刀及刀具补偿

1. 对刀

对刀的目的是确定程序原点在机床坐标系中的位置，对刀点可以设在零件上、夹具上或机床上，对刀时应使对刀点与刀位点重合。

数控车床常用的对刀方法有三种：试切对刀、机械对刀仪对刀（接触式）、光学对刀仪对刀（非接触式），如图 5.36 所示。

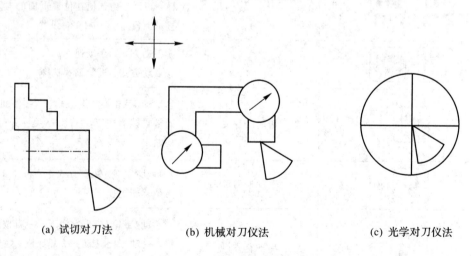

(a) 试切对刀法　　　　　(b) 机械对刀仪法　　　　　(c) 光学对刀仪法

图 5.36　数控车床对刀方法

1）试切对刀

外径刀的对刀方法如下：

Z 向对刀如图 5.37(a) 所示。先用外径刀将工件端面（基准面）车削出来；车削端面后，刀具可以沿 X 方向移动远离工件，但不可在 Z 方向移动。切换到"刀补"界面，选择当前刀具，通过输入"Z0"，改变 Z 向刀具坐标补偿值。

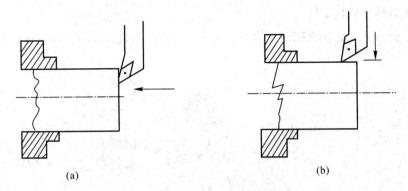

(a)   (b)

图 5.37 外径刀对刀

X 向对刀如图 5.37(b) 所示。车削任一外径后，使刀具 Z 向移动远离工件，待主轴停止转动后，测量车削出来的外径尺寸。例如，测量值为 φ50.78 mm，切换到"刀补"界面，选择当前刀具，通过输入"X50.78"，改变 X 向刀具坐标补偿值。

2) 机械对刀仪对刀

将刀具的刀尖与对刀仪的百分表测头接触，得到两个方向的刀偏量。有些机床具有刀具探测功能，可通过机床上的对刀仪测头测量刀偏量。

3) 光学对刀仪对刀

将刀具刀尖对准刀镜的十字线中心，以十字线中心为基准，得到刀具的刀偏量。

2. 刀具补偿值的输入和修改

根据刀具的实际参数和位置，将刀尖圆弧半径补偿值和刀具几何磨损补偿值输入到与程序对应的存储位置。如试切加工后发现工件尺寸不符合要求，可根据零件实测尺寸进行刀偏量的修改。例如，测得工件外圆尺寸偏大 0.5 mm，可切换到"刀补"界面，将该刀具的 X 方向刀偏量改小 0.5 mm(输入 U - 0.5)。

5.7 数 控 铣 削

5.7.1 数控铣削基础

数控铣削加工是数控加工中最为常见的加工方法之一，广泛应用于机械设备制造、模具加工等领域。数控铣削加工的主要设备有数控铣床和加工中心。

1. 数控铣削的主要加工对象

数控铣削加工的零件主要有以下几类：

(1) 平面类零件。加工单元面为平面或可展开成平面，其数控铣削比较简单，采用两坐标联动就可加工。

(2) 曲面类零件。加工面不能展开成平面，加工过程中铣刀与零件表面始终是点接触。

(3) 变斜角类零件。加工面不能展开成平面，加工过程中加工面与铣刀周围接触的瞬间为一条直线。

（4）孔及螺纹。

2. 数控铣床的结构组成

如图 5.38 所示，数控铣床一般由数控系统、主传动系统、进给伺服系统、冷却润滑系统等组成。

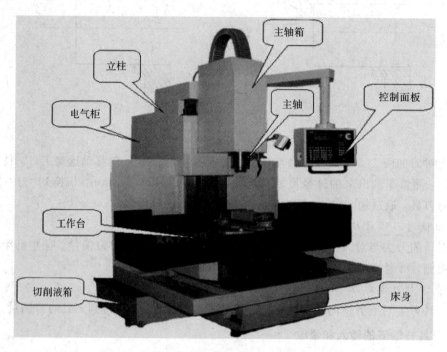

图 5.38　数控铣床组成

1）主轴箱

主轴箱包括主轴箱体和主轴传动系统，用于装夹刀具并带动刀具旋转，主轴转速范围和额定扭矩对加工有直接的影响。主轴部件是数控铣床的重要部件之一，它带动刀具旋转完成切削，其精度、抗震性和热变形对零件加工质量有直接的影响。

如图 5.39(a) 所示，数控铣床的主轴为一个中空轴，其前端为锥孔，与刀柄相配，内部和后端安装有刀具自动夹紧机构，用于装夹刀具。

主轴的结构要保证良好的冷却及润滑，尤其是在高转速场合，通常采用循环式润滑系统。对于电主轴而言，往往设有温控系统，且主轴外表面有槽结构，以确保散热，如图 5.39(b) 所示。

（a）　　　　　　　　　　　　　　（b）

图 5.39　主轴系统

2）进给伺服系统

进给伺服系统由进给电动机和进给执行机构组成，按照程序设定的进给速度实现刀具和工件之间的相对运动，包括直线进给运动和旋转运动。

如图 5.40 所示，数控铣床的进给传动装置多采用伺服电机直接带动滚珠丝杠旋转，在电动机轴和滚珠丝杠之间，采用锥环无键连接或高精度十字联轴器结构，以获得较高的传动精度。

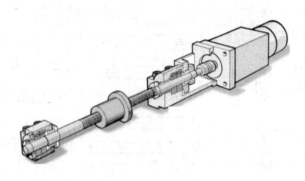

图 5.40　进给传动系统

3）数控系统

数控系统是数控铣床运动控制的中心，执行数控加工程序，以控制机床进行加工。

4）辅助装置

辅助装置包括液压、气动、润滑、冷却系统和排屑、防护装置等。

5）机床基础件

机床基础件通常是指底座、立柱、横梁等，是整个机床的基础和框架。

6）工作台

数控铣床使用的工作台主要有下列几种：

（1）矩形工作台：矩形工作台使用较多，通过表面的 T 形槽与工件、附件等连接，基准一般设在中间。

（2）方形回转工作台：方形回转工作台用于卧式铣床，通过表面分布的螺纹孔安装工件。

（3）圆形工作台：圆形工作台可作任意角度的回转和分度，表面的 T 形槽呈放射状分布（径向）。

数控铣床通常通过加配回转工作台的形式，增加回转坐标轴，从而扩大数控铣床的工作范围，提高生产效率。

3. 数控铣床的常用刀具

数控铣床所用刀具按切削工艺可分为三种。

（1）钻削刀具。钻削刀具分小孔钻头、短孔钻头（深径比＜5）、深孔钻头（深径比＞6，可高达 100 以上）和枪钻、丝锥和铰刀等。

（2）镗削刀具。镗削刀具按功能可分为粗镗刀、精镗刀；按切削刃数量可分为单刃镗刀、双刃镗刀和多刃镗刀；按工件加工表面特征可分为通孔镗刀、盲孔镗刀、阶梯孔镗刀和端面镗刀；按刀具结构可分为整体式镗刀、模块式镗刀等。

（3）铣削刀具。铣削刀具分面铣刀、立铣刀和三面刃铣刀等；若按安装连接类型可分为套装式(带孔刀体需要通过芯轴来安装)、整体式(刀体和刀杆为一体)和机夹式可转位刀片(采用标准刀杆体)等。

除具有和主轴锥孔同样锥度的刀杆的整体式刀具可与主轴直接安装外,大部分钻铣刀具都需要通过标准刀柄夹持转接后,与主轴锥孔连接。如图 5.41 所示,刀具系统通常由拉钉、刀柄和钻铣刀具等组成。

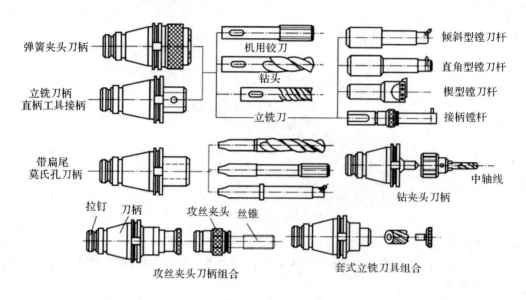

图 5.41　数控铣床常用刀具

5.7.2　数控铣削编程基础

目前,数控铣床的功能庞大,只有全面了解和掌握各项编程特点,才能发挥铣床最大的作用。由于数控系统的种类比较多,不同的系统功能存在着一定的差异。这里以上海第四机床厂 XK714(配置 FANUC - oi - MB 系统)为例,介绍数控铣床的编程特点。在前篇数控机床编程的章节中已介绍的加工工艺和常用功能指令,本节就不再赘述了。

1. 工件坐标系

工件坐标系是为了确定工件几何形体上各要素的位置而设置的坐标系,工件坐标系的原点即为"工件零点"。"工件零点"的位置是任意的,由编程人员在编制程序时根据零件的特点选定。选择工件零点的位置应注意以下几点:

(1)工件零点应选在零件图的尺寸基准上,便于坐标值的计算,减少错误。

(2)工件零点应选在精度较高的加工表面,以提高被加工零件的加工精度。

(3)对于对称零件,工件零点应设在对称中心。

(4)对于一般零点,通常设在工件的外轮廓的某一角上。

(5)Z 轴方向上的零点,应设在工件表面。

2. 编程零点

通常将"编程零点"作为计算坐标值的起点。编程人员在编制程序的时候,不考虑工件在机床上的安装位置,只根据零件的特点及尺寸编程。对于一般零件,"工件零点"即为"编程零点"。

3. 数控铣床常用循环指令

1）高速啄式深孔钻循环指令（G73）

高速啄式深孔钻循环指令如图 5.42 所示。

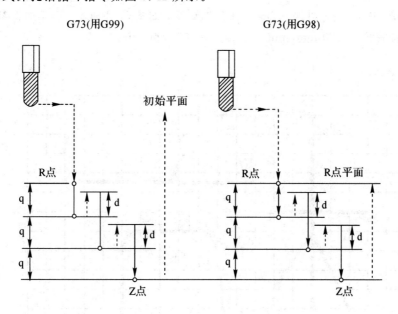

图 5.42 高速啄式深孔钻循环指令

指令格式：

  G73 X_Y_Z_R_Q_P_F_K_；

加工方式：进给、孔底、快速退刀。

2）孔循环指令（G81），点钻空循环指令（G81）

孔循环指令如图 5.43 所示。

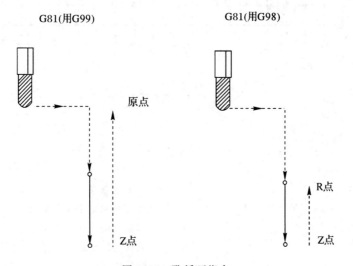

图 5.43 孔循环指令

指令格式：

    G81 X_Y_Z_R_F_K_；

加工方式：进给、孔底、快速退刀。

4．数控铣床编程实例

【例 5.3】 用 φ5 普通键槽铣刀轮廓加工"杭"字，如图 5.44 所示。推荐加工参数为：S＝1200 r/m，水平 F＝180 mm/min，垂直 F＝60 mm/min。

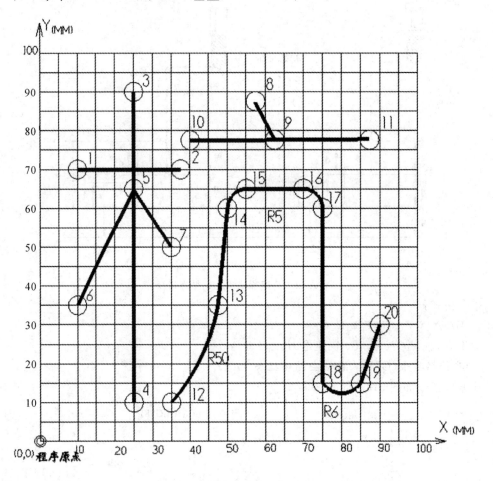

图 5.44　编程练习

程序：

%	// 程序开始//
O0002	// 程序号//
N104G54	// 工件坐标系选择//
N106G0G90X10.Y70.S1200M3	// 水平移动到第 1 点上空//
N108Z100.	// Z 轴定位到安全高度//
N110Z3.	// Z 轴定位到进刀高度//
N112G1Z-.5F35.	// Z 轴切削//
N114X37.5Y70F60.	// 水平切削到第 2 点//

```
N116G0Z100.                    // Z轴退刀安全高度//
N118X25.Y90.                   // 水平移动到第 3 点上空//
N120Z3.                        // Z轴定位到进刀高度//
N122G1Z-.5F35.                 // Z轴切削//
N124Y10.F60.                   // 水平切削到第 4 点//
N126G0Z100.                    // Z轴退刀安全高度//
N128X10.Y35.                   // 水平移动到第 6 点上空//
N130Z3.                        // Z轴定位到进刀高度//
N132G1Z-.5F35.                 // Z轴切削//
N134X25Y65F60.                 // 水平切削到第 5 点//
N136X35.Y50.                   // 水平切削到第 7 点//
N138G0Z100.                    // Z轴退刀安全高度//
N140X57.5Y87.5                 // 水平移动到第 8 点上空//
N142Z3.                        // Z轴定位到进刀高度//
N144G1Z-.5F35.                 // Z轴切削//
N146X62.5Y77.5F60.             // 水平切削到第 9 点//
N148G0Z100.                    // Z轴退刀安全高度//
N150X40.Y77.5                  // 水平移动到第 10 点上空//
N152Z3.                        // Z轴定位到进刀高度//
N154G1Z-.5F35.                 // Z轴切削//
N156X87.5Y77.5F60.             // 水平切削到第 11 点//
N158G0Z100.                    // Z轴退刀安全高度//
N160X35.Y10.                   // 水平移动到第 12 点上空//
N162Z3.                        // Z轴定位到进刀高度//
N164G1Z-.5F35.                 // Z轴切削//
N166G3X47.5Y35.R50.F60.        // 水平切削到第 13 点//
N168G1X50.Y60.                 // 水平切削到第 14 点//
N170G2X55.Y65.R5.              // 水平切削到第 15 点//
N172G1X70.                     // 水平切削到第 16 点//
N174G2X75.Y60.R5.              // 水平切削到第 17 点//
N176G1Y15.                     // 水平切削到第 18 点//
N178G3X85.R6.                  // 水平切削到第 19 点//
N180G1X90.Y30.                 // 水平切削到第 20 点//
N182G0Z100.                    // Z轴退刀安全高度//
N184M05                        // 主轴停//
N186M30                        // 程序结束//
%
```

在图 5.45 中自己设计一个平面轮廓加工零件(以自己姓名中的一个字为例)，要求零件轮廓由圆弧和直线组成。毛坯体尺寸：100 mm×100 mm×2 mm，刀具为一把直径为 ϕ5 的普通圆柱键槽铣刀，推荐切削用量参数为：S＝1200 r/min，水平 F＝60 mm/min，垂直 F＝35 mm/min。

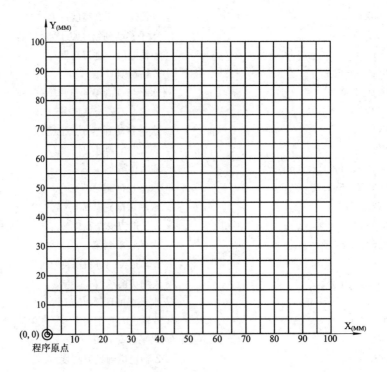

图 5.45　编程练习

5.7.3　数控铣床的操作

本章节主要讲解数控铣床操作面板上各个按键的功能,使学生掌握数控铣床的调整方法、加工前的准备工作和程序输入及修改方法。最后,以一个具体零件为例,讲解数控铣床加工零件的基本操作过程,使学生对数控铣床的操作有一个清楚的认识。

1. 操作面板及其功能介绍

数控车床的操作面板由机床控制面板和数控系统操作面板两部分组成,下面以FANUC-0i-MB为例进行介绍。

1) 机床控制面板

机床控制面板上的各种功能键可执行简单的操作,控制机床的动作及加工过程,如图5.46所示。

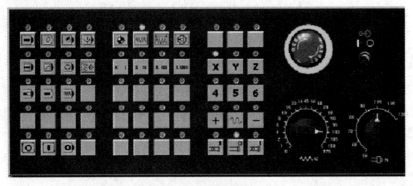

图 5.46　机床控制面板

（1）左侧的按键对应的中文解释如图 5.47 所示。

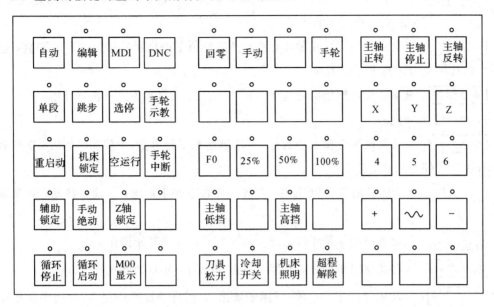

图 5.47 机床控制面板对应的中文解释

（2）各功能键的作用详细说明如下：

自动：该功能键用于以自动方式选择信号及指示灯，并设定自动运行方式。

编辑：该功能键用于以编辑方式选择信号及指示灯，并设定程序编辑方式。

MDI：该功能键用于以 MDI 方式选择及指示灯，并设定 MDI 方式。

回零：该功能键用于以返回参考点返回方式选择及指示灯，并设定参考点方式。

手动：该功能键用于以 JOG 进给方式选择及指示灯，并设定 JOG 进给方式。

手轮：该功能键用于以手摇脉冲发生器方式选择及指示灯，并设定手轮进给方式。

DNC：该功能键用于以在线加工 DNC 方式选择及指示灯，并设定在线加工方式。

手动示教：该功能键用于以手动（手轮）示教方式选择及指示灯，并设定手动（手轮）示教方式。

单段：该功能键用作单程序段信号及指示灯。可一段一段地执行程序，并检查程序。

跳步：该功能键用作程序段删除（可选程序段跳过）及指示灯。在自动操作中按下该按键，可跳过程序段开头带有"/"和"；"结束的程序段。

选停：该功能键用作程序选择停止键指示灯。执行程序中 M01 指令时，停止自动操作。

重启动：该功能键用于程序重启动。由刀具破损或节假日等原因自动操作停止，程序可从指定的程序段重新启动。

机床锁住：该功能键用于机械锁住。在自动方式下按下此键，各轴不移动，屏幕显示坐标的变化。

空运行：该功能键用于空运行。在自动方式下按下此键，各轴以手动进给速度移动，此功能用于无工件装夹检查刀具的运动。

手轮中断：自动运行期间，可在自动移动的坐标值上叠加手轮进给的移动距离，通过手轮中断选择信号选择手轮中断轴。

辅助锁住：该功能键用于辅助功能 M、S、T 锁住。在自动方式下按下此键，执行程序会跳过 M、S、T 功能。

手动绝对：该功能键用于在手动运行(JOG 进给和手轮进给)中移动机床时，选择移动量是否加到工件坐标系的当前位置。

Z 轴锁住：该功能键用于 Z 轴锁住。在自动方式下按下此键，Z 轴不移动，其余轴可移动。

循环启动：该功能键用作循环启动键及指示灯，并自动开始操作。

循环停止：该功能键用作程序循环停止键及指示灯，并自动停止操作。

M00 显示：该功能键用于程序停(只用于输出)。在自动操作中用 M00 程序停止操作时，该显示灯亮。

F0：该功能键用作快速进给倍率及指示灯。

25%：该功能键用作快速进给倍率、回零倍率及指示灯。

50%：该功能键用作快速进给倍率及指示灯。

100%：该功能键用作快速进给倍率键及指示灯。

刀具松开：该功能键用于刀具手动松开。一般用于交换刀具。

冷却开关：该功能键用于手动方式下冷却开、关，或用作指示灯。

机床照明：该功能键用于手动方式下机床照明灯开、关，或用作指示灯。

超程解除：机床超程时，按下此按钮可解除机床的紧停报警。

主轴正转：该功能键用作主轴正方向旋转及指示灯。

主轴反转：该功能键用作主轴反方向旋转及指示灯。

主轴停止：该功能键用作主轴停止旋转及指示灯。

主轴高挡：该功能键用作主轴变高挡及指示灯。

主轴低挡：该功能键用作主轴变低挡及指示灯。

X：该功能键用于手动 X 向进给选择或回原点，或用作指示灯。

Y：该功能键用于手动 Y 向进给选择或回原点，或用作指示灯。

Z：该功能键用于手动 Z 向进给选择或回原点，或用作指示灯。

＋：该功能键用于手动正向进给选择，或用作指示灯。

$\boxed{-}$：该功能键用于手动负向进给选择，或用作指示灯。

$\boxed{\sim}$：该功能键用于快速进给。按下此开关，可执行手动快速进给，或用作指示灯。

2）数控系统操作面板

（1）数控系统操作面板由显示屏和 MDI 键盘两部分组成，如图 5.48 所示。其中，显示屏主要用于显示相关坐标位置、程序、图形、参数、诊断、报警等信息。

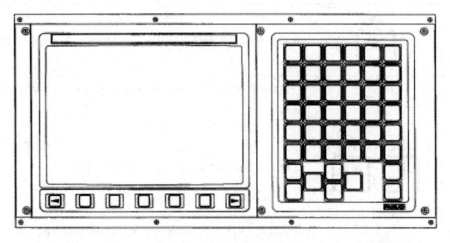

图 5.48　数控系统操作面板

（2）图 5.48 中右侧 MDI 键盘如图 5.49 所示。包括字母键、数值键以及功能按键等，可以进行程序、参数、机床指令的输入及系统功能的选择。

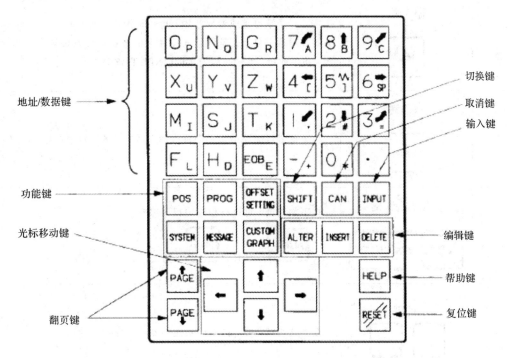

图 5.49　MDI 键盘

（3）各功能按键的作用详细说明如表 5.9 所示。

表 5.9　数控系统操作面板各功能按键详细说明

序号	名　称	详　细　说　明
1	复位键 RESET	按下此键,可使 CNC 复位或者取消报警等
2	帮助键 HELP	当对 MDI 键的操作不明白时,按下此键可获得帮助(帮助功能)
3	软键	根据不同的画面,软键有不同的功能。软键功能显示在屏幕的底端
4	地址和数字键 N 4	按下此按键可以输入字母、数字或者其他字符
5	切换键 SHIFT	该键盘上的有些键具有两个功能,按下【SHIFT】键,可在这两个功能之间进行切换。当一个键右下角的字母可被输入时,会在屏幕上显示一个特殊的字符 Ê
6	输入键 INPUT	按下一个字母键或者数字键,再按该键,数据被输入到缓冲区,并且在屏幕上显示。需将输入缓冲区的数据拷贝到偏置寄存器中等,按下此键。此键与软键中的【INPUT】键等效
7	取消键 CAN	按下此键可删除最后一个进入输入缓冲区的字符或符号
8	程序编辑键 ALTER INSERT DELETE	按下如下键,可进行相应的程序编辑: ALTER :替换; INSERT :插入; DELETE :删除
9	功能键 POS PROG	按下这些键,可切换不同功能的显示屏幕

续表

序号	名 称	详 细 说 明
10	光标移动键 ← ↑ ↓ →	有四种不同的光标移动键 → :向右; ← :向左; ↓ :向下; ↑ :向上
11	翻页键 PAGE↓ PAGE↑	有两个翻页键: PAGE↓ :该键用于将屏幕显示的页面向下翻页; PAGE↑ :该键用于将屏幕显示的页面往上翻页

2. 开机及回零操作

1) 开机

打开外部电源开关,启动机床电源,将操作面板上的【紧急停止】按钮右旋弹起,按下操作面板上的电源开关,若开机成功,则显示屏显示正常,无报警。

2) 机床回原点

(1) 机床只有在回原点之后,自动方式和 MDI 方式才有效,未回原点之前,只能手动操作。以下情况需进行回原点操作,以建立正确的机床坐标系:

① 开机后。

② 机床断电,再次接通数控系统电源。

③ 超过行程报警解除后。

④ 紧急停止按钮按下后。

(2) 回原点操作过程如下:

① 选择手动回原点模式。

② 调整进给速度倍率开关于适当位置。

③ 按下坐标轴的正方向键【+Z】,坐标轴向原点运动,当到达原点后运动停止,屏幕显示原点符号,此时,坐标显示中 Z 机械坐标为零。

④ 依次完成 X 或 Y 轴回原点,最后是回转坐标回原点,即按+Z、+X、+Y 的顺序操作。

3. 数控铣床的手动操作

1) 主轴控制

在手动模式下,按下主轴正、反转键,主轴按设定的速度旋转;按停止键,主轴停止,也可按复位键停止主轴。

在自动和 MDI 方式下编入 M03 、M04 和 M05,可实现上述的连续控制。

2) 坐标轴的运动控制

(1) 手轮操作。首先,进入微调操作模式,选择移动量和要移动的坐标轴;然后,按正确的方向摇动手动脉冲发生器手轮；最后，根据坐标显示来确定是否达到目标位置。

（2）寸动进给。选择寸动模式，按下任意【坐标轴运动】键，即可实现该轴的连续寸动进给（进给速度可以设定）；释放该键，运动停止。

（3）快速移动。同时按下【坐标轴】和【快速移动】键，可实现该轴的快速移动，运动速度为G00。

3）常见故障及处理

在手动控制机床移动（或自动加工）时，若机床移动部件超出其运动的极限位置（软件行程限位或机械限位），则系统出现超程报警，蜂鸣器尖叫或报警灯亮，机床锁住。故障处理方法一般为：

（1）手动将超程部件移至安全行程内。

（2）解除报警。

4. 工件的装夹

1）所用工具

数控铣床常用的夹具类型有通用夹具、组合夹具、专用夹具、成组夹具等，选择时应综合考虑各种因素，选择最经济、合理的夹具。其中常用夹具有：

（1）螺钉压板。利用T形槽螺栓和压板将工件固定在机床工作台上。装夹工件时，需根据工件装夹精度要求，用百分表等找正工件。

（2）机用虎钳。铣削形状比较规则的零件时常用虎钳装夹，虎钳使用方便灵活，适应性广。当加工精度要求较高、需要较大的夹紧力时，可采用精度较高的机械式或液压式虎钳。

虎钳在数控铣床工作台上安装时，需根据加工精度要求控制钳口与X或Y轴的平行度。夹紧零件时，应注意控制工件变形和一端钳口上翘。

（3）铣床用卡盘。需要在数控铣床上加工回转体零件时，可采用三爪卡盘装夹。对于加工非回转零件，可采用四爪卡盘装夹。

铣床用卡盘的使用方法与车床卡盘相似，用T形槽螺栓将卡盘固定在机床工作台上即可。

2）注意事项

在工件装夹时需注意以下问题：

（1）安装工件时，应保证工件在本次定位装夹中所需要完成的待加工面充分暴露在外，以方便加工；同时，应考虑机床主轴与工作台面之间的最小距离和刀具的装夹长度，以确保在主轴的行程范围内使工件的加工内容全部完成。

（2）夹具在机床工作台上的安装位置必须给刀具运动轨迹留有空间，不能和各工步刀具轨迹发生干涉。

（3）夹点数量及位置不能影响工件的刚性。

5. 刀具的安装

使用刀具时，首先应确定数控铣床要求配备的刀柄及拉钉的标准和尺寸（如规格不同，则无法安装）；再根据加工工艺选择刀柄、拉钉和刀具，并将它们装配好；然后装夹在数控铣床的主轴上。

1）手动换刀过程

在主轴上手动装卸刀柄的方法如下：

（1）确认刀具和刀柄的重量不超过机床规定的最大重量。

（2）清洁刀柄锥面和主轴锥孔。

（3）左手握住刀柄，将刀柄的键槽对准主轴端面键，垂直插入到主轴内，不可倾斜。

（4）右手按下【换刀】按键，压缩空气从主轴内吹出以清洁主轴和刀柄；按住此按键，直到刀柄锥面与主轴锥孔完全贴合；松开按键，刀柄即被自动夹紧，确认夹紧后方可松手。

（5）刀柄装上后，用手转动主轴，检查刀柄是否正确装夹。

（6）卸刀柄时，先用左手握住刀柄，再用右手按【换刀】按键（否则刀具从主轴内掉下，可能会损坏刀具、工件和夹具等），取下刀柄。

2）注意事项

手动换刀过程中应注意以下问题：

（1）应选择有足够刚度的刀具及刀柄，同时，装配刀具应保持合理的悬伸长度，以避免刀具在加工过程中产生变形。

（2）卸刀柄时，必须有足够的动作空间，确保刀柄不能与工作台上的工件、夹具发生干涉。

（3）换刀过程中严禁主轴运转。

6. 对刀及刀补设置

1）对刀

对刀的目的是通过刀具或对刀工具，确定工件坐标系与机床坐标系之间的空间位置关系，并将对刀数据输入到相应的存储位置。它是数控加工中最重要的操作内容，其准确性将直接影响零件的加工精度。

对刀操作分为 X、Y 向对刀和 Z 向对刀。

（1）对刀方法。根据现有条件和加工精度要求选择对刀方法，可采用试切法、寻边器对刀、机内对刀仪对刀、自动对刀等。其中试切法对刀精度较低，加工中常用寻边器和 Z 向设定器对刀，效率高，且保证对刀精度。

（2）对刀工具有以下几种：

① 寻边器。寻边器主要用于确定工件坐标系原点在机床坐标系中的 X、Y 值，也可测量工件的简单尺寸。

寻边器有偏心式和光电式等类型，其中光电式较为常用。光电式寻边器的测头一般是直径为 10 mm 的钢球，用弹簧拉紧在光电式寻边器的测杆上，碰到工件时可以退让，并将电路导通，发出光信号，通过光电式寻边器的指示和机床坐标位置即可得到被测表面的坐标位置。具体使用方法见下述对刀实例。

② Z 轴设定器。Z 轴设定器主要用于确定工件坐标系原点在机床坐标系的 Z 轴坐标，或者确定刀具在机床坐标系中的高度。

Z 轴设定器有光电式和指针式等类型，通过光电指示或指针判断刀具与对刀器是否接触，对刀精度一般可达 0.005 mm。Z 轴设定器带有磁性表座，可以牢固地附着在工件或夹具上，其高度一般为 50 mm 或 100 mm，如图 5.50 所示。

（3）对刀实例。对如图 5.51 所示的零件，采用寻边器对刀。其详细步骤如下：

① X、Y 向对刀，具体方法为：

a. 将工件通过夹具装夹在机床工作台上，装夹时，工件的四个侧面应留出寻边器的测

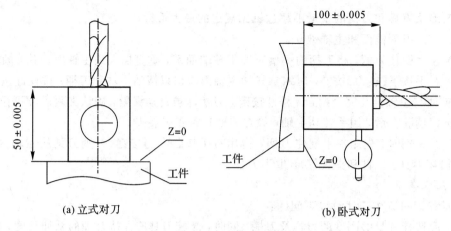

(a) 立式对刀   (b) 卧式对刀

图 5.50 Z 轴设定器

量位置。

　　b. 快速移动工作台和主轴,使寻边器测头靠近工件的左侧。

　　c. 改用微调操作,使测头接触工件左侧,直到寻边器发光。记下此时机床坐标系中的 X 坐标值,如 -310.300。

　　d. 抬起寻边器至工件上表面之上,快速移动工作台和主轴,使测头靠近工件右侧。

　　e. 改用微调操作,让测头慢慢接触工件左侧,直到寻边器发光。记下此时机械坐标系中的 X 坐标值,如 -200.300。

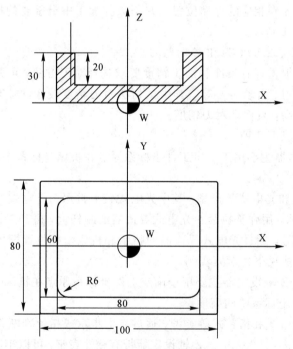

图 5.51 内轮廓型腔零件图

　　f. 若测头直径为 10 mm,则工件长度为 $-200.300-(-310.300)-10=100$。据此可得,工件坐标系原点 W 在机床坐标系中的 X 坐标值为 $-310.300+100\div2+5=-255.300$。

g. 同理，可测得工件坐标系原点 W 在机械坐标系中的 Y 坐标值。

② Z 向对刀，具体方法如下：

a. 卸下寻边器，将加工所用刀具装上主轴。

b. 将 Z 轴设定器（或固定高度的对刀块，以下同）放置在工件上平面。

c. 快速移动主轴，让刀具端面靠近 Z 轴设定器上表面。

d. 改用微调操作，让刀具端面接触 Z 轴设定器上表面，直到其指针指示到零位。

e. 记下此时机床坐标系中的 Z 值，如−250.800。

f. 若 Z 轴设定器的高度为 50 mm，则工件坐标系原点 W 在机械坐标系中的 Z 坐标值为−250.800−50−(30−20)＝−310.800。

③ 将测得的 X、Y、Z 值输入到机床工件坐标系存储地址中（一般使用 G54～G59 代码存储对刀参数）。

(4) 注意事项。在对刀操作过程中需注意以下问题：

① 根据加工要求，采用正确的对刀工具，控制对刀误差。

② 在对刀过程中，可通过改变微调进给量提高对刀精度。

③ 对刀时，需谨慎操作，注意移动方向，避免发生碰撞。

④ 对刀数据应存入与程序对应的存储地址，防止因调用错误而产生严重后果。

2) 刀具补偿值的输入和修改

根据刀具的实际尺寸和位置，将刀具半径补偿值和刀具长度补偿值输入到与程序对应的存储位置。

需注意的是，补偿的数据正确性、符号正确性及数据所在地址正确性都将影响到加工过程，从而导致撞车事故或加工报废。

7. 加工程序的输入与调试

1) 程序的输入

程序的输入有多种形式，可通过手动数据输入方式（MDI）或通信接口将加工程序输入机床。

2) 程序的调试

程序的调试是在数控铣床上运行该程序，根据机床的实际运动位置、动作以及机床的报警等检查程序是否正确。一般可以采用以下方式：

(1) 机床的程序预演功能。程序输入后，锁定机械运动、主轴运动以及 M、S、T 等辅助功能，在自动循环模式下让数控铣床静态地执行程序，通过观察机床坐标位置数据和报警显示判断程序是否有语法、格式或数据错误。

(2) 抬刀运行程序。向＋Z 方向平移工件坐标系，在自动循环模式下运行程序，通过图形显示的刀具运动轨迹和坐标数据等判断程序是否正确。

8. 程序加工

确定程序及加工参数正确无误后，选择自动加工模式，按下数控启动键，运行程序，对工件进行自动加工。

1) 程序运行方式

常见的程序运行方式有全自动循环、机床空运转循环、单段执行循环、跳段执行循环等。

2）注意事项

程序运行应注意以下问题：

（1）程序运行前应做好加工准备，遵守安全操作规程，严格执行工艺规程。

（2）正确调用及执行加工程序。

（3）在程序运行过程中，适当调整主轴转速和进给速度，并注意监控加工状态，如中断加工。

9. 零件尺寸检测

程序执行完毕，返回到设定高度，机床自动停止，松开夹具，卸下工件，用相应测量工具进行检测，检查零件是否达到加工要求。

数控铣削加工零件的检测，常规尺寸可使用普通的量具进行测量，如游标卡尺、内径百分表等，也可采用投影仪测量；高精度尺寸、空间位置尺寸、复杂轮廓和曲面的检验，采用三坐标测量机进行测量。

10. 关机操作

手动操纵机床，使工作台和主轴箱停在中间适当位置，先按下操作面板上的"紧急停止"按键；再依次关掉操作面板电源、机床总电源、外部电源。

5.8　加工中心与操作

5.8.1　加工中心的特点

加工中心是典型的集高新技术于一体的机械加工设备，它的发展代表了一个国家制造业的水平，在国内外都受到高度重视。与普通数控机床相比，它具有以下几个特点：

（1）全封闭防护。

加工中心具有防护门，加工时，关上防护门，可有效防止人身伤害事故。

（2）工序集中，加工连续进行。

加工中心具有多个进给轴（三轴以上），甚至多个主轴，联动的轴数也较多，如三轴联动、五轴联动、七轴联动等，因此，能够自动完成多个平面和多个角度位置的加工，实现复杂零件的高精度加工。在加工中心上一次装夹可以完成铣、镗、钻、扩、铰、攻丝等加工，工序高度集中。

（3）使用多把刀具，刀具自动交换。

加工中心带有刀库和自动换刀装置，加工前，将所需的刀具装入刀库，在加工时通过程序控制自动更换刀具。

（4）使用多个工作台，工作台自动交换。

如果加工中心带有自动交换工作台，可实现一个工作台在加工的同时，另一个工作台完成工件的装夹，缩短辅助时间，提高加工效率。

（5）功能强大，趋向复合加工。

加工中心可复合车削功能、磨削功能等，如圆工作台可驱动工件高速旋转，刀具只做主运动不做进给运动，完成类似车削加工，这种方式使加工中心具有更广泛的加工范围。

（6）高自动化、高精度、高效率。

加工中心的主轴转速、进给速度和快速定位精度高，可以通过切削参数的合理选择，充分发挥刀具的切削性能，减少切削时间，且整个加工过程连续、辅助动作快、自动化程度高，减少了辅助动作时间和停机时间。因此，加工中心的生产效率很高。

（7）高投入。

由于加工中心的智能化程度高、结构复杂、功能强大，因此，一次投资及日常维护保养费用较普通机床高。

（8）在适当的条件下才能发挥最佳效益。

只有在使用过程中发挥加工中心的特长，才能充分体现效益，这对加工中心的合理使用至关重要。

5.8.2　加工中心的基本组成

同类型的加工中心与数控铣床的结构布局相似，主要区别在刀库的结构和刀库的位置。加工中心一般由床身、主轴箱、工作台、底座、立柱、横梁、进给机构、自动换刀装置、辅助系统（气液、润滑、冷却）、控制系统等组成，如图 5.52 所示。

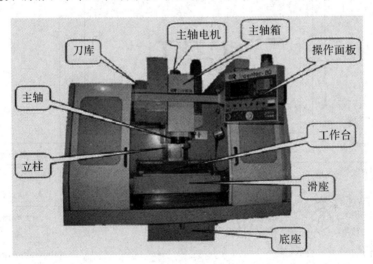

图 5.52　加工中心组成

主轴部件是数控铣床的重要部件之一，它带动刀具旋转完成切削加工，其精度、抗震性和热变形对零件的加工质量有直接的影响。

加工中心的自动换刀装置由刀库和刀具交换装置组成，用于交换主轴与刀库中的刀具或工具。

5.8.3　加工中心的操作

本节主要讲解加工中心操作面板上各个按键的功能，使学生掌握加工中心的调整方法、加工前的准备工作以及程序输入和修改方法。最后，以一个具体零件的加工过程为例，讲解加工中心加工零件的基本操作过程，使学生对加工中心的操作有一个清楚的认识。

加工中心的操作面板由机床控制面板和数控系统操作面板两部分组成，下面以三菱520M 系统为例分别作一介绍。

1. 机床操作面板及其功能介绍

（1）机床操作面板主要由操作模式开关、主轴转速倍率调整开关、进给速度倍率调整开关、快速移动倍率开关、主轴负载荷表、各种指示灯、各种辅助功能选项开关和手轮等组成，如图 5.53 所示。不同机床的操作面板中各开关的位置结构各不相同，但功能及操作方法大同小异，具体可参见数控铣床操作项目。

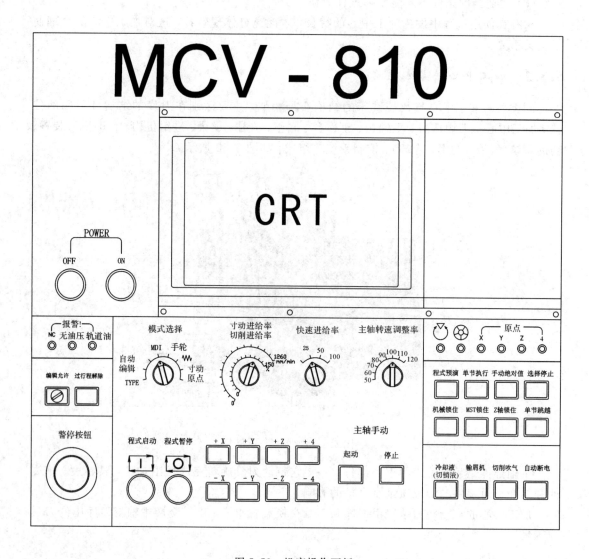

图 5.53 机床操作面板

（2）机床控制面板功能说明如表 5.10 所示。

表 5.10 机床控制面板功能说明

名 称	内 容	功 能
模式选择	原点	用于机床回零操作
	寸动	按寸动进给率结合轴方向按键移动
	快进	按快速进给率结合轴方向按键移动
	手轮	用于手轮操作机床移动
	MDI	用于执行手动输入操作及参数设定
	自动	执行程序自动加工
	编辑	用于程序的编辑、输入、修改和插入
	TYPE	用于机床 DNC 加工
寸动进给率		在寸动模式下启动寸动进给率
切削进给率		在自动模式下启动切削进给率
快速进给率		在快速模式下启动快速进给率
主轴转速调整率		可调整主轴转速倍率
程式启动 程式暂停		在自动模式下或在 MDI 模式下，用于加工程式的启动和暂停
轴方向	+X，−X	在寸动或快进模式下移动 X 轴
	+Y，−Y	在寸动或快进模式下移动 Y 轴
	+Z，−Z	在寸动或快进模式下移动 Z 轴
	+4，−4	在寸动或快进模式下移动第 4 轴
主轴启动 主轴停止		用于机床主轴的手动启动和停止
紧停按钮		用于机床出现不正常现象时紧急停止机床

2. 数控系统操作面板

（1）数控系统操作面板由显示屏和 MDI 键盘两部分组成，如图 5.54 所示。其中，显示屏主要用于显示相关坐标位置、程序、图形、参数、诊断、报警等信息。

（2）图 5.54 中右侧的 MDI 键盘包括字母键、数值键以及功能按键等，可以进行程序、参数、机床指令的输入及系统功能的选择。各功能按键的作用详细说明如表 5.11 所示。

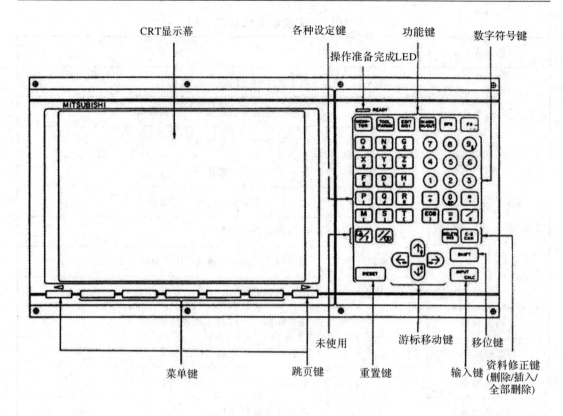

图 5.54 数控系统操作面板

表 5.11 数控系统操作面板各功能按键说明

序号	名　称	详　细　说　明
1	功能键	按下功能键，可切换不同功能的显示屏幕
2	字母、数字键	按下这些键，可以输入字母、数字或者其他字符
3	切换键	该键盘上的有些键具有两个功能。按下【SHIFT】键，可以在这两个功能之间进行切换。当一个键右下角的字母可被输入时，屏幕上会显示一个特殊的字符 Ê
4	输入键	按下一个字母键或者数字键，再按该键，字母或数据就会被输入到缓冲区，并且显示在屏幕上。如需将输入缓冲区的字母或数据拷贝到偏置寄存器，按此键。此键与【INPUT】键等效
5	资料修改键	进行程序编辑、修改等操作

续表

序号	名　称	详　细　说　明
6		光标移动键
7		翻页键
8	子菜单键	按下这些键，可切换不同子功能的显示屏幕
9	复位键	控制系统复位键

3．开机及回零操作

1）开机

（1）合上机床总电源开关。

（2）开稳压器、气源等辅助设备电源开关。

（3）开加工中心控制柜总电源。

（4）将"紧急停止"按键右旋弹出，开操作面板电源，直到机床准备不足报警消失，开机完成。

2）机床回原点

开机后，首先，回机床原点，将模式选择开关选到回原点上；再选择快速移动倍率开关到合适倍率上；然后，选择各轴依次回原点。

3）注意事项

（1）开机之前，应检查机床状况有无异常、润滑油是否足够等。如一切正常，方可开机。

（2）回原点前，应确保各轴在运动时，不与工作台上的夹具或工件发生干涉。

（3）回原点时，应注意各轴运动的先后顺序。

4．加工中心的手动操作

1）主轴控制

（1）启动。在手动模式下，按下"主轴启动"键，使主轴正转动。

（2）连续运转。在手动模式下，按下"主轴正、反转"键，主轴将按设定的速度旋转；按"停止"键，主轴停止，也可以按"复位"键，停止主轴。

在自动和MDI方式下编入 M03、M04 和 M05，可实现上述的连续控制。

2）坐标轴的运动控制

（1）手轮操作。首先，进入手轮操作模式，选择手轮倍率和要移动的坐标轴；然后，按正确的方向摇动手动脉冲发生器手轮；最后，根据坐标显示确定是否达到目标位置。

（2）寸动进给。选择寸动模式，按下任意"坐标轴运动"键，可实现该轴的连续进给（进给速度为寸动进给率）；释放该键，运动停止。

（3）快速移动。选择快速模式，按下任意"坐标轴运动"键，可实现该轴的快速移动，速度为 G00 的速度。

5. 工件的装夹

不同的工件应选用不同的夹具。选用夹具的原则如下：

（1）定位可靠。

（2）有足够的夹紧力。

安装夹具前，应将工作台和夹具清理干净。夹具安装在工作台上，应先将夹具通过量表找正找平，再用螺钉或压板将夹具压紧在工作台上。安装工件时，应通过量表找正找平工件。

在数控铣床工作台上安装虎钳，应根据加工精度要求，控制钳口与 X 或 Y 轴的平行度。零件夹紧时，应注意控制工件变形和一端钳口上翘。

6. 刀具的安装

1）刀具选用

加工中心的刀具选用与数控铣床基本类似，在此不再赘述。

2）刀具装入刀库的方法及操作

当所需要的加工刀具比较多时，加工之前，应将全部刀具根据工艺设计放置到刀库中，并给每一把刀具设定刀具号码，然后由程序调用。具体步骤如下：

（1）在刀柄上装夹好需用的刀具，并调整到准确尺寸。

（2）根据工艺和程序的设计，将刀具和刀具号一一对应。

（3）主轴回 Z 轴零点。

（4）手动输入并执行"T01 M06"。

（5）手动将 1 号刀具装入主轴，此时，主轴上的刀具即为 1 号刀具。

（6）手动输入并执行"T02 M06"。

（7）手动将 2 号刀具装入主轴，此时，主轴上的刀具即为 2 号刀具。

（8）其他刀具按照以上步骤依次放入刀库。

3）注意事项

将刀具装入刀库应注意以下问题：

（1）装入刀库的刀具必须与程序中的刀具号一一对应，否则，会损伤机床和加工零件。

（2）主轴回到机床零点，才能将主轴上的刀具装入刀库，或将刀库中的刀具装在主轴上。

（3）交换刀具时，主轴上的刀具不能与刀库中的刀具号重号。比如，主轴上已是"1"号刀具，则不能从刀库中再调"1"号刀具。

7. 对刀及刀补设置

1）对刀

对刀方法与具体操作同数控铣床。

2）刀具长度补偿设置

加工中心使用的刀具较多，每把刀具的长度和到 Z 坐标零点的距离都不相同，这些距离的差值就是刀具的长度补偿值，在加工时需分别进行设置，并记录在刀具明细表中，以供机床操作人员使用。一般有以下两种方法：

（1）机内设置。这种方法不用事先测量每把刀具的长度，而是将所有刀具放入刀库中，采用 Z 向设定器依次确定每把刀具在机床坐标系中的位置。具体设定方法分为以下两种：

① 第一种方法：将其中的一把刀具作为标准刀具，找出其他刀具与标准刀具的差值，作为长度补偿值。具体操作步骤如下：

a. 将所有刀具放入刀库，利用 Z 向设定器确定每把刀具到工件坐标系 Z 向零点的距离，如图 5.55 所示的 A、B、C，并记录。

b. 选择其中一把最长（或最短）、与工件距离最小（或最大）的刀具作为基准刀，如图 5.53 中的 T03（或 T01），将其对刀值 C（或 A）作为工件坐标系的 Z 值，此时 H03＝0（或 H01＝0）。

c. 确定其他刀具相对于基准刀的长度补偿值，即 H01＝±｜C－A｜，H02＝±｜C－B｜，正负号由程序中的 G43 或 G44 确定。

d. 将获得的刀具长度补偿值，按对应刀具和刀具号输入到机床中。

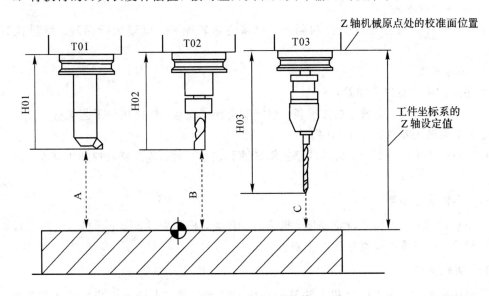

图 5.55　刀具长度补偿

② 第二种方法：将工件坐标系的 Z 值为"0"，调出刀库中的每把刀具，通过 Z 向设定器确定每把刀具到工件坐标系 Z 向零点的距离，并将距离值输到对应的长度补偿值代码中，正负号由程序中的 G43 或 G44 确定。

（2）机外刀具预调结合机上对刀。这种方法是先在机床外，利用刀具预调仪精确测量每把在刀柄上装夹好的刀具的轴向和径向尺寸，确定每把刀具的长度补偿值；然后，在机床上用其中最长或最短的一把刀具进行 Z 向对刀，确定工件坐标系。这种方法对刀精度和效率高，便于工艺文件的编写及生产组织。

3）刀具半径补偿设置

进入刀具补偿值的设定页面，移动光标至输入值的位置；根据编程指定的刀具，键入刀具半径补偿值；按"INPUT"键，完成刀具半径补偿值的设定。

8. 加工程序的输入与调试

1）程序的输入

程序的输入有多种形式，可通过手动数据输入方式（MDI）或通信接口方式，将加工程序输入机床。

2）程序的调试

加工中心的加工部位比较多，使用的刀具也比较多。为方便加工程序的调试，一般根据加工工艺的安排，针对每把刀具，将各个加工部位的加工内容编制为子程序，而主程序主要包含换刀命令和子程序调用命令。

程序的调试可利用机床的程序预演功能或以抬刀运行程序方式进行，依次对每个子程序进行单独调试。程序调试过程中，可根据实际情况修调进给倍率。

9. 程序加工

确定程序及加工参数正确无误后，选择自动加工模式，按下"数控启动"键，运行程序，对工件进行自动加工。

1）程序运行方式

常见的程序运行方式有全自动循环、机床空运转循环、单段执行循环、跳段执行循环等。

2）注意事项

程序运行应注意以下问题：

（1）程序运行前，应做好加工准备、遵守安全操作规程、严格执行工艺规程。

（2）正确调用及执行加工程序。

（3）在程序运行过程中，适当调整主轴转速和进给速度，并注意监控加工状态，如中断加工。

10. 零件尺寸检测

程序执行完毕，返回到设定高度，机床自动停止，松开夹具，卸下工件，用相应测量工具进行检测，检查零件是否达到加工要求。

11. 关机操作

手动操纵机床，使工作台和主轴箱停在中间适当位置，先按下操作面板上的"紧急停止"按键；再依次关掉操作面板电源、机床总电源、外部电源。

第 6 章 虚 拟 仿 真

金工实习的虚拟仿真，是利用虚拟数控机床培训系统来学习机床结构的一项工种，包括理论知识、工作原理、机床拆卸和安装。虚拟仿真技术可对数控机床整机及其部件进行3D互动。通过 100VR 虚拟仿真软件，可对加工中心和数控机床的整机及各部件进行拆卸和安装操作，使学生学习掌握机床的结构组成，从而解决传统机床教学中拆装实操困难的问题。

本章主要介绍 100VR 虚拟仿真软件的使用方法，通过该软件仿真模拟 FA－40M 加工中心和 CK7136 数控车床的拆装过程，使学生学习并了解加工中心与常用机床的加工原理和结构组成。

6.1　FA－40M 加工中心

FA－40M 加工中心包括整机结构、主轴系统、工作台进给装置、刀库装置四部分，如图 6.1 所示。

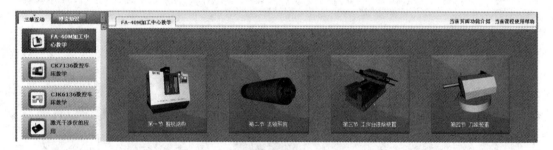

图 6.1　"FA－40M 加工中心教学"界面

6.1.1　整机结构

整机结构包含"概述""结构展示""原理演示""整机拆卸""自动拆卸""整机安装""自动安装""十字滑台原理演示"八部分，如图 6.2 所示。

1. 概述

概述包括原理介绍、功能介绍两部分，如图 6.3 所示。

2. 结构展示

用鼠标点击"结构展示"，即出现加工中心整机结构展示页面，如图 6.4 所示。

点击 播放 按钮，模型演示爆炸动画，如图 6.5 所示。再次点击 播放 按钮，模型收拢。使用鼠标滚轮，可以调整视点的远近。按住鼠标右键可随意拖动模型。点击模型中的各部件，页面左下方会显示相应的部件名称。

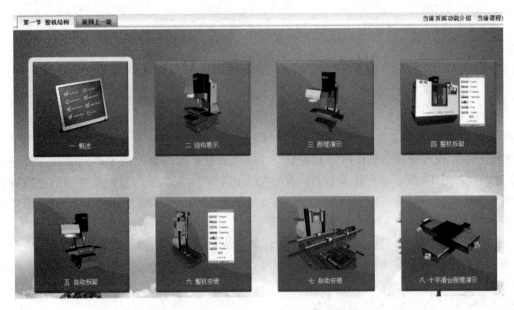

图 6.2　FA-40M 加工中心整机结构

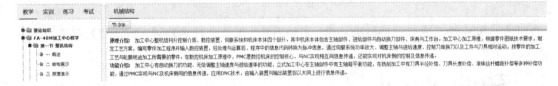

图 6.3　概述

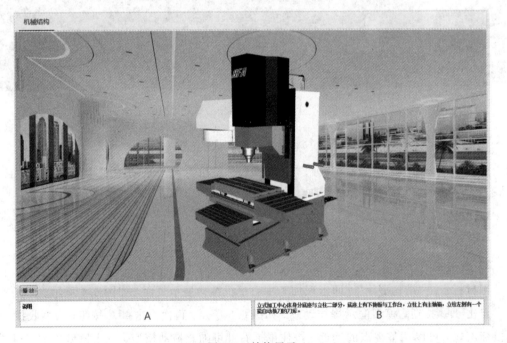

图 6.4　结构展示

图 6.5 中，A 区给出部件名称，B 区给出立式加工中心整体介绍。

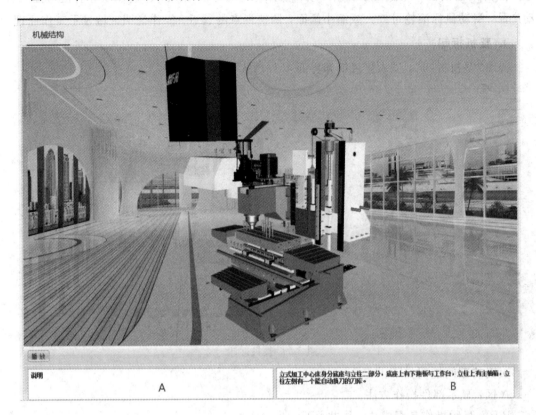

图 6.5　爆炸图

3. 原理演示

点击"原理演示",进入原理演示页面,如图 6.6 所示。

图 6.6　原理演示

点击 播放 按钮，可触发原理演示动画。操作过程中，在演示区按住鼠标右键可随意拖动产品，滑动鼠标滚轮可放大或缩小画面，调整视点的远近。操作说明区域显示工作原理。

4. 整机拆卸

点击"整机拆卸"，进入整机拆卸界面，如图 6.7 所示。

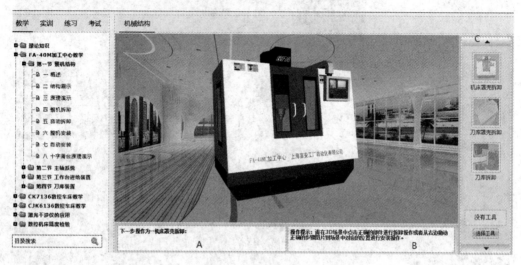

图 6.7　整机拆卸

页面的区间说明如下：

A 区：显示部件操作方法。

B 区：显示操作是否成功，并提示下一步操作。

C 区：零件库。按拆卸步骤从上到下依次排列，点击三角形，可向上或向下浏览零件。正常情况下，图标显示为灰白色，表示零件尚未从设备上拆卸下来，拆卸完成的零件图片会变亮。拆卸时，既可根据零件图自上而下进行，也可选择某个零件跳步拆卸（点击部件文字）。点击场景中需拆卸的零件图标，在操作提示中会显示拆卸该零件所需的工具。

拆卸方法：点击右下侧 选择工具 图标，系统会在 3D 窗口跳出工具箱，如图 6.8 所示。

图 6.8　整机拆卸

在进行拆卸前，应选择正确的工具（选好后，点击【确定】按钮）进行拆卸，否则会出现"工具选择错误！正确工具名称：内六角扳手"的提示，如图 6.9 所示。

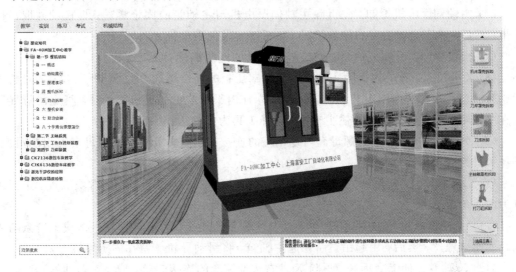

图 6.9 整机拆卸

选择"内六角扳手"，点击【确定】按钮，并单击"机床罩壳"，罩壳便自动开始拆卸。拆卸结束，界面会自动转换到下一步操作的最佳界面，如图 6.10 所示。

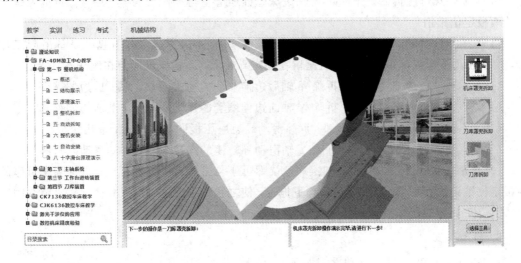

图 6.10 整机拆卸

其他机床零件的拆卸方法与之类似，本处不做重复列举。

整机拆卸步骤如下：

（1）机床罩壳拆卸。切断电源，先拆除电线、油管与气管；然后分别拆除机床罩壳的连接螺丝；最后拆卸机床罩壳。选择工具为内六角扳手。（FA－40M 加工中心的整机结构拆卸过程使用的工具均为内六角扳手）

（2）刀库罩壳拆卸。先拆除刀库罩壳的连接螺丝；再拆卸刀库罩壳；然后，将起吊螺栓放在刀库的起吊螺栓孔内；最后，用起吊设备吊住起吊螺栓。

（3）刀库拆卸。先拆除刀库与刀库支架的连接螺丝，再拆卸刀库。

（4）主轴箱罩壳拆卸。先拆除主轴箱罩壳与主轴箱的连接螺丝；再拆卸主轴箱罩壳。

（5）打刀缸拆卸。先拆除打刀缸与主轴箱的连接螺丝，再拆卸打刀缸。

（6）主轴伺服电机拆卸。先拆除主轴伺服电机与主轴箱的固定螺丝；再松动并取出同步带；然后，在不会被皮带扣住的情况下，拆卸主轴伺服电机。

（7）槽板拆卸。拆除主轴箱右侧槽板与立柱的连接螺丝，取下槽板。

（8）Z轴拉罩拆除。先拆除主轴箱两侧拉罩压板的连接螺丝，取下压板与拉罩；再将两根钢管放置在立柱的两组工艺孔上，并穿过立柱内平衡块的工艺孔；然后，将起吊螺栓固定在主轴箱上，用起吊设备吊住主轴箱。选择工具为内六角扳手。

（9）Z轴螺母拆卸。拆除螺母套与螺母座的连接螺丝，使滚珠丝杠螺母套退出螺母座。选择工具为内六角扳手。

（10）Z轴滑块压板拆卸。拆除滑块压板与主轴箱的连接螺丝，取下滑块压板。选择工具为内六角扳手。

（11）主轴箱拆卸。先拆除滑动导轨座与主轴箱的连接螺丝；再拆除平衡块上链条与主轴箱的连接螺丝；然后，用起吊设备吊起主轴箱，将滑动导轨座留在固定导轨上。

（12）X轴右边伸缩套拆卸。拆除X轴右边伸缩套的连接螺丝，取下右边伸缩套。

（13）X轴左边伸缩套拆卸。拆除X轴左边伸缩套的连接螺丝，取下左边伸缩套。

（14）X轴滑动压板拆卸。拆除X轴导轨上滑动压板的连接螺丝。

（15）X轴螺母座拆卸。先拆除X轴滚珠丝杠螺母座与工作台的连接螺丝，再拆除螺母座的两根定位锥销。

（16）工作台拆卸。先拆除工作台与滑动导轨座的连接螺丝，再用起吊设备吊起工作台，使之脱离下拖板，并将滑动导轨座留在固定导轨上，X轴螺母座留在滚珠丝杠上。

（17）Y轴后边伸缩套拆卸。拆除Y轴后边伸缩套的连接螺丝，取下后边伸缩套。

（18）Y轴前边伸缩套拆卸。拆除Y轴前边伸缩套的连接螺丝，取下前边伸缩套。

（19）Y轴滑动导轨座压板拆卸。拆除滑动导轨座压板的连接螺丝，取出压板。

（20）Y轴滑动导轨座拆卸。拆除Y轴滑动导轨座的连接螺丝，拆卸滑动导轨座。

（21）下拖板拆卸。先拆除Y轴滚珠丝杠螺母座与工作台的连接螺丝；再拆除螺母座的两根定位锥销；然后，用起吊设备吊起下拖板，使之脱离下底座，并将滑动导轨座留在固定导轨上，将Y轴螺母座留在滚珠丝杠上。

5. 自动拆卸

点击"自动拆卸"，进入自动拆卸界面。

点击【播放】按钮，将自动演示整机拆卸的全过程。

点击【缩放】按钮，可放大或缩小画面，调整视点的远近。

点击【观察】按钮，可旋转观察场景中的模型。使用键盘的上、下、左、右键也可以旋转模型进行观察。

点击【平移】按钮，可移动场景中的模型。

点击【自适应】按钮，可调整场景中模型至最适合观察的位置。

6. 整机安装

点击"整机安装"，进入整机安装界面，如图6.11所示。

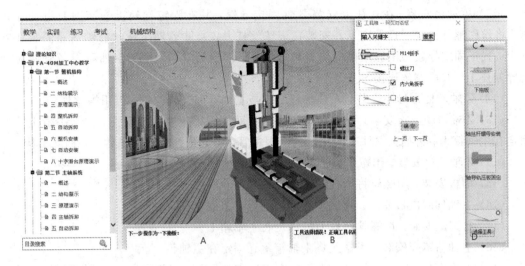

图 6.11　整机安装

整机安装功能与整机拆卸类似。零件库的图片按照安装步骤进行从上到下排列，点击三角形，可以向上或向下浏览零件，使用鼠标滚轮，可以快速浏览零件。

同样，在对整机进行安装前，应选择正确的工具，并将零件库里相应的零部件拖至正确的安装位置（螺丝点位）后，才能顺利完成安装。工具的选择与操作办法与整机拆卸部分相同。

先根据 A 区的操作提示，选择 B 区提示的正确工具，点击确定；再将 C 区的对应零部件拉到界面的绿色区域，即可完成对应的操作。

整机安装步骤如下：

（1）下拖板安装。在底座上安装 Y 轴固定导轨，并在固定导轨上安装两对滑动导轨座。将丝杠螺母固定于螺母座上并安装在滚珠丝杠上，通过 Y 轴滚珠丝杠轴承座安装在底座上，找正固定导轨与滚珠丝杠的位置精度后，紧固连接螺丝。吊装下拖板于 Y 轴两对滑动导轨座上，并用螺丝连接。FA - 40M 加工中心的整机结构安装过程使用的工具均为内六角扳手。

（2）Y 轴丝杠螺母安装。调整螺母座与下拖板的安装位置，先用两锥销定位，再用螺丝连接。

（3）Y 轴导轨压板固定。用螺丝固定 Y 轴导轨压板。

（4）Y 轴前面拉罩安装。用螺丝将前面拉罩固定在下拖板与底座上。

（5）Y 轴后面拉罩安装。用螺丝将后面拉罩固定在下拖板与立柱上。

（6）工作台安装。在下拖板上安装 X 轴固定导轨，并在固定导轨上安装两对滑动导轨座。将丝杠螺母固定于螺母座上并安装在滚珠丝杠上，通过 X 轴滚珠丝杠轴承座安装在下拖板上，找正固定导轨与滚珠丝杠的位置精度后，紧固连接螺丝。吊装工作台于 X 轴两对滑动导轨座上，并用螺丝连接。

（7）X 轴螺母座安装。调整螺母座与工作台的安装位置，先用两锥销定位，再用螺丝连接。

（8）X 轴滑块压板安装。用螺丝将 X 轴滑块压板固定在工作台上。

（9）X 轴左面拉罩安装。用螺丝将左面拉罩固定在工作台与下拖板上。

（10）X 轴右面拉罩安装。用螺丝将右面拉罩固定在工作台与下拖板上。

（11）主轴箱安装。在立柱上安装 Z 轴固定导轨，并在固定导轨上安装两对滑动导轨座。将丝杠螺母固定于螺母座上并安装在滚珠丝杠上，通过 Z 轴滚珠丝杠轴承座安装在立柱上，找正固定导轨与滚珠丝杠的位置精度后，紧固连接螺丝。吊装主轴箱于 Z 轴两对滑动导轨座上，并用螺丝连接。

（12）Z 轴丝杠螺母座安装。先调整螺母座与主轴箱的安装位置，再用螺丝连接。

（13）Z 轴滑动压板安装。先用螺丝把 Z 轴滑动压板固定在主轴箱上，并把平衡重链条固定在主轴箱上；再抽去立柱工艺孔内的两根钢管，将起吊设备脱离吊钩，并摘除吊钩。

（14）Z 轴拉罩安装。用螺丝将 Z 轴拉罩固定在主轴箱与立柱上。

（15）槽板安装。用螺丝将槽板固定在主轴箱上。

（16）主轴伺服电机安装。用螺丝将主轴伺服电机固定在主轴箱上。

（17）打刀缸安装。用螺丝将打刀缸固定在主轴箱上。

（18）主轴箱罩壳安装。用螺丝将主轴箱罩壳固定在主轴箱上。

（19）刀库安装。先用螺丝将刀库固定在刀库支架上，脱离起吊设备，再拆除起吊螺栓。

（20）刀库罩壳安装。用螺丝将刀库罩壳固定在刀库支架上。

（21）机床罩壳安装。用螺丝将机床罩壳固定在机床上。

7. 自动安装

点击【自动安装】，进入自动安装界面。

点击【播放】按钮，可自动演示整机安装的全过程。

点击【缩放】按钮，可放大或缩小画面，调整视点的远近。

点击【观察】按钮，可旋转观察场景中的模型。采用键盘的上、下、左、右键也可以旋转模型进行观察。

点击【平移】按钮，可移动场景中的模型。

点击【自适应】按钮，可调整场景中模型至最适合观察的位置。

8. 十字滑台原理演示

点击"十字滑台原理演示"，进入原理演示页面，如图 6.12 所示。

图 6.12　十字滑台原理演示

点击 播放 按钮，可触发原理演示动画。操作过程中，在演示区按住鼠标右键可随意拖动产品，滑动鼠标滚轮可放大或缩小画面，调整视点的远近。

6.1.2 主轴系统

主轴系统主要包含概述、结构展示、原理演示、主轴拆卸、自动拆卸、主轴安装、自动安装七部分。

1. 概述

概述包括原理介绍和功能介绍两部分，如图 6.13 所示。

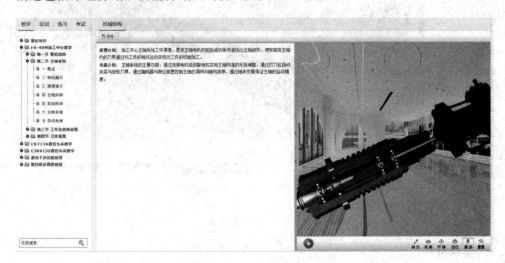

图 6.13 概述

2. 结构展示

该界面主要对主轴系统及各零部件进行三维展示，如图 6.14 所示。

图 6.14 结构展示

3. 原理演示

进入原理演示页面，如图 6.15 所示。

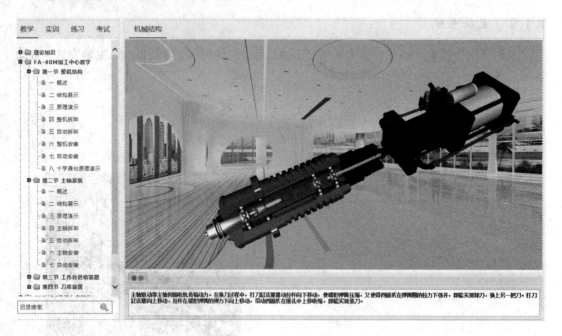

图 6.15　原理演示

4. 主轴拆卸

进入主轴拆卸界面，如图 6.16 所示。

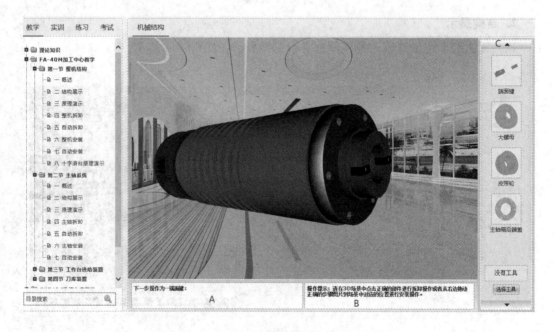

图 6.16　主轴拆卸

主轴拆卸步骤如下：

（1）端面键拆卸。拧松固定主轴前端的内六角螺丝。选择工具为内六角扳手。

（2）大螺母拆卸。利用钩头扳手拧松固定主轴后端的大螺母。选择工具为钩头扳手。

（3）皮带轮拆卸。拆卸主轴后端的皮带轮。

（4）主轴箱后端盖拆卸。拧松固定主轴箱后端盖的内六角螺丝。选择工具为内六角扳手。

（5）内隔圈拆卸。拆卸主轴后端的内隔圈。

（6）主轴拆卸。先拧松主轴箱前端盖与主轴箱体间的内六角螺丝，再拆卸主轴箱体前端的主轴。选择工具为内六角扳手。

（7）长隔套拆卸。拆卸主轴上的长隔套。

（8）调整块（前）拆卸。拆卸主轴上的调整块（前）。

（9）角接触球轴承（前）拆卸。采用木槌拆卸主轴上的角接触球轴承（前）。选择工具为木槌和轴承专用工具。

（10）主轴箱前端盖拆卸。拆卸主轴上的主轴箱前端盖。

（11）锁紧螺丝拆卸。拆卸四瓣爪套锁紧螺丝。选择工具为大型一字扳手和 M6 螺丝扳手。

（12）拉杆拆卸。拆卸拉杆。选择工具为大型一字扳手。

（13）四瓣爪套拆卸。拆卸主轴内部的四瓣爪套。选择工具为 M8 螺丝扳手。

（14）圆螺母拆卸。拆卸拉杆上的圆螺母。选择工具为钩头扳手。

（15）密封隔圈拆卸。拆卸拉杆上的密封隔圈。

（16）碟形弹簧组件拆卸。拆卸拉杆上的碟形弹簧组件。

5．自动拆卸

将页面转至自动拆卸界面。

点击【播放】按钮，可自动演示整机拆卸的全过程。

点击【缩放】按钮，可放大或缩小画面，调整视点的远近。

点击【观察】按钮，可旋转观察场景中的模型。采用键盘的上、下、左、右键也可以旋转模型进行观察。

点击【平移】按钮，可移动场景中的模型。

点击【自适应】按钮，可调整场景中模型至最适合观察的位置。

6．主轴安装

转入主轴安装页面，如图 6.17 所示。

主轴安装步骤如下：

（1）碟形弹簧组件安装。选中碟形弹簧，并拖到拉杆上，将碟形弹簧组件从拉杆上端装到拉杆上。

（2）密封隔圈安装。将密封隔圈从拉杆上端装到拉杆上。

（3）圆螺母安装。先选中圆螺母，并拖到拉杆上；再将圆螺母利用钩头扳手安装到拉杆上；然后，将拉杆装置的零件固定在拉杆上。选择工具为钩头扳手。

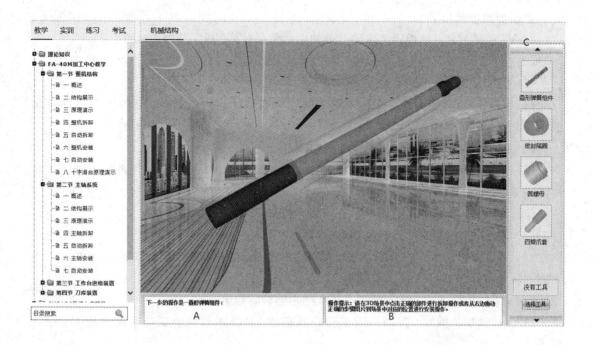

图 6.17 主轴安装

（4）四瓣爪套安装。先选中四瓣爪套，并拖到主轴前端内部；再利用 M8 螺丝扳手固定四瓣爪套；然后，从主轴的下端将四瓣爪套送进主轴内部（进行该步骤时，主轴应该透明显示）。选择工具为 M8 螺丝扳手。

（5）拉杆安装。先选中拉杆并拖到主轴后端；再将拉杆从主轴上端装入主轴；然后，利用大型一字扳手（专用工具）固定四瓣爪，将拉杆与四瓣爪套拧紧（进行该步骤时，主轴应该透明显示）。选择工具为大型一字扳手。

（6）锁紧螺丝安装。先选中锁紧螺丝并拖到四瓣爪套上；再利用大型一字扳手（专用工具）将四瓣爪套固定；然后，利用 M6 螺丝扳手（专用工具）通过一字扳手内孔将四瓣爪套的锁紧螺丝拧紧（进行该步骤时，主轴、四瓣爪应透明显示，体现出该锁紧螺丝用于固定拉杆和四瓣爪套）。选择工具为大型一字扳手和 M6 螺丝扳手。

（7）主轴箱前端盖安装。先选中主轴前端盖并拖到主轴上，再将主轴箱前端盖装入主轴。

（8）角接触球轴承（前）安装。先选中角接触球轴承并拖到主轴上，再将角接触球轴承装入主轴。选择工具为轴承专用工具和木槌。

（9）调整块（前）安装。选中调整块（前）并将其拖到主轴上，装入主轴。

（10）长隔套安装。先选中长隔套，拖到主轴上，再将长隔套装入主轴。选择工具为内六角扳手。

（11）主轴安装。先选中主轴并拖到主轴箱体前端；再将主轴从主轴箱体前端装入；然后，利用内六角螺丝将主轴前端盖与主轴箱体固定。选择工具为内六角扳手。

（12）调整块（后）安装。先选中调整块（后），并拖到主轴后端，再将调整块（后）装入主轴。

（13）角接触轴承（后）安装。先选中角接触轴承（后），并拖到主轴后端，再将角接触轴承（后）装入主轴。选择工具为轴承专用工具和木槌。

（14）内隔圈安装。先选中内隔圈，并拖到主轴后端，再将内隔圈装入主轴。

（15）主轴箱后端盖安装。先选中主轴箱后端盖，并拖到主轴箱体后端，再用内六角螺丝将后端盖固定在主轴箱体上。选择工具为内六角扳手。

（16）皮带轮安装。先选中皮带轮，并拖到主轴后端，再将皮带轮装入主轴。注意：凸起块应嵌在主轴与皮带轮之间。

（17）大螺母安装。先选中大螺母，并拖到主轴后端，再利用钩头扳手将大螺母装入主轴，并锁紧。选择工具为钩头扳手。

（18）端面键安装。先选中端面键，并拖到主轴前端的端面键槽内，再利用内六角螺丝将端面键固定在主轴前端。选择工具为内六角扳手。

7. 自动安装

将页面转至自动安装界面。

点击【播放】按钮，可自动演示整机拆卸的全过程。

点击【缩放】按钮，可放大或缩小画面，调整视点的远近。

点击【观察】按钮，可旋转观察场景中的模型。采用键盘的上、下、左、右键也可以旋转模型进行观察。

点击【平移】按钮，可移动场景中的模型。

点击【自适应】按钮，可调整场景中模型至最适合观察的位置。

6.1.3　工作台进给装置

工作台进给装置包括概述、结构展示、原理演示、工作台拆卸、自动拆卸、工作台安装、自动安装七部分。

1. 概述

概述包括工作台进给原理介绍及功能介绍，如图 6.18 所示。

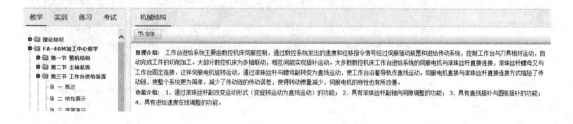

图 6.18　概述

2. 结构展示

点击"结构展示"进入结构展示页面，可详细查看工作台的各个零部件，如图 6.19 所示。

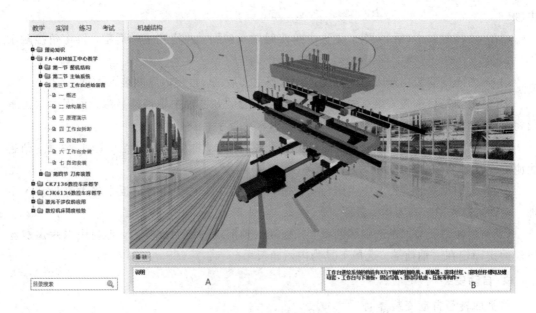

图 6.19　结构展示

3. 原理演示

进入原理演示页面，如图 6.20 所示。

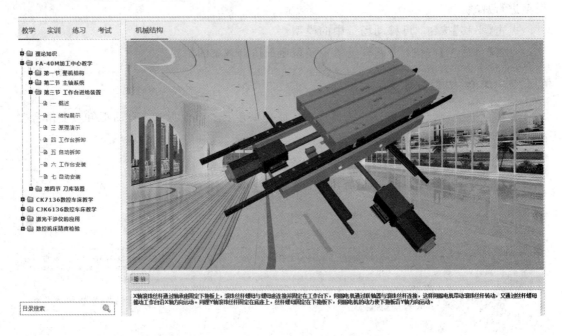

图 6.20　原理演示

点击 播放 按钮，即触发原理演示动画。使用鼠标滚轮，可以调整视点的远近。

4. 工作台拆卸

进入工作台拆卸界面，如图 6.21 所示。

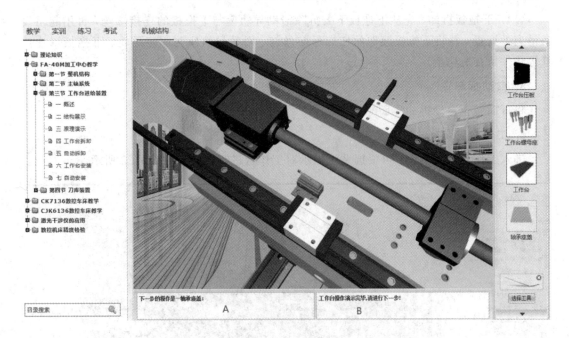

图 6.21　工作台拆卸

拆卸步骤如下：

（1）工作台压板拆卸。先拆除工作台导轨座压板螺丝，再拆卸导轨座压板。选择工具为内六角扳手。

（2）工作台螺母座拆卸。拆除工作台与丝杠螺母座的连接螺丝。

（3）工作台拆卸。先拆除工作台与滑动导轨座的连接螺丝，再用起吊设备吊离工作台。

（4）轴承座盖拆卸。先拆除滚珠丝杠轴承座盖的连接螺丝，再拆卸轴承座盖。

（5）工作台伺服电机拆卸。先拆除伺服电机与轴承座的连接螺丝，再拆卸伺服电机及联轴器。

（6）工作台限位开关拆卸。先拆除工件台限位开关与下拖板的连接螺丝，再拆卸限位开关。

（7）工作台限位挡板拆卸。先拆除工作台限位挡板与螺母座的连接螺丝，再拆卸工作台限位挡板。

（8）工作台螺母座拆卸。先拆除工作台螺母座与丝杠螺母的连接螺丝，再拆卸螺母座。

（9）滚珠丝杠拆卸。先拆除工作台滚珠丝杠轴承座与下拖板的连接螺丝，再拆卸丝杠轴承座与滚珠丝杠。

（10）工作台罩连接杆拆卸。先拆除工作台罩连接杆与下拖板的连接螺丝，再拆卸工作台罩连接杆。

（11）工作台导轨拆卸。先拆除工作台导轨与下拖板的连接螺丝，再拆卸工作台导轨与滑动导轨座。

（12）下拖板侧压螺丝拆卸。拆除下拖板侧压螺丝。

（13）下拖板螺母座拆卸。先拆除下拖板丝杠螺母座与下拖板的连接螺丝，再拆卸下拖板。

（14）下拖板拆卸。先从下拖板下方拆除滑动导轨座与下拖板的连接螺丝，再用起吊设备吊离下拖板，并将下拖板滚珠丝杠螺母与丝杠、滑动导轨座与固定导轨、下拖板罩连接杆等构件留在底座上。

5. 自动拆卸

将页面转至自动拆卸界面。

6. 工作台安装

进入工作台安装页面，可根据系统提示对工作台进行安装，如图 6.22 所示。

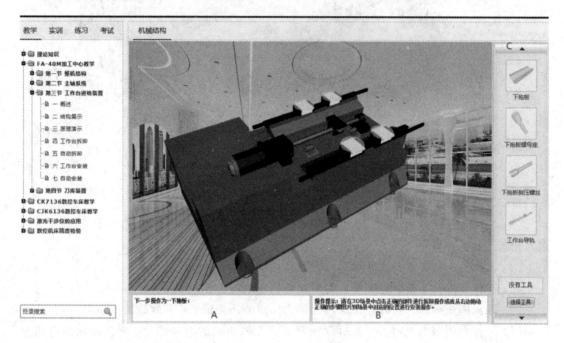

图 6.22　工作台安装

安装步骤如下：

（1）下拖板安装。先在底座上分别安装下拖板进给装置、导轨与滑动导轨座、限位开关、下拖板罩连接杆等构件，再吊装下拖板，在下拖板底部拧紧滑动导轨座与下拖板的连接螺丝。选择工具为内六角扳手。注：工作台安装使用的工具均为内六角扳手。

（2）下拖板螺母座安装。拧紧下拖板螺母座与下拖板的连接螺丝。

（3）下拖板侧压螺丝安装。拧紧下拖板侧压螺丝。

（4）工件台导轨安装。安装工件台导轨（将导轨座放在导轨上），并拧紧导轨与下拖板的连接螺丝。

（5）工作台罩连接杆安装。安装工作台罩连接杆，并拧紧连接杆与下拖板的连接螺丝。

（6）滚珠丝杠安装。先将螺母内孔套在丝杠上；再将丝杠二端支承在轴承座上；然后，拧紧轴承座与下拖板的连接螺丝。

（7）螺母座安装。将螺母外圆套在螺母座内，拧紧螺母与螺母座的连接螺丝。

（8）限位挡板安装。安装限位挡板，并拧紧限位挡板与螺母座的连接螺丝。

（9）限位开关安装。安装限位开关，并拧紧限位开关与下拖板的连接螺丝。

（10）伺服电机安装。在工作台丝杠上安装联轴器与伺服电机，并拧紧伺服电机与轴承座的连接螺丝。

（11）电机座盖安装。安装电机座盖，并拧紧电机座盖与电机座的连接螺丝。

（12）工作台安装。吊装工作台，并拧紧工作台与滑动导轨座的连接螺丝。

（13）工作台螺母座安装。拧紧工作台螺母座与工作台的连接螺丝。

（14）工作台压板安装。安装工作台压板，并拧紧工作台压板与工作台的连接螺丝。

7. 自动安装

将页面转至自动安装界面。

6.1.4　刀库装置

刀库装置包括概述、结构展示、原理演示、刀库拆卸、自动拆卸、刀库安装、自动安装七部分。

1. 概述

概述包括刀库工作原理及功能介绍，如图 6.23 所示。

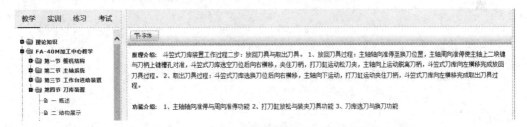

图 6.23　概述

2. 结构展示

点击进入结构展示页面，可详细查看工作台的各个零部件，如图 6.24 所示。

图 6.24　结构展示

3. 原理演示

进入原理演示页面,如图 6.25 所示。

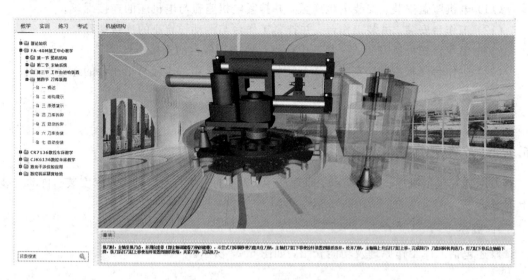

图 6.25　原理演示

4. 刀库拆卸

进入刀库展示页面,可根据系统提示进行刀库拆卸,如图 6.26 所示。

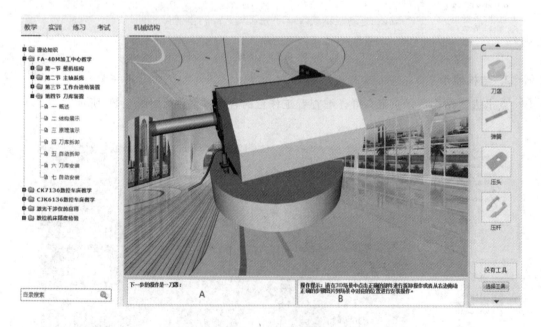

图 6.26　刀库拆卸

刀库拆卸步骤如下:

(1) 刀罩拆卸。拆卸刀罩。选择工具为内六角扳手。

(2) 弹簧拆卸。拆卸压杆上的弹簧装置。

(3) 压头拆卸。利用内六角扳手拧松库盘上的米制螺栓。选择工具为内六角扳手。

（4）压杆拆卸。拆卸库盘上压杆的螺栓。选择工具为活络扳手。

（5）刀柄座拆卸。拆卸库盘上刀柄座的内六角螺丝。选择工具为内六角扳手。

（6）库盘拆卸。拧松轴上库盘的内六角螺丝。选择工具为内六角扳手。

（7）发信体拆卸。拆卸开关架上的发信体。选择工具为内六角扳手。

（8）螺盖拆卸。用螺丝刀拧松拐销上螺盖的一字螺丝。选择工具为螺丝刀。

（9）滚轮拆卸。取下拐销上的滚轮。

（10）拐销拆卸。拆卸拐销孔中的拐销。选择工具为活络扳手。

（11）拐盘拆卸。拆卸电机轴上的 M6×12 螺钉，取下拐盘。选择工具为螺丝刀。

（12）电机拆卸。拧松机座板上电机的内六角螺丝。选择工具为内六角扳手。

（13）机座板拆卸。拧松库座下端轴承座圈上机座板的内六角螺丝。选择工具为内六角扳手。

（14）气缸拆卸。拆卸托架上气缸的内六角螺丝。选择工具为活络扳手。

（15）连接座拆卸。拆卸库座上连接座的内六角螺丝。选择工具为内六角扳手。

（16）挡铁座拆卸。拆卸刀架上挡铁座的内六角螺丝。选择工具为活络扳手。

（17）库座拆卸。拆卸导轨座上库座的内六角螺丝。选择工具为内六角扳手。

（18）导杆座拆卸。拆卸托架上的导杆座的内六角螺丝。选择工具为内六角扳手。

（19）圆螺母拆卸。拆卸轴上的一对圆螺母。选择工具为钩头扳手。

（20）防尘圈拆卸。拆卸库座上的防尘圈。

（21）隔圈拆卸。拆卸隔圈。选择工具为内六角扳手。

（22）圆锥滚子轴承（上）拆卸。拆卸轴上的圆锥滚子轴承（上）。选择工具为轴承专用工具。

（23）轴拆卸。拆卸库座中的轴。

（24）轴承座圈拆卸。拆卸轴上挡住圆锥滚子轴承（下）外壁的轴承座圈。

（25）圆锥滚子轴承（下）拆卸。拆卸轴上的圆锥滚子轴承（下）。选择工具为轴承专用工具。

5. 自动拆卸

将页面转至自动拆卸界面。

6. 刀库安装

转入刀库安装页面，如图 6.27 所示。

安装步骤如下：

（1）圆锥滚子轴承（下）安装。将圆锥滚子轴承（下）装入轴。选择工具为轴承专用工具。

（2）轴承座圈安装。将轴承座圈装入轴，且轴承座圈挡住圆锥滚子轴承（下）的外壁。

（3）轴安装。将安装好的轴承与轴承座圈的轴从库座的下端装入库座。

（4）圆锥滚子轴承（上）安装。将圆锥滚子轴承（上）从库座的上端装入轴。选择工具为轴承专用工具。

（5）隔圈安装。安装隔圈。选择工具为内六角扳手。

（6）防尘圈安装。将防尘圈从库座上端装入库座，并用内六角螺丝锁紧。选择工具为内六角扳手。

图 6.27　刀库安装

（7）圆螺母安装。将一对圆螺母从轴上端装入轴，并锁紧库座。选择工具为钩头扳手。

（8）导杆座安装。将导杆座安装于托架，并利用内六角螺丝锁紧固定。选择工具为内六角扳手。

（9）库座安装。将安装好的库座安装于导轨座，并用内六角螺丝将导轨固定于导轨座。选择工具为内六角扳手。

（10）挡铁座安装。将挡铁座利用内六角螺丝固定于刀架。选择工具为活络扳手。

（11）连接座安装。用内六角螺丝将连接座安装于库座。选择工具为内六角扳手。

（12）气缸安装。将气缸安装于托架，并用外六角螺丝锁紧固定。选择工具为活络扳手。

（13）机座板安装。将机座板安装于库座的下端轴承座圈上，并用内六角螺丝锁紧固定。选择工具为内六角扳手。

（14）电机安装。将电机安装于机座板，并用内六角螺丝固定。选择工具为内六角扳手。

（15）拐盘安装。将拐盘从机座板下端安装于电机座，并用 M6×12 螺钉与电机轴进行定位固定。选择工具为螺丝刀。

（16）拐销安装。将拐销从拐盘的拐销洞自上而下装入拐销孔中。选择工具为活络扳手。

（17）滚轮安装。将滚轮从拐销的下端安装于拐销。

（18）螺盖安装。将螺盖从拐销的下端安装于拐销，利用一字螺丝将螺盖锁紧于拐销，并将滚轮固定在拐销上。选择工具为螺丝刀。

（19）发信体安装。将发信体安装于开关架。选择工具为内六角扳手。

（20）库盘安装。将库盘利用内六角螺丝安装于轴上，并锁紧。选择工具为内六角扳手。

（21）刀柄座安装。用内六角螺丝将刀柄座安装于库盘。选择工具为内六角扳手。

（22）压杆安装。用螺栓将压杆安装于库盘。选择工具为活络扳手。

（23）压头安装。用米制螺栓将压头安装于库盘。选择工具为内六角扳手。

（24）弹簧安装。将压杆的弹簧装置安装于压杆上。

（25）刀罩安装。安装刀罩。选择工具为内六角扳手。

7. 自动安装

将页面转至自动安装界面。

6.2 CK7136 数控车床

CK7136 数控车床包含数控车床结构、主轴箱、尾架、托板、刀塔五大内容，如图 6.28 所示。

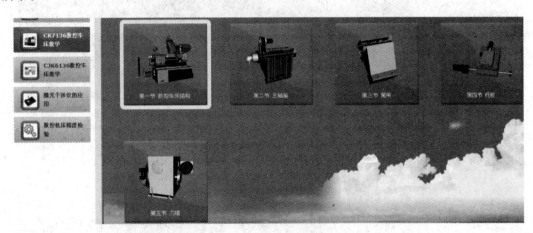

图 6.28 CK7136 数控车床教学

6.2.1 数控车床结构

数控车床结构包含概述、结构展示、原理演示、整机拆卸、自动拆卸、整机安装、自动安装七部分。

1. 概述

概述包括原理介绍和功能介绍两部分，如图 6.29 所示。

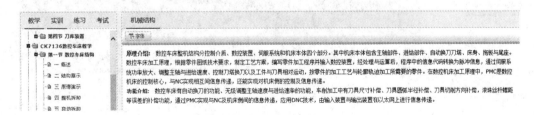

图 6.29 概述

2. 结构展示

进入整机结构展示页面，如图 6.30 所示。

点击 播放 按钮，模型显示爆炸动画（如图 6.31 所示），再次点击，模型收拢。使用鼠标滚轮，可以调整视点的远近。移动鼠标到模型中的各部件，图 6.31 中的 B 区会显示数控车床结构的组成部分。

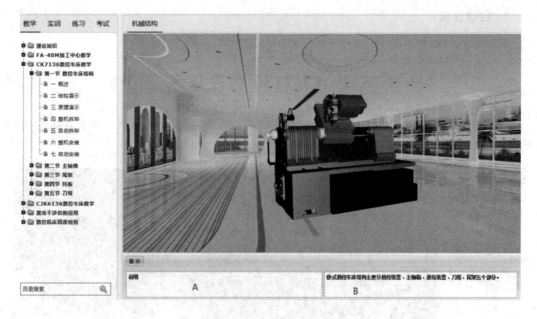

图 6.30　结构展示

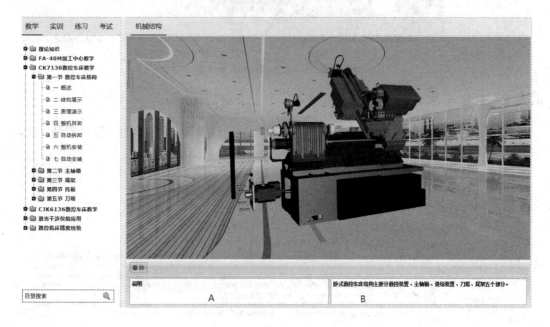

图 6.31　结构展示

3. 原理演示

点击原理演示进入原理演示页面，如图 6.32 所示。

4. 整机拆卸

点击进入整机拆卸页面，如图 6.33 所示。

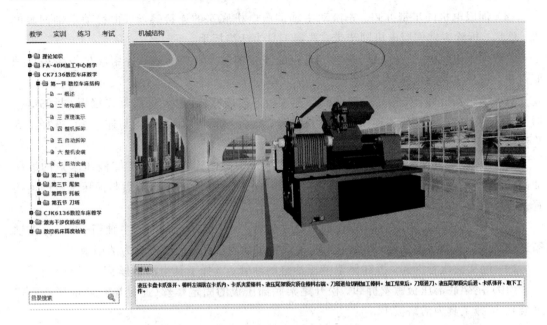

图 6.32　原理演示

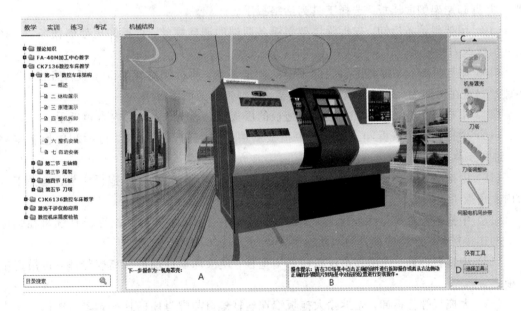

图 6.33　整机拆卸

拆卸步骤如下：

（1）机身罩壳拆卸。先切断电源；再拆除数控机床上电线、油管、水管等装置；然后，拆除罩壳的连接螺丝，并拆卸罩壳。选择工具为内六角扳手。

（2）刀塔拆卸。松动刀塔连接螺丝，用起吊设备吊住，移动并吊离刀塔。选择工具为内六角扳手。

（3）刀塔调整块拆卸。取掉刀塔调整块（用于调整刀塔高度），并拆除连接螺丝。选择工具为内六角扳手。

(4) 伺服电机同步带拆卸。先松动主轴伺服电机底座的连接螺丝；再移动主轴伺服电机；然后，拆除主轴伺服电机同步带。选择工具为活络扳手。

(5) 伺服电机拆卸。拆除伺服电机底板的连接螺丝及调整螺丝，并用起吊设备吊离伺服电机。选择工具为活络扳手。

(6) 编码器拆卸。先松动主轴编码器连接板的连接螺丝，移动编码器连接板，拆卸编码器的同步带；再拆除编码器连接板的连接螺丝；然后，拆卸主轴编码器与连接板。选择工具为活络扳手。

(7) 液压卡盘拆卸。先拆除液压卡盘后面液压油缸的连接螺丝，拆卸液压卡盘的液压油缸；再拆卸液压卡盘的连接螺丝，拆卸液压卡盘；最后，拆卸液压卡盘与液压油缸的连接管。选择工具为内六角扳手。

(8) 主轴箱拆卸。先将吊环螺栓固定在主轴箱上，用起吊设备吊住主轴箱；再拆除主轴箱连接螺丝，并移动主轴箱；最后，用起吊设备吊离主轴箱。选择工具为活络扳手。

(9) 尾架液压管拆卸。拆卸尾架液压油缸的油管。选择工具为活络扳手。

(10) 尾架底部压板螺丝拆卸。松开尾架底部压板的固定螺丝（通过导轨底部压板固定尾架）。选择工具为活络扳手。

(11) 尾架侧面压板拆卸。松开尾架侧面压板的固定螺丝（通过导轨侧面压板固定尾架），并拆卸尾架侧面压板。选择工具为活络扳手。

(12) 尾架斜镶条拆卸。先拆除尾架斜镶条两端的调整螺丝，再拆卸尾架斜镶条。选择工具为螺丝刀。

(13) 尾架拆卸。先拆除尾架底部压板的固定螺丝；再拆卸尾架底部压板；然后，将吊环螺丝固定在尾架上，用起吊设备吊离尾架。选择工具为活络扳手。

(14) 中拖板压板螺丝拆卸。松动中拖板的压板螺丝。选择工具为内六角扳手。

(15) 中拖板斜镶条拆卸。先拆除中拖板斜镶条两端的调整螺丝，再拆卸中拖板斜镶条。选择工具为螺丝刀。

(16) 中拖板压板拆卸。先拆除中拖板压板的固定螺丝，再拆卸中拖板压板。选择工具为内六角扳手。

(17) 中拖板丝杠螺母螺丝拆卸。用起吊设备吊住中拖板，并拆除滚珠丝杠螺母在螺母座上的连接螺丝。选择工具为内六角扳手。

(18) 中拖板拆卸。先用起吊设备吊住中拖板，使滚珠丝杠螺母脱离螺母座，再吊离中拖板。

(19) 大拖板螺母拆卸。先拆除大拖板滚珠丝杠螺母与螺母座的连接螺丝。选择工具为内六角扳手。

(20) 大拖板压板螺丝拆卸。松动大拖板下面的压板螺丝。选择工具为内六角扳手。

(21) 大拖板斜镶条拆卸。先拆除大拖板斜镶条两端的调整螺丝，再拆卸大拖板斜镶条。选择工具为螺丝刀。

(22) 大拖板压板拆卸。先拆除大拖板压板的固定螺丝，再拆卸大拖板压板。选择工具为内六角扳手。

(23) 大拖板拆卸。先用起吊设备吊住大拖板，使滚珠丝杠螺母脱离螺母座后，再吊离大拖板。

5．自动拆卸

将页面转至自动拆卸界面。

6．整机安装

点击"整机安装"进入整机安装页面，如图 6.34 所示。

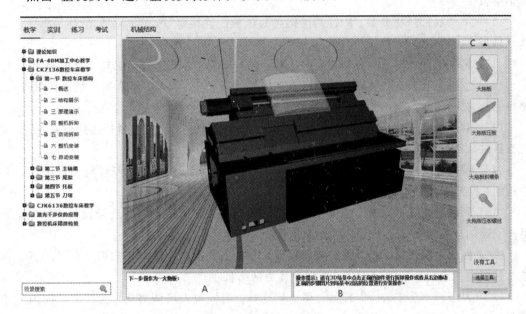

图 6.34　整机安装

安装步骤如下：

（1）大拖板安装。先将大拖板滚珠丝杠螺母安装于滚珠丝杠，且滚珠丝杠两端通过轴承座固定于床身；再将 Z 方向运动的伺服电机连接于滚珠丝杠的左端；然后，将大拖板吊装于机床的床身。

（2）大拖板压板安装。安装大拖板压板，并拧上螺丝（不要拧紧）。选择工具为内六角扳手。

（3）大拖板斜镶条安装。安装大拖板斜镶条，并拧紧两端螺丝。选择工具为螺丝刀。

（4）大拖板压板螺丝安装。先拧紧大拖板压板螺丝，再拆除起吊环。选择工具为内六角扳手。

（5）大拖板丝杠螺母安装。先将大拖板丝杠螺母套在螺母座上，再拧紧螺母连接螺丝。选择工具为内六角扳手。

（6）中拖板安装。吊装中拖板，并放在中拖板导轨上。

（7）中拖板丝杠螺母安装。先将中拖板丝杠螺母套在螺母座上，再拧紧螺母座的连接螺丝。选择工具为内六角扳手。

（8）中拖板压板安装。安装中拖板两侧压板，并拧紧连接螺丝。选择工具为内六角扳手。

（9）中拖板斜镶条安装。安装中拖板斜镶条，并拧紧两端螺丝。选择工具为螺丝刀。

（10）中拖板压板螺丝安装。先拧紧中拖板两侧压板螺丝，再拆除起吊环。选择工具为内六角扳手。

（11）尾架安装。先吊装尾架并放在尾架导轨上；再安装尾架底部压板；然后，拧上压板的连接螺丝（不要拧紧）。选择工具为活络扳手。

（12）尾架斜镶条安装。安装尾架斜镶条，并拧紧两端螺丝。选择工具为螺丝刀。

（13）尾架侧面压板安装。安装尾架侧面压板，并拧紧侧面压板的连接螺丝。选择工具为活络扳手。

（14）尾架底部压板安装。先拧紧尾架底部压板的连接螺丝，再拆除起吊环。选择工具为活络扳手。

（15）尾架液压管安装。安装尾架液压管，并拧紧连接螺丝。选择工具为活络扳手。

（16）主轴箱安装。先吊装主轴箱并放在主轴箱导轨上，再前、后两侧拧紧连接螺丝（不要拧紧）。选择工具为活络扳手。

（17）液压卡盘安装。先安装液压连接管；再安装液压卡盘，并拧紧连接螺丝；最后，安装液压缸，并拧紧连接螺丝。选择工具为内六角扳手。

（18）编码器安装。先安装编码器与连接板，并拧紧连接螺丝；再安装与调整同步带中心距后，拧紧连接螺丝。选择工具为活络扳手。

（19）伺服电机安装。先安装伺服电机与连接板，并拧紧连接板的连接螺丝，再拧紧调整杆支座的连接螺丝。选择工具为活络扳手。

（20）伺服电机皮带安装。先安装伺服电机皮带，并通过调整杆调整同步带中心距，再拧紧伺服电机连接板的连接螺丝。选择工具为活络扳手。

（21）刀塔调整垫安装。先拧紧刀塔连接螺丝，再安放刀塔调整垫。选择工具为内六角扳手。

（22）刀塔安装。先吊起刀塔并放在安装位置；再拧紧刀塔连接螺丝；然后拆除起吊环。选择工具为内六角扳手。

（23）床身罩壳安装。分别安装床身各部分罩壳，并分别拧紧床身各部分罩壳的连接螺丝。选择工具为内六角扳手。

7. 自动安装

将页面转至自动安装界面。

6.2.2 主轴箱

主轴箱包含概述、结构展示、原理演示、主轴拆卸、自动拆卸、主轴安装、自动安装七部分。

1. 概述

概述介绍主轴箱的原理及功能，如图 6.35 所示。

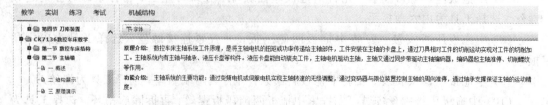

图 6.35 概述

2. 结构展示

点击"结构展示",进入主轴箱结构展示页面。

点击 播放 按钮,模型做爆炸动画(如图 6.36 所示),再次点击,模型收拢。使用鼠标滚轮,可以调整视点的远近。

图 6.36　结构展示

3. 原理演示

点击进入原理演示页面,如图 6.37 所示。

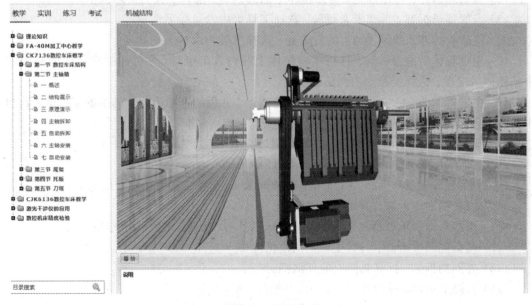

图 6.37　原理演示

点击 播放 按钮，触发原理演示动画。使用鼠标滚轮，可以调整视点的远近。

4. 主轴拆卸

点击进入主轴拆卸页面，如图 6.38 所示。

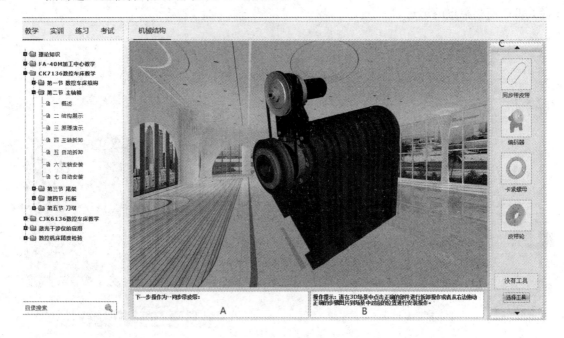

图 6.38　主轴拆卸

拆卸步骤如下：

（1）同步带皮带拆卸。拆卸主轴皮带轮与编码器皮带轮上的同步带皮带。选择工具为活络扳手。

（2）编码器拆卸。拧松螺丝，拆卸箱体上的编码器。选择工具为活络扳手。

（3）卡紧螺母拆卸。拆卸卡紧螺母。选择工具为内六角扳手。

（4）皮带轮拆卸。拆卸主轴上的皮带轮。选择工具为木槌。

（5）主轴箱体后端盖拆卸。拧松主轴箱体上的内六角螺丝，并拆卸主轴箱体后端上的主轴箱体后端盖。选择工具为内六角扳手。

（6）主轴拆卸。拧松主轴箱体上的内六角螺丝，并拆卸主轴箱体上的主轴。选择工具为木槌和内六角扳手。

（7）圆螺母拆卸。拆卸主轴上的一副圆螺母。选择工具为钩头扳手。

（8）高低隔圈 a 拆卸。拆卸主轴上的高低隔圈 a。

（9）角接触球轴承 a 拆卸。拆卸角接触球轴承 a。选择工具为轴承专用工具。

（10）内外隔圈 a 拆卸。拆卸内外隔圈 a。

（11）角接触球轴承 b 拆卸。拆卸角接触球轴承 b。选择工具为轴承专用工具。

（12）高低隔圈 b 拆卸。拆卸主轴上的高低隔圈 b。

（13）外隔圈拆卸。拆卸套筒上的外隔圈。

（14）长隔套拆卸。拆卸长隔套。

（15）角接触球轴承 c 拆卸。拆卸主轴上的滚子轴承。选择工具为轴承专用工具。

（16）内外隔圈 b 拆卸。拆卸内外隔圈。

（17）角接触球轴承 d 拆卸。拆卸主轴上的一对滚子轴承。选择工具为轴承专用工具。

（18）主轴箱体前端盖拆卸。拆卸主轴上的主轴箱体前端盖。

5. 自动拆卸

将页面转至自动拆卸界面。

6. 主轴安装

点击进入主轴安装页面，如图 6.39 所示。

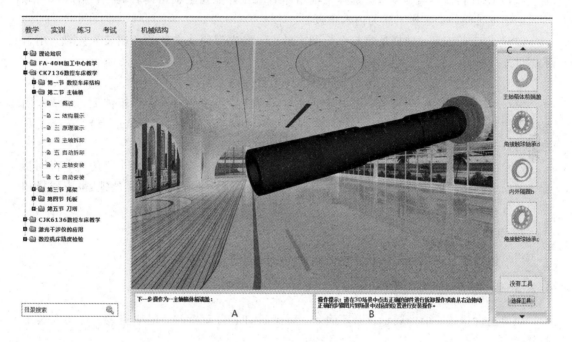

图 6.39　主轴安装

安装步骤如下：

（1）主轴箱体前端盖安装。选择主轴箱体端盖并拖到主轴上，将主轴箱体端盖装入主轴。

（2）角接触球轴承 d 安装。选择滚子轴承并拖到主轴上，将一对滚子轴承装入主轴。可采取预热装配，避免直接敲打轴承。选择工具为轴承专用工具。

（3）内外隔圈 b 安装。选择内外隔圈 b 并拖到主轴上，将内外隔圈 b 装入主轴。

（4）角接触球轴承 c 安装。选择滚子轴承并拖到主轴上，将滚子轴承装入主轴。选择工具为轴承专用工具。

（5）长隔套安装。选择长隔套并拖到主轴上，将长隔套装入主轴。

（6）外隔圈安装。选择外隔圈并拖到套筒上，将外隔圈从套筒上装入主轴。

（7）高低隔圈 b 安装。选择高低隔圈 b 并拖到主轴上，将高低隔圈 b 装入主轴。

（8）角接触球轴承 b 安装。选择角接触轴承并拖到主轴上，将一对角接触球轴承装入主轴。可采取预热装配，避免直接敲打轴承。选择工具为轴承专用工具。

（9）内外隔圈 a 安装。选择内外隔圈 a 并拖到主轴上，将内外隔圈装入主轴。

（10）角接触球轴承 a 安装。选择角接触轴承并拖到主轴上，将一对角接触球轴承装入主轴。可采取预热装配，避免直接敲打轴承。选择工具为轴承专用工具。

（11）高低隔圈 a 安装。选择高低隔圈并拖到主轴上，将高低隔圈装入主轴。

（12）圆螺母安装。选择圆螺母并拖到主轴上，用钩头扳手将一副圆螺母装入主轴。选择工具为钩头扳手。

（13）主轴安装。选择主轴并拖到箱体的前端上，从主轴箱体的前端装入，用内六角螺丝固定于主轴箱体。选择工具为木槌和内六角扳手。

（14）主轴箱体后端盖安装。选择主轴箱体后端盖并拖到主轴箱体后端上，用内六角螺丝固定于主轴箱体。选择工具为内六角扳手。

（15）皮带轮安装。选择皮带轮并拖到主轴上，将皮带轮从主轴的后端装入主轴，用卡紧螺母进行紧固。选择工具为木槌。

（16）卡紧螺母安装。安装卡紧螺母。选择工具为内六角扳手。

（17）编码器安装。选择编码器并拖到主轴后端上，将编码器安装到箱体上，用螺丝固定但不锁紧（固定编码器的螺丝不需锁紧，只需稍微固定，方便后面安装皮带）。选择工具为活络扳手。

（18）同步带皮带安装。选择皮带并拖到编码器或者主轴皮带轮的同步带轮上，将同步带皮带安装到主轴的皮带轮与编码器皮带轮上；调整编码器位置，并用螺丝锁紧（应选择相应的皮带，不能选过长或过短的皮带）。选择工具为活络扳手。

7. 自动安装

将页面转至自动安装界面。

6.2.3 尾架

尾架包含概述、结构展示、原理演示、尾架拆卸、自动拆卸、尾架安装、自动安装七部分。

1. 概述

主要是原理及功能的介绍，如图 6.40 所示。

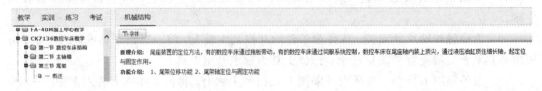

图 6.40　概述

2. 结构展示

进入尾架结构展示页面，如图 6.41 所示。

3. 原理演示

点击进入原理演示页面，如图 6.42 所示。

点击 播放 按钮，触发原理演示动画。使用鼠标滚轮，可以调整视点的远近。

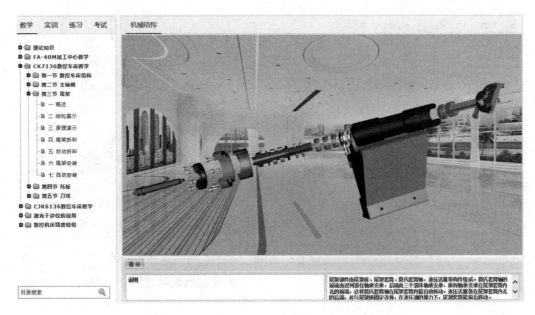

图 6.41 结构展示

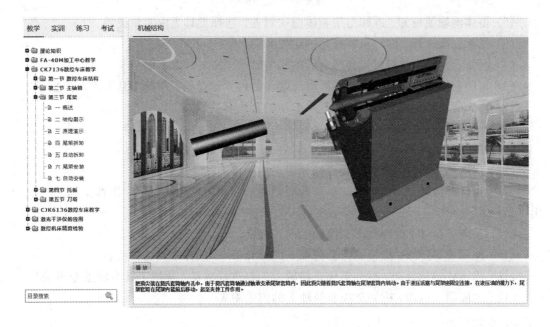

图 6.42 原理演示

4. 尾架拆卸

点击进入尾架拆卸页面,如图 6.43 所示。

拆卸步骤如下:

(1) 油管接头拆卸。拆卸尾架后端的油管接头。选择工具为活络扳手。

(2) 箱体后端盖拆卸。拆卸尾架箱体上的尾架箱体后端盖。选择工具为内六角扳手。

(3) 套筒后端盖拆卸。拆卸上密封圈的套筒后端盖。选择工具为内六角扳手。

(4) 套筒活塞拆卸。拆卸尾架套筒后端的套筒活塞。

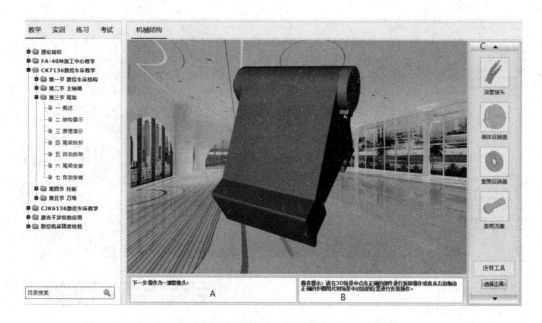

图 6.43　尾架拆卸

（5）箱体前端盖拆卸。拆卸尾架箱体前端封盖。选择工具为内六角扳手。

（6）尾架套筒拆卸。拆卸箱体前端的尾架套筒。

（7）胀紧套拆卸。拆卸尾架套筒上面的胀紧套。选择工具为木槌。

（8）套筒前端盖拆卸。拧松尾架套筒前端盖的内六角螺钉。选择工具为内六角扳手。

（9）莫氏套筒轴拆卸。拆卸尾架套筒前端的莫氏套筒轴。

（10）堵头拆卸。拆卸尾架套筒后端的堵头。选择工具为木槌和铝棒。

（11）圆螺母 b 拆卸。拆卸圆螺母 b。选择工具为钩头扳手。

（12）内隔圈 b 拆卸。拆卸莫氏套筒轴上的内隔圈 b。

（13）角接触球轴承拆卸。拆卸莫氏套筒轴上的三副角接触球轴承。选择工具为轴承专用工具。

（14）长隔套拆卸。拆卸莫氏套筒轴上的长隔套。

（15）圆螺母 a 拆卸。拧松莫氏套筒轴上的圆螺母 a。选择工具为钩头扳手。

（16）双滚柱轴承拆卸。拆卸莫氏套筒轴上的双滚柱轴承。选择工具为轴承专用工具。

（17）内隔圈 a 拆卸。拆卸莫氏套筒轴上的内隔圈 a。

5. 自动拆卸

将页面转至自动拆卸界面。

6. 尾架安装

尾架安装的展示页面如图 6.44 所示。

安装步骤如下：

（1）内隔圈 a 安装。选中内隔圈 a，拖到莫氏套筒轴上，并装入内隔圈 a。

（2）双滚柱轴承安装。选中双滚柱轴承，拖到莫氏套筒轴上，并装入双滚柱轴承。可采用预热装配。选择工具为轴承专用工具。

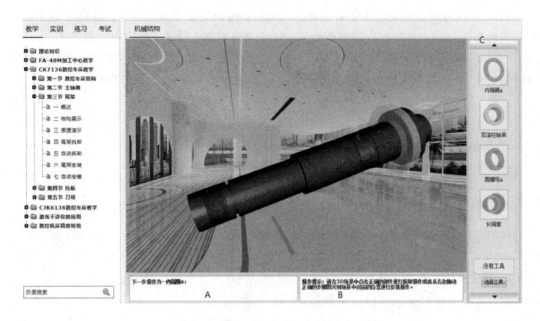

图 6.44　尾架安装

（3）圆螺母 a 安装。选中圆螺母 a，拖到莫氏套筒轴上，装入一对圆螺母进行固定。选择工具为钩头扳手。

（4）长隔套安装。选中长隔套，拖到莫氏套筒轴上，并装入长隔套。

（5）角接触球轴承安装。选中角接触球轴承，拖到莫氏套筒轴上，并装入三副角接触球轴承。可采用预热装配。选择工具为轴承专用工具。

（6）内隔圈 b 安装。选中内隔圈 b，拖到莫氏套筒轴上，并装入内隔圈 b。选择工具为轴承专用工具。

（7）圆螺母 b 安装。选中圆螺母 b，拖到莫氏套筒轴上，并装入圆螺母 b。选择工具为钩头扳手。

（8）堵头安装。选中堵头，将堵头从尾架套筒后端装入，并压紧。选择工具为木槌和铝棒。

（9）莫氏套筒轴安装。选中莫氏套筒轴，将莫氏套筒轴拖到尾架套筒前端，并从尾架套筒前端装入。注意：套筒外壁应涂薄层机油。

（10）套筒前端盖安装。选中莫氏套筒轴，将尾架套筒前端盖安装到尾架套筒上，并用内六角螺钉将尾架套筒前端盖进行固定。选择工具为内六角扳手。

（11）胀紧套安装。选中胀紧套，将胀紧套拖到尾架套筒上，并将胀紧套安装在尾架套筒上面。选择工具为木槌。

（12）尾架套筒安装。选中尾架套筒，将尾架套筒拖到箱体前端，并从尾架箱体的前端装入。注意：套筒外壁应涂薄层机油。

（13）箱体前端盖安装。选中箱体前端盖，将箱体前端盖拖到箱体前端；再将尾架箱体前端封盖用内六角螺钉安装到尾架上，使得尾架套筒被封装在箱体里。选择工具为内六角扳手。

（14）套筒活塞安装。选中套筒活塞，拖到尾架套筒后端上，将装好密封圈的套筒活塞从尾架套筒后端装入。选择工具为木槌。

（15）套筒后端盖安装。选中尾架套筒后端盖，拖到尾架套筒后端上；再将装好密封圈的套筒后端盖用内六角螺钉安装到套筒上，使得套筒密封。选择工具为内六角扳手。

（16）箱体后端盖安装。选中箱体后端盖，拖到尾架后端上，并将尾架箱体后端盖安装到尾架箱体上（注意对应出油口的位置，加装 O 形密封圈）。选择工具为内六角扳手。

（17）油管接头安装。选中油管接头，拖到尾架后端盖上，并将尾架油管接头安装到尾架的后端盖上。选择工具为活络扳手。

7. 自动安装

将页面转至自动安装界面。

6.2.4 托板

托板包含概述、结构展示、原理演示、托板拆卸、自动拆卸、托板安装、自动安装七部分。

1. 概述

概述主要介绍托板的原理及功能，如图 6.45 所示。

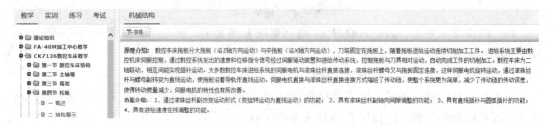

图 6.45　概述

2. 结构展示

结构展示页面显示如图 6.46 所示。

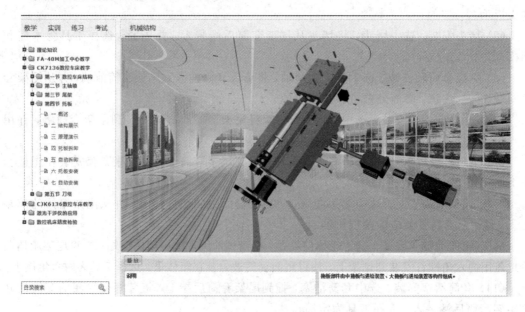

图 6.46　结构展示

3. 原理演示

原理演示页面如图 6.47 所示。

图 6.47　原理演示

4. 托板拆卸

进入托板拆卸页面，如图 6.48 所示。

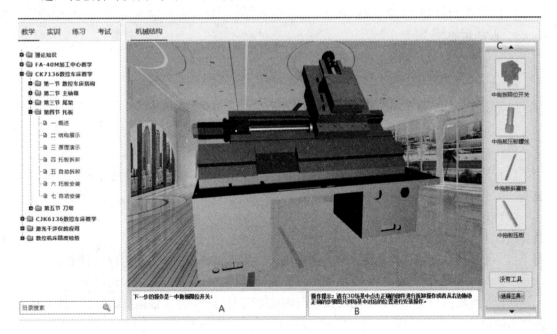

图 6.48　托板拆卸

拆卸步骤如下：

（1）中拖板限位开关拆卸。拆卸中拖板限位开关与挡块，并用起吊设备吊住中拖板。选择工具为内六角扳手。

（2）中拖板压板螺丝拆卸。拧松中拖板压板螺丝。选择工具为内六角扳手。

（3）中拖板斜塞铁拆卸。先拆除中拖板斜塞铁两端的固定螺丝，再拆卸中拖板斜塞铁。选择工具为螺丝刀。

（4）中拖板压板拆卸。先拆除中拖板压板的螺丝，再拆卸中拖板压板。选择工具为内六角扳手。

（5）中拖板螺母拆卸。拆除中拖板螺母的连接螺丝。选择工具为内六角扳手。

（6）中拖板拆卸。先用起吊设备将中拖板螺母座沿丝杠轴线脱离丝杠，再吊离中拖板。

（7）中拖板同步带拆卸。先拧松中拖板伺服电机底板的连接螺丝，松动底板，再拆卸同步带。选择工具为内六角扳手。

（8）中拖板伺服电机拆卸。先拆除中拖板伺服电机底板与调整座的连接螺丝，再拆卸伺服电机。选择工具为内六角扳手。

（9）大拖板限位开关拆卸。拆卸大拖板限位开关与挡块。选择工具为内六角扳手。

（10）大拖板螺母拆卸。拆除大拖板螺母的连接螺丝，并吊住大拖板。选择工具为内六角扳手。

（11）大拖板压板螺丝拆卸。拧松大拖板压板螺丝。选择工具为内六角扳手。

（12）大拖板斜塞铁拆卸。先拆除大拖板斜塞铁两端螺丝，再拆卸大拖板斜塞铁。选择工具为螺丝刀。

（13）大拖板压板拆卸。先拆除大拖板压板的螺丝，再拆卸大拖板压板。选择工具为内六角扳手。

（14）大拖板拆卸。吊离大拖板。

5．自动拆卸

将页面转至自动拆卸界面。

6．托板安装

托板安装的展示页面如图 6.49 所示。

安装步骤如下：

（1）大拖板安装。吊入大拖板。选择工具为内六角扳手。

（2）大拖板压板安装。安装大拖板压板，并拧紧大拖板压板的螺丝。选择工具为内六角扳手。

（3）大拖板斜塞铁安装。安装大拖板斜塞铁，并拧紧大拖板斜塞铁两端的螺丝。选择工具为螺丝刀。

（4）大拖板压板螺丝安装。拧紧大拖板压板两端的螺丝。选择工具为内六角扳手。

（5）大拖板螺母安装。拧紧大拖板螺母的连接螺丝。选择工具为内六角扳手。

（6）大拖板限位开关安装。安装大拖板限位开关与挡块，并拧紧连接螺丝。选择工具为内六角扳手。

（7）中拖板伺服电机安装。安装伺服电机，并拧紧中拖板伺服电机底板与调整座的连接螺丝。选择工具为内六角扳手。

（8）中拖板同步带安装。装入同步带，拧紧中拖板伺服电机底板的连接螺丝。选择工具为内六角扳手。

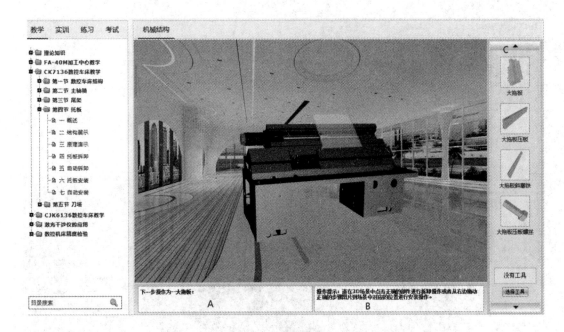

图 6.49　托板安装

（9）中拖板安装。用起吊设备将中拖板沿丝杠轴线装入丝杠。

（10）中拖板螺母安装。拧紧中拖板螺母的连接螺丝。选择工具为内六角扳手。

（11）中拖板压板安装。装入中拖板压板，并拧紧中拖板压板的螺丝。选择工具为内六角扳手。

（12）中拖板斜塞铁安装。装入中拖板斜塞铁，并拧中拖板斜塞铁两端的固定螺丝。选择工具为螺丝刀。

（13）中拖板压板螺丝安装。拧紧中拖板压板螺丝。选择工具为内六角扳手。

（14）中拖板限位开关安装。安装限位开关与挡块。选择工具为内六角扳手。

7. 自动安装

将页面转至自动安装界面。

6.2.5　刀塔

刀塔包含概述、结构展示、原理演示、刀塔拆卸、自动拆卸、刀塔安装、自动安装七部分。

1. 概述

概述主要是介绍原理介绍和功能，如图 6.50 所示。

2. 结构展示

结构展示页面显示如图 6.51 所示。

3. 原理演示

原理演示页面如图 6.52 所示。

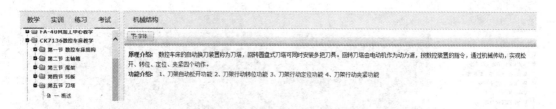

图 6.50　概述

图 6.51　结构展示

图 6.52　原理演示

4. 刀塔拆卸

进入刀塔拆卸页面，如图 6.53 所示。

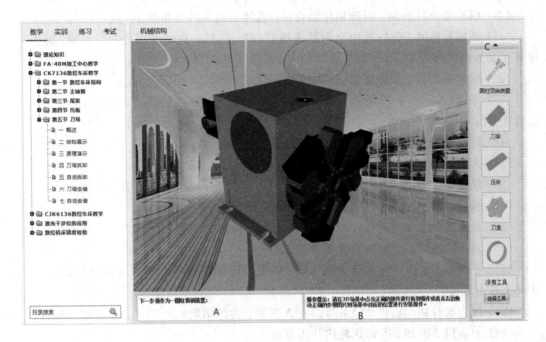

图 6.53　刀塔拆卸

拆卸步骤如下：

（1）圆柱顶销装置拆卸。拧松顶销孔，将圆柱顶销装置从箱体的上面顶销孔拔出。选择工具为内六角扳手。

（2）刀架拆卸。拧松刀盘相应位置处的内六角柱头螺钉。选择工具为内六角扳手。

（3）压块拆卸。拧松固定压块的内六角螺钉。选择工具为内六角扳手。

（4）刀盘拆卸。拧松涡轮主轴最前端的内六角螺钉。选择工具为内六角扳手。

（5）刀盘座 1 拆卸。拆卸箱体上蜗轮轴孔较大处的刀盘座 1。

（6）箱体闷盖拆卸。拧松箱体上蜗轮轴孔较大处的十字槽沉头螺钉。选择工具为活络扳手。

（7）皮带拆卸。拆卸皮带。选择工具为活络扳手。

（8）主动带轮拆卸。拧松主动带轮与电机轴间的平键，并拆卸主动带轮。选择工具为木槌。

（9）电机拆卸。先拧松连接板对应位置上的内六角柱头螺钉，再拆卸电机。选择工具为活络扳手。

（10）电机连接板拆卸。拧松蜗轮轴孔较小端的内六角圆柱头螺钉。选择工具为内六角扳手。

（11）磁性垫圈拆卸。先拧松蜗轮的小端上的内六角圆柱头螺钉，再拆卸磁性垫圈。选择工具为内六角扳手。

（12）轴承压盖拆卸。先拧松箱上对应处的十字槽沉头螺钉，再拆卸轴承压盖。选择工具为螺丝刀。

（13）无内圈滚针轴承拆卸。拆卸涡轮轴承上的无内圈滚针轴承。选择工具为轴承专用工具。

（14）蜗轮组合件拆卸。拆卸蜗轮组合件。选择工具为内六角扳手。

（15）圆螺母拆卸。先拧松内六角柱头螺钉（M5×15），再解开涡轮爪、主轴、圆螺母。选择工具为内六角扳手。

（16）蜗轮爪拆卸。拆卸蜗轮上的蜗轮爪。

（17）平键（A6 * 17）- B拆卸。拆卸蜗轮轴最里面的键槽内的两个B型平键（A6 * 17）。选择工具为木槌。

（18）限位块拆卸。拆卸蜗轮轴上的限位块。

（19）无内圈滚针轴承拆卸。拆卸涡轮轴承上的无内圈滚针轴承。

（20）蜗轮平键拆卸。拆卸蜗轮对应的键槽内的两个平键。选择工具为木槌。

（21）蜗轮拆卸。拆卸蜗轮轴上的蜗轮。

（22）推力滚针轴承组件（AXK3522）- B拆卸。拆卸蜗轮轴上的推力滚针轴承组件。

（23）逆止轮拆卸。拆卸蜗轮轴上的逆止轮。

（24）平键（A6 * 17）- A拆卸。拆卸蜗轮轴最里面的键槽内的两个A型平键（A6 * 17）。选择工具为木槌。

（25）推力滚针轴承组件（AXK3522）- A拆卸。拆卸蜗轮轴上的推力滚针轴承组件。

（26）刀盘座2拆卸。拆卸蜗轮内的刀盘座2。

（27）推力滚针轴承组件（AXK2524）拆卸。拆卸蜗轮轴上的推力滚针轴承组件。

（28）从动带轮拆卸。拆卸蜗杆的末端轴段上的从动带轮。选择工具为木槌。

（29）蜗杆通盖拆卸。拧松蜗杆通盖上的十字槽沉头螺钉。选择工具为螺丝刀。

（30）角接触轴承6210拆卸。拆卸箱体的蜗杆孔内的角接触轴承。

（31）蜗杆拆卸。拆卸箱体内的蜗杆。

（32）蜗杆闷盖拆卸。拧松蜗杆闷盖上的十字槽沉头螺丝。选择工具为螺丝刀。

（33）角接触轴承6210拆卸。拆卸蜗杆上的角接触轴承6210。

5. 自动拆卸

将页面转至自动拆卸界面。

6. 刀塔安装

刀塔安装的展示页面如图6.54所示。

安装步骤如下：

（1）角接触球轴承6210安装。将角接触轴承6210装入蜗杆（应先装正对刀架端的无带轮端的轴承，便于蜗杆的定位）。

（2）蜗杆闷盖安装。在无带轮端，将蜗杆闷盖对准蜗杆轴孔安装在箱体上，并用十字槽沉头螺丝锁紧固定。选择工具为螺丝刀。

（3）蜗杆安装。将蜗杆对准刀架带轮端的深沟球轴承的内圈孔，从有带轮端的箱体的蜗杆孔装进箱体内。

（4）角接触球轴承6210安装。在箱体的有带轮端，将轴承装入箱体的蜗杆孔。

（5）蜗杆通盖安装。装完蜗杆，在带轮端的箱体蜗杆孔的深沟球轴承后，安装蜗杆通盖，并用十字槽沉头螺钉将蜗杆通盖锁紧。选择工具为螺丝刀。

（6）从动带轮安装。将从动带轮安装于蜗杆的末端轴段。选择工具为木槌。

图 6.54　刀塔安装

（7）推力滚针轴承组件（AXK2524）安装。将推力滚针轴承组件装入涡轮轴。

（8）刀盘座 2 安装。将刀盘座 2 从蜗轮轴的小端的轴侧装入蜗轮。

（9）推力滚针轴承组件（AXK3522）- A 安装。将推力滚针轴承组件装入涡轮轴。

（10）平键（A6 * 17）- A 安装。将两个 A 型平键（A6 * 17）安装到蜗轮轴最里面的键槽内。（注意用力均匀，且不可过大，以免损坏平键）。选择工具为木槌。

（11）逆止轮安装。将逆止轮对准蜗轮轴最里面的平键处的位置，并装入蜗轮轴。

（12）推力滚针轴承组件（AXK3522）- B 安装。将推力滚针轴承组件装入蜗轮轴。

（13）蜗轮安装。将蜗轮套装到蜗轮轴上。

（14）蜗轮平键安装。将两个平键装入蜗轮对应的键槽，限制蜗轮的径向的运动（注意用力均匀，且不可过大，以免损坏平键）。选择工具为木槌。

（15）无内圈滚针轴承（NK25/16）安装。将无内圈滚针轴承装入涡轮轴。

（16）限位块安装。将限位块从涡轮轴的小端装入到蜗轮轴，套装到无内圈滚针轴承上（注意限位块上的键槽对准安装到涡轮上的两平键，同时不得损坏无内圈滚针轴承）。

（17）平键（A6 * 17）- B 安装。将两个 B 型平键（A6 * 17）装入涡轮轴最里面的键槽（注意用力均匀，且不可过大，以免损坏平键）。选择工具为木槌。

（18）蜗轮爪安装。将蜗轮爪从蜗轮小端装入蜗轮（注意蜗轮爪上的爪对准限位块的爪牙及涡轮轴上的两平键）。

（19）圆螺母安装。将圆螺母旋进涡轮轴，并用内六角柱头螺钉（M5×15）锁紧固定，将涡轮爪、主轴、圆螺母锁紧为一体。选择工具为内六角板手。

（20）蜗轮组合件安装。将蜗轮组合件从涡轮轴孔较大端装入箱体，并用内六角螺钉固定刀盘 2。选择工具为内六角扳手。

（21）无内圈滚针轴承（NK220/16）安装。将无内圈滚针轴承装入涡轮轴。选择工具为轴承专用工具。

（22）轴承压盖安装。将轴承压盖从涡轮轴孔较小端装到箱上对应处，并用十字槽沉头螺钉固定。选择工具为螺丝刀。

（23）磁性垫圈安装。将磁性垫圈安装在蜗轮的小端。并用内六角圆柱头螺钉锁紧固定。选择工具为内六角扳手。

（24）电机连接板安装。将电机连接板安装在箱体的对应位置（蜗轮轴孔较小端），并用内六角圆柱头螺钉锁紧。选择工具为内六角扳手。

（25）电机安装。将电机安放在连接板的对应位置，并用外六角螺钉锁紧固定。选择工具为活络扳手。

（26）主动带轮安装。将主动轮装入电机的转轴，并用平键将主动带轮与电机轴锁紧。选择工具为木槌。

（27）皮带安装。在两个皮带之间安装皮带。选择工具为活络扳手。

（28）箱体闷盖安装。将箱体闷盖安装在箱体上涡轮轴孔较大处，并用十字槽沉头螺钉锁紧固定。选择工具为活络扳手。

（29）刀盘座1安装。将刀盘座1安装到箱体上蜗轮轴孔较大处。

（30）刀盘安装。将刀盘安装到涡轮主轴最前端，并用内六角螺钉锁紧固定。选择工具为内六角扳手。

（31）压块安装。将8个压块放置在刀盘相应的位置，并用内六角螺钉锁紧固定。选择工具为内六角扳手。

（32）刀架安装。将3个刀架放置在刀盘相应位置，并用内六角柱头螺钉锁紧固定。选择工具为内六角扳手。

（33）圆柱顶销装置安装。将圆柱顶销装置从箱体的上面顶销孔装入，并用内六角扳手锁紧固定。选择工具为内六角扳手。

7. 自动安装

将页面转至自动安装界面。

第 7 章　3D　打　印

3D 打印（Three-Dimensional Printing，3D Printing，三维打印）技术是快速成形技术（Rapid Prototyping，RP）的一种，学术上又称为增材制造（Additive Manufacturing，AM）。它是一种以 3D 数字模型文件为基础，将金属粉末、流体材质、塑料等各种可黏合材料，通过计算机软件程序控制，使用逐层堆叠材料的方式构建物体的立体成形技术，是传统制造工艺的全新升级。

3D 打印无须机械加工或者任何模具，可直接将虚拟的任意复杂的 3D 数字化模型变成真实存在的 3D 实体。通俗地说，只要能够设计出来作品，就能够通过 3D 打印技术打印出来。而且产品结构越复杂，3D 打印的制造效率及优势就越显著，主要体现在极大地缩短了产品的研制周期，提高了生产率，降低了生产成本，减少了材料浪费，可制造出传统生产技术（减材制造）无法制造出的产品外形。

3D 打印机（3D Printers，见图 7.1）作为 3D 打印技术具体呈现的可操作实体装备，根据用途和所采用的打印材料，具有各种不同的外观和形态，按照应用层次可分为桌面级和工业级 3D 打印机。目前，我们能想象的很多东西，如房子、汽车、衣服、飞机零部件、煎饼、巧克力甚至人体部分器官等都可以通过 3D 打印机"打印"出来。

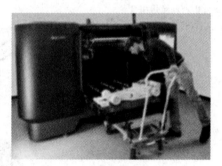

(a) 桌面级3D打印机　　　　　　　　　(b) 工业级3D打印机

图 7.1　3D 打印机实物图

3D 打印有许多不同的技术，主流技术包括 FDM（熔融沉积成形技术）、SLA（立体平板印制技术）、SLS（选择性激光烧结技术）、3DP（三维打印成形技术）、LOM（分层实体制造技术）等。FDM 是把塑料熔化成半融状态拉成丝，用线构建面，一层一层堆积起来；光固化 SLA 是把液态的光敏树脂用紫外线照射，所照到位置的光敏树脂就从液态变成固态。SLS 和 SLA 的理论相同，不同之处在于 SLS 用激光烧结粉末，如尼龙粉、金属粉等。目前，国内常见的桌面级 3D 打印机多采用 FDM 技术。

一个完整的 3D 打印过程是：首先，通过计算机辅助设计（Computer Aided Design，

CAD)或其他计算机软件辅助建模；然后，将建成的三维模型"切片"(Slicing)为逐层的截面数据，生成打印机可识别的文件格式（通常为 STL 格式文件），并把这些信息传送到 3D 打印机上；最后，3D 打印机根据切片数据文件的描述控制机器将这些二维切片堆叠起来，直到一个固态物体成形（见图 7.2）。STL 文件格式简单，只能用于描述三维物体的几何信息，不支持颜色材质等信息，是计算机图形学处理、数字几何处理（如 CAD）、数字几何工业应用和 3D 打印机支持的最常见的文件格式。

图 7.2(a) 是物体首先从三维实物到三维建模，然后经过二维切片生成打印数据文件，最后从二维切片逐层堆叠形成三维实体的过程。图 7.2(b) 是 3D 打印机的工作原理和基本步骤。

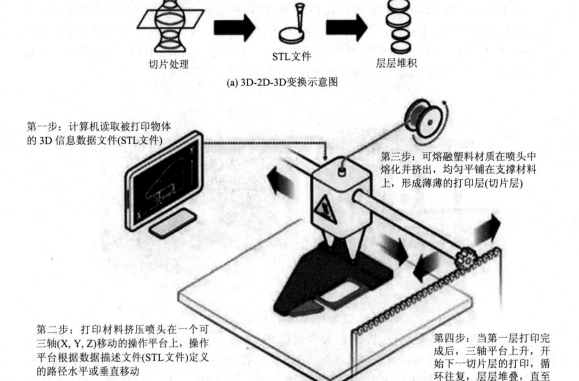

图 7.2　3D 打印原理示意图

7.1　3D 打印数据处理与建模软件

3D 打印的基础在于三维建模。打印机进行快速成形制造之前，需要用户将建好的三维模型转化为 3D 打印设备可识别的 3D 模型数据文件（如 STL 格式文件），方可开始工作。因此，3D 模型数据处理是快速成形制造至关重要、不可或缺的一步。3D 打印目标的三维模型可用专门的三维建模软件实现，7.1.2 节将介绍几款通用三维建模软件及其对应的 STL 格式文件的生成方法。

7.1.1　3D 打印数据处理

在快速成形制造（Rapid Prototyping，RP）领域有很多文件格式，如 CLI、SLC、PIC 及 STL 等。STL 格式是 3D 打印设备使用最多的通用接口格式，目前，已成为 3D 打印的标准格式。STL 格式是存储三维模型信息的一种简单方法，它将复杂的数字模型以一系列三角形面片来近似表达，如图 7.3 所示的球的三角形网格划分。

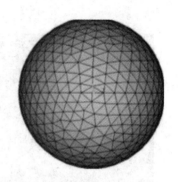

图 7.3　球的三角形网格划分

对于绝大多数 3D 打印设备而言，开始成形前，必须对工件的三维模型进行 STL 格式化和切片等前期处理，以便得到一系列截面轮廓。

3D 打印的过程涉及一系列数据处理环节，主要流程如图 7.4 所示。首先，需要构建代加工产品或制件的三维模型（三维模型制作有很多工具，7.1.2 节将简单介绍几种通用 3D 建模软件，并演示如何生成通用的 STL 格式的 3D 模型文件）；然后，对 3D 模型进行快速分层和切片处理；接着，生成切片轮廓信息并进行轮廓填充（如图 7.5 所示）；最后，将切片生成的指令文件（Gcode）拷贝或者直接发送给 3D 打印设备，装好打印材料，调节好各项打印参数，通过打印机控制按钮发送打印指令。至此，数据传输处理完成，等待 3D 模型最终打印成形即可。

图 7.4　3D 打印数据处理流程示意图

如图 7.6 所示，3D 打印数据处理需考虑悬空支撑的自动生成，这是因为 3D 打印技术是一种基于离散/堆积成形原理的新型制造方法，如果打印制件模型中有悬空结构，将会导致没有支撑点，无法完成后续打印任务。

另外，3D 打印数据中应注意层高的设置，层高越小，则物品表面层越多，也越光滑，但打印时间也越长；反之，层高越大，则打印时间越少，但物品表面会出现明显的水平分层，如图 7.7 所示。

(a) 蜂窝形状的填充

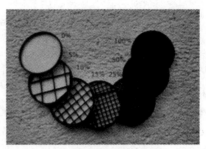
(b) 网格形状的填充

图 7.5　3D 打印件的填充类型和填充率

(a) 去除支撑前的模型

(b) 去除支撑后的模型

图 7.6　3D 打印的悬空支撑

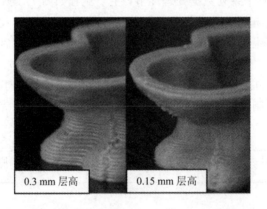

图 7.7　不同层高的 3D 打印模型

7.1.2　3ds Max 软件与 STL 建模

　　3D Studio Max 通常简称为 3ds Max 或 MAX,是 Autodesk 公司开发的基于 PC 系统的三维模型制作和动画渲染(Rendering) 软件。目前,3ds Max 广泛应用于广告、影视、工业设计、建筑设计、三维动画、多媒体制作、游戏、辅助教学及工程可视化等领域。

　　3ds Max 三维建模及生成 STL 格式文件的演示过程如下:

　　(1) 打开 3ds Max,主界面如图 7.8 所示。

图 7.8　3ds Max 主界面

（2）在主界面右侧的菜单栏中选择"标准基本体"。

（3）单击鼠标右键，选择茶壶，茶壶按钮变为蓝色。再在透视图窗口中，单击鼠标右键，选择起点，从后往前拖动鼠标，可以建立茶壶的模型。

（4）主界面中出现相应的茶壶前视图、顶视图、左视图，如图 7.9 所示。

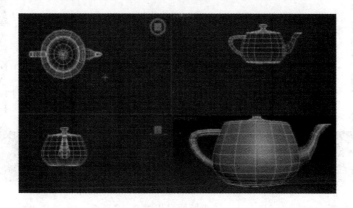

图 7.9　茶壶三视图

（5）单击主界面中左上角的 3ds Max 图标向下的展开箭头，再单击【导出】按钮，然后单击其中的【导出】按钮，如图 7.10 所示。

（6）输入文件名称"茶壶"，修改保存类型为 STL（∗.STL），如图 7.11 所示。再单击【保存】按钮，弹出"导出文件"对话框，单击【确定】按钮。

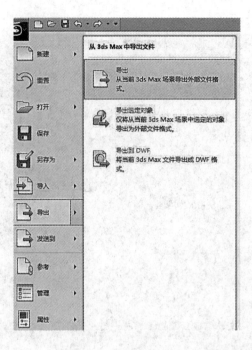

图 7.10　导出文件

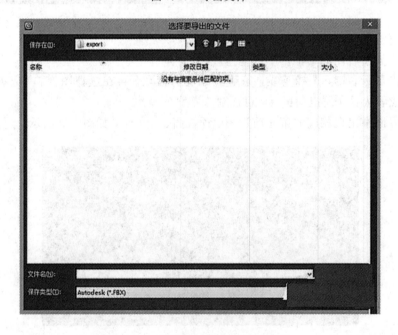

图 7.11　"选择要导出的文件"界面

　　至此,一个茶壶的 STL 格式的 3D 数字模型建立完毕。本书对 3ds Max 的三维建模不进行详细介绍,建议感兴趣的读者进行专门学习。

7.1.3　UG 软件与 STL 建模

　　UG 是 Siemens PLM Software 公司出品的一个产品工程解决方案,它为用户的产品设计及加工过程提供了数字化造型和验证手段。UG 针对用户的虚拟产品设计和工艺设计需求，提供了经过实践验证的解决方案。UG 是基于 C 语言开发实现的，是一个交互式计算机辅助设计与计算机辅助制造（CAD/CAM）系统，它功能强大，可以轻松实现各种复杂实体及造型的构建。

通过 UG 建模要使用 UG8.0 以上版本。用 UG 进行三维建模的详细步骤见本书第 4 章，本节只介绍将 UG 软件建立的三维模型导出为 STL 格式文件的步骤。

UG 建好三维模型后，单击"文件"下拉菜单，选择"导出"命令，在下拉菜单中选择"STL"命令，如图 7.12 所示。系统弹出"快速成形"对话框，如图 7.13 所示。单击【确定】按钮，弹出"导出快速成形文件"对话框，如图 7.14 所示，选择要存储的位置，输入文件名称，单击【确定】按钮，系统弹出如图 7.15 所示的对话框，单击【确定】按钮即可将模型保存为 STL 格式。

图 7.12　选择"STL"

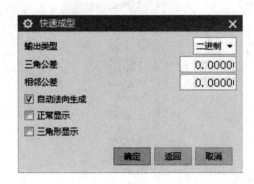

图 7.13　"快速成形"对话框

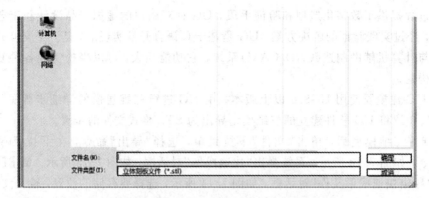

图 7.14 导出快速成形文件对话框

图 7.15 输入文件名称

7.1.4 Pro/Engineer 软件与 STL 建模

Pro/Engineer(ProE、Pro/E)是 PTC 公司旗下的 CAD/CAM/CAE 一体化三维软件，是现今主流的 CAD/CAM/CAE 软件之一。该软件以参数化著称，是参数化技术的最早应用者，目前在三维造型软件领域中占有非常重要的地位。

下面以创建一个旋钮为例，利用 Pro/E 系统进行旋钮的三维数字化建模，主要步骤如下：

（1）双击打开 Pro/E4.0 软件，点击【新建】图标，选择类型为零件，子类型为实体，取消使用缺省模板的对钩，再选择 mmns_part_solid，即毫米单位，如图 7.16 所示。

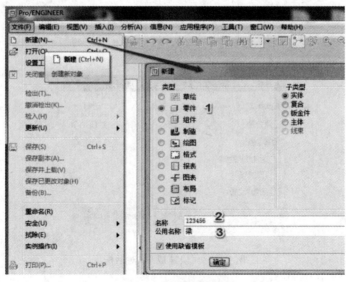

图 7.16 "新建"界面

（2）点击旋转特征图标，以 front 平面为草图平面，利用直线、中心线、圆弧绘制图形，完成后退出草图，如图 7.17 所示。然后，定义旋转类型与角度，回车或者点击页面中间确定，如图 7.18 所示。

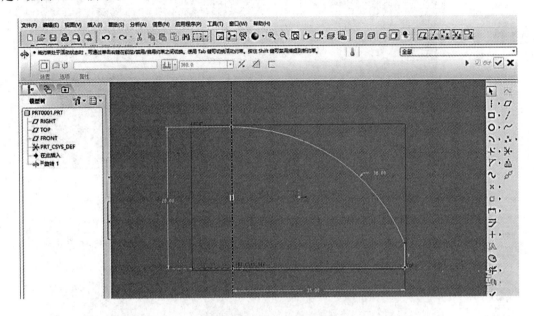

图 7.17　草图绘制页面

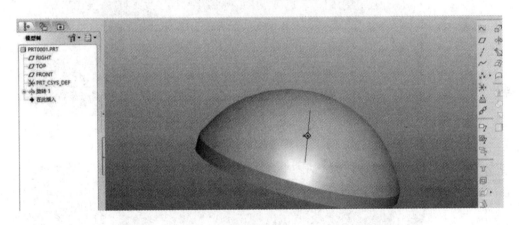

图 7.18　旋转

（3）点击"草图绘制"，使用先前的草图平面作为草图平面，利用中心线、直线、圆弧绘制图形，如图 7.19 所示。

（4）以 front 平面为参考平面，距离该平面偏移 35 个单位创建一个基准平面，采用默认名称即可，如图 7.20 所示。在该基准平面上绘制草图，如图 7.21 所示。

（5）将步骤（4）所绘制的曲线作为镜像特征，定义 front 平面为镜像平面，如图 7.22 所示。

（6）创建边界混合，即按住【Ctrl】键，按照前后的曲线顺序依次选择，控制点为段至段，如图 7.23 所示。

（7）再次镜像该特征，得到按钮模型，如图 7.24 所示。

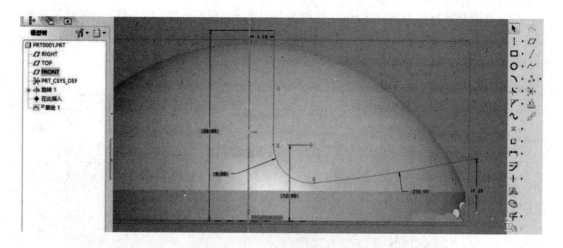

图 7.19　继续绘制草图

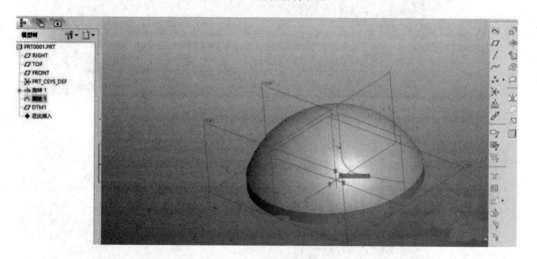

图 7.20　创建基准平面

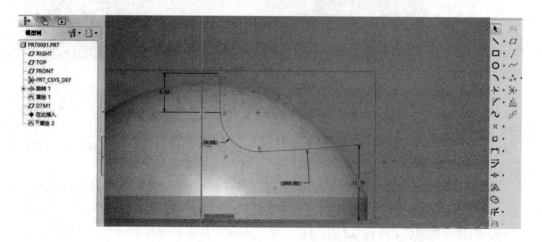

图 7.21　在基准平面上绘制草图

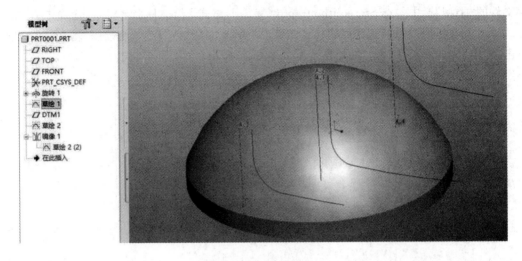

图 7.22　镜像草图特征

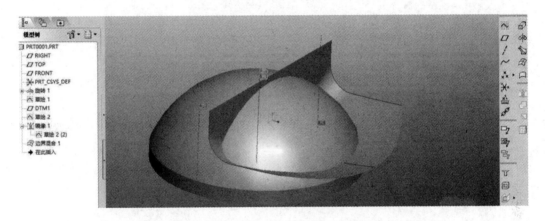

图 7.23　创建边界混合

图 7.24　镜像边界混合特征

（8）选择"文件"→"另存为"→"保存副本"，如图 7.25 所示。在弹出的对话框中，在保存文件的"类型"栏中勾选 Stereolithography(＊.stl)格式，给文件命名后点击【确定】，如图 7.26 所示。在进行参数的选择时将格式选为"二进制"，"弦高"和"角度控制"输入"0"，然后点击【确定】完成 STL 格式文件的导出，如图 7.27 所示。

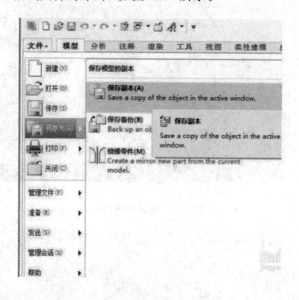

图 7.25 "保存副本"菜单

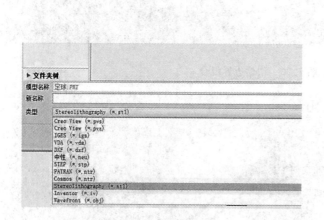

图 7.26 选择保存类型

图 7.27 "导出 STL"界面

7.1.5 SolidWorks 软件与 STL 建模

1993 年，PTC 公司的技术副总裁与 CV 公司的副总裁发起成立了 SolidWorks 公司，并于 1995 年推出了第一套 SolidWorks 三维机械设计软件。该软件是世界上第一个基于 Windows 系统开发的三维 CAD 系统，其技术创新符合 CAD 技术的发展潮流和趋势。SolidWorks 软件具有功能强大、组件繁多、易学易用和技术创新等优点，已成为领先的主流三维 CAD 解决方案。采用 SolidWorks 系统进行物体的三维模型设计的步骤如下：

（1）打开 SolidWorks 软件，新建一个空白的零件，保存为"五角星"，如图 7.28 所示。

图 7.28　新建零件

（2）点击工具栏中的"草图绘制"，再点击基准坐标系中的上视基准面，进入草图，如图 7.29 所示。

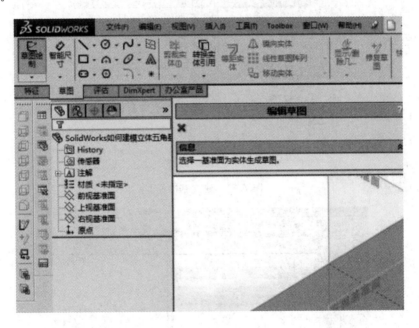

图 7.29　草图编辑页面

（3）激活多边形命令，画一个五边形，中心点是原点，激活直线命令，连接顶点。激活裁剪命令，裁剪出空心的五角星，如图 7.30 所示，点击"退出草图"。

（4）点击工具栏中的基准面，再点击设计树中的"上视基准面"，设置距离为"10"，点击"√"，完成基准面的新建，如图 7.31 所示。

（5）选中基准面，点击工具栏中的"草图绘制"，进入草图环境，在原点处创建一个点，点击"退出草图"，如图 7.32 所示。

（6）点击工具栏中的"放样凸台/基体"，轮廓选择两个草图，点击"√"，完成并结束本次放样操作，如图 7.33 所示。

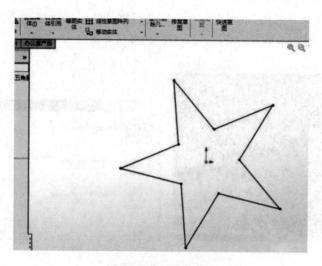

图 7.30　绘制五角星

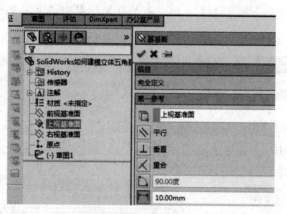

图 7.31　建立基准面

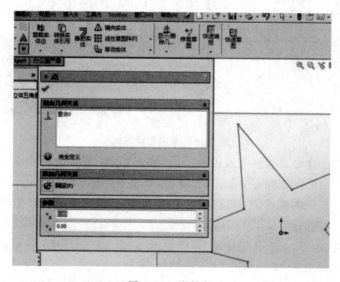

图 7.32　绘　制　点

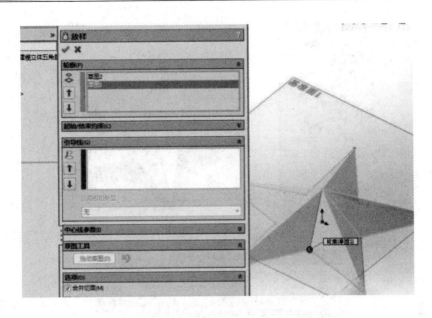

图 7.33　"放样"页面

（7）点击工具栏中的镜像命令，选择上视基准面为镜像平面，点击"√"，完成并结束镜像操作，如图 7.34 所示。

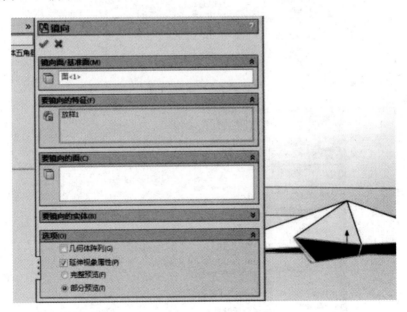

图 7.34　镜像

（8）隐藏原点。至此，完成立体五角星的建模，如图 7.35 所示。

（9）点击"文件"→"另存为"，如图 7.36 所示。在弹出的"另存为"对话框中，"保存类型"栏目选择" STL（＊.stl)"，如图 7.37 所示。然后，点击【保存】，完成格式转换。

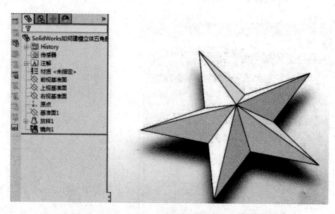

图 7.35 完成建模

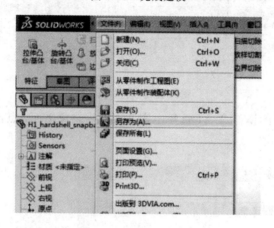

图 7.36 "另存为"菜单

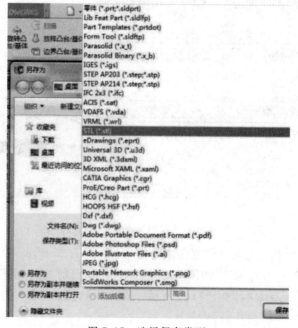

图 7.37 选择保存类型

7.2 3D 打印机与耗材

7.2.1 3D 打印机的分类

3D 打印机是以 3D 打印技术为主，结合添加剂、制造技术和快速成形技术的一种机器。按照应用层次，3D 打印机可分为工业级打印机（简称工业机）和桌面级打印机（简称桌面机）。这两类打印机主要从以下几个方面来进行区分：

（1）打印精度。桌面机目前采用 FDM、SLA 两种技术。从数据上看，工业机和桌面机差别不大。FDM 的最小分辨率由打印挤出口的大小决定，基本都在 0.3~0.6 mm 之间，层厚由 Z 轴决定。桌面机多用步进电机，而工业机则采用伺服电机，在实际打印过程中可避免因失步等导致精度失真的问题。

（2）打印速度。打印速度是工业机和桌面机的另一重要区别。桌面机由于在成本上受到限制，因此多采用 16 位和 32 位芯片作为主控芯片，数据处理速度难以和 64 位的 CPU 相比。采用 FDM 技术的工业机和桌面机，由于精度的原因，其差别不大；但采用 SLA 技术的工业机和桌面机，前者的扫描速度最多为 1 m/s，而后者的扫描速度为 7~15 m/s。

（3）打印支撑的设计和去除质量。打印支撑和打印实体可分与否是区分工业机和桌面机的最重要标志。工业机应用在实际生产领域，对最后的打印效果有较高的可控性要求。对于桌面机，无论采用 FDM 还是采用 SLA，由于支撑和实体在打印过程中是不区分的，因此打印结束后支撑的剥离是个不可控的因素，往往会导致剥离失败，进而破坏实体。工业机从根本上解决了这个问题，对实体和支撑采用不同的速率和激光能量打印，使支撑和实体固化为不同的材料，从而达到易剥离的目的。

（4）打印尺寸。打印尺寸是区分桌面机和工业机的重要指标。3D 打印机可以打印不同尺寸的物品，一般来说，支持打印的尺寸越大，打印机的价格越高。工业机一般可打印体积较大的物品，适用于规模化的生产。但大的体积会导致系统复杂性成倍增加，材料成本也增加。另外，工业机不像家用打印机设计简单，一般还有各种关于合规的设计，以符合不同工业的要求，这些也都会增加造价。

（5）打印可靠性，即打印成功率。打印可靠性是区分桌面机和工业机的重要指标。3D 打印过程通常很漫长，一般至少要几小时，只要有一个细节没有处理好，打印就会失败。此时其他细节的打印精度再高，也是没有意义的，毕竟整个材料都已经浪费了。现在，即使号称业界最稳定的桌面级 3D 打印机，其打印成功率也只有 70% 多一些，这会造成大量材料的浪费。而工业机的打印成功率几乎能到 100%，大大提高了生产效率，降低了人力、时间等成本。

（6）打印过程的自检测功能。基于成本及体积的原因，桌面机对打印过程没有自动校正和检测功能，而此项设计是工业机的标配。

（7）应用领域。工业机广泛应用于航空、航天、汽车制造、医疗、模具、珠宝制作等行业，购买者大多为大型企业以及制造分包商；而桌面机更多用于教育、创客和简单模型制作，客户主要是大中小学、MAKER 以及创意个人。

（8）价格。工业机是 3D 打印行业真正的"白富美"，技术含量高，专利等竞争门槛将大多数企业排除在外，目前属于卖方市场。桌面机的价格在 2000 元到 10 万元不等，销售方式主要依靠招投标，以及淘宝、京东等零售市场。

7.2.2 桌面级打印机

本书主要介绍上海复志信息技术有限公司生产的 Raise3D Pro2 桌面级打印机。Raise3D Pro2 打印机采用的是 FDM 技术，其结构如图 7.38 所示。

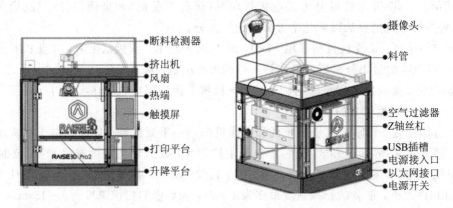

图 7.38　Raise3D Pro2 打印机结构

（1）主体。Raise3D Pro2 打印机为全金属框架，移动平稳，定位精确，兼容多种 3D 打印材料，配备了节省工料的控制装置、用于有效监控 3D 打印过程的 7 英寸触摸屏和 HEPA 空气过滤器。

（2）挤出机。Raise3D Pro2 打印机采用电动升降双喷头挤出系统，即有两个挤出机，结构如图 7.39 所示，支持打印复杂的机械部件，可同时使用不同耗材，提高打印速度。挤出机（Extruder）的结构示意图如图 7.40 所示，基本工作原理是：一盘硬的料丝（Filament）（ABS 或 PLA 等）通过步进电机（Stepper Motor）的送丝轮进入加热头（Heater）的黄铜喷嘴内。喷嘴有一个加热腔，并连接发热电阻，可将料丝加热到预定温度。加热装置一般由电热调节器（Thermistor）或热电偶（Thermocouple）进行温控。料丝加热会熔化，步进电机的转动会带动后续未熔化的料丝前进，并将已熔化的料丝顶出，完成挤出过程。

（3）热端和冷端。在图 7.40 中，进入黄铜喷嘴加热之前的部分，称为冷端，材料在冷端时温度必须低于 80℃，以防材料变软而失去下推力。热端是挤出机的重要部分，它可让料丝从黄铜喷嘴的入口进入，一般 3 mm 的料丝使用 5 mm 入口的喷嘴，1.75 mm 的

图 7.39　Raise3D Pro2 打印机的挤出机

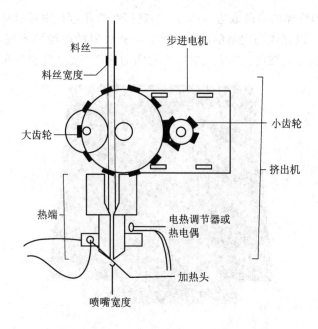

图 7.40　挤出机结构示意图

料丝使用 2 mm 入口的喷嘴。热端要求材料液化后保持良好的流动性，并且在喷嘴尖端让材料尽可能达到固化点，以确保材料一旦从喷嘴流出，接触到空气之后立刻冷却凝固。冷端和热端应隔断，这样可以防止挤出丝被过度熔化。隔断的材料要采用耐高温的隔热材料和胶带。Raise3D Pro2 打印机的热端如图 7.41 所示，两个热端分别是两个挤出机中用来熔化材料的部件，熔化后的材料从喷嘴里面以丝状物喷出来。

图 7.41　Raise3D Pro2 的热端

　　（4）打印底板。打印底板也叫打印平台、热床、加热板（Heat Bed），是熔融沉积型（FDM）3D 打印机特有的配件（见图 7.42），其主要作用是在 ABS 或 PLA 材料打印过程中防止翘曲。挤出机挤出材料后，材料会冷却，并在冷却过程中出现体积收缩。如果材料在整体打印完成之前发生收缩，将导致成形物体扭曲形变，影响后续的打印过程，这种翘曲通常会出现在 3D 打印物体的角落或边缘部分。加热板在打印过程中对材料进行加热，并使材料保持一定的温度，以完成高质量的物体打印。不同材料的收缩率不同，导致翘曲的程度也有差异。但是翘曲是必然的，热床只能减小翘曲的程度，无法完全避免翘曲。

图 7.42　Raise3D Pro2 打印机热床实物图

　　（5）XY 轴。Raise3D Pro2 打印机的 XY 轴运动采用了交叉式滑杆机构，如图 7.43 所示。挤出机构悬挂在滑杆上，在滑杆上进行 X 轴方向和 Y 轴方向的运动，不在 Z 轴方向运动，也不需要随运动机构一起来回运动。打印平台不需要在 XY 方向做运动，只需要在 Z 轴方向做精确分层运动。这样的结构设计使得步进电机带动的负载极轻，可以大大提高打印速度和精确度。

　　（6）丝杠。丝杠的主要功能是将旋转运动转换成线性运动，或将扭矩转换成轴向反复作用力。丝杠具有较小的摩擦阻力，被广泛应用于各种工业设备和精密仪器中。Raise3D Pro2 打印机的升降平台的上升和下降运动通过丝杠的旋转运动实现，打印机的 Z 轴方向与丝杠的方向一致，如图 7.44 所示。

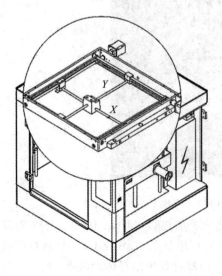
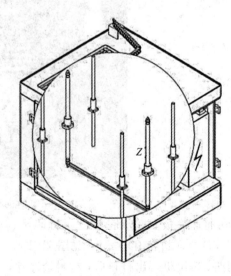

图 7.43　交叉式滑杆机构及 XY 轴　　　　　　图 7.44　丝杠和 Z 轴

（7）触摸屏。触摸屏是 Raise3D Pro2 打印机传动系统的核心部件，负责整体机械机构的有序调度。图 7.45 和图 7.46 分别是触摸屏的"首页"和"参数调节"界面。

图 7.45　"首页"界面

图 7.46　"参数调节"界面

"首页"页面显示打印文件的相关参数。其中：

- 左·挤出头温度：左挤出头的温度。上方为当前温度，下方为目标温度。
- 右·挤出头温度：右挤出头的温度。上方为当前温度，下方为目标温度。
- 热床温度：加热板的温度。上方为当前温度，下方为目标温度。
- 当前文件：当前打印文件的名称。
- 打印时间：打印所需总时长和剩余时长。上方代表剩余时长，下方代表总需时长。单击"打印时间"可以查看打印该模型所需总时长。
- 打印进度：模型打印的进度。
- 打印高度：模型已打印的高度。单击"打印高度"，可以查看当前打印层和模型的总层数。点击打印高度旁边的切换图标，可以切换查看当前打印的层数和层高的百分比显示。

"参数调节"页面反映打印机的运动参数。其中：

- 左·挤出头温度：左挤出头的温度。
- 右·挤出头温度：右挤出头的温度。

如使用双喷嘴，则显示"左·挤出头温度"和"右·挤出头温度"；如使用单喷嘴，则只显示"左·挤出头"或"右·挤出头温度"。

- 热床温度：加热板的温度。
- 打印速度：打印模型的速度。（此速度为百分比，假设填充速度为 50 mm/s，打印速度为 60％，则实际填充速度为 30 mm/s）
- 风扇速度：可控风扇的速度。打印机侧面的冷却风扇，如图 7.47 所示。
- 左·挤出头流量：左挤出头的流量。
- 右·挤出头流量：右挤出头的流量。

图 7.47　打印机的冷却风扇

图 7.48 是触摸屏上的"机器控制"界面。"机器控制"页面包括两个部分："控制电机马达工作"和"耗材进退料"。X/Y 轴和 Z 轴底板可以在此页面进行调节，同时，还可控制左右挤出头的进料和退料。

：X/Y 轴归位，：Z 轴归位。为了保证打印物体的质量，打印前应对 Z 轴进行复位，使挤出机恢复初始位置。喷头和打印平台之间的最佳距离为 0.2 mm，可使用塞尺检查，在喷头与打印底板之间滑动塞尺时，可以感觉到些微阻力，如图 7.49 所示。如果喷头和打印平台之间的距离不合适，可通过转动打印板左前角上的手拧螺丝加以调节，螺丝凸出越高，喷头和打印平台之间的初始距离越远，如图 7.50 所示。每次调整完，都应归位并确认高度。

：解禁 5 个电机。如果使用喷嘴打印机，则解禁 4 个电机。该标识非警示标志，若 X/Y 轴归位，机头将无法手动移动，需单击该按钮解禁电机，移动机头。

单击【进料】，在加热到目标温度之后，单击【开始进料】，打印机将自动进料，单击【确定】，完成进料。

图 7.48　"机器控制"界面

单击【退料】，在达到目标温度后，可选择【开始退料】或【预挤出】。Raise3D Pro2 打印机可自动进行预退料，如直接单击【开始退料】进行退料。

单击温度上下的箭头，可设置进/退材料的温度。推荐设置高于耗材推荐打印温度的 5～10℃，例如，PLA 设置为"215℃"。

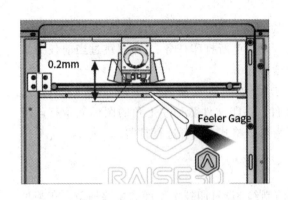

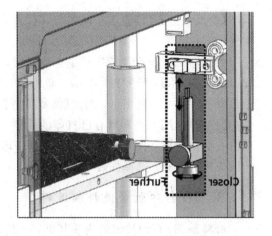

图 7.49 喷头和打印平台的间距 图 7.50 喷头和平台间距的调整

■: 手动进料或退料。向下箭头表示进料，向上箭头表示退料。若使用双喷嘴打印机，可单击左喷嘴或者右喷嘴进行喷嘴切换。

图 7.51 是触摸屏上的"开始打印"界面。可在此页面查看历史打印记录、上传列表和打印模型信息，可以采用三种方式打印，如本地文件、SD 卡或者 USB 设备。Raise3D Pro2 打印机不支持 SD 卡打印。

单击【上传列表】，可查看通过有线网或者无线网上传的打印文档。打印文档通过 ideaMaker 直接上传到打印机，在页面中可查看上传速度、上传时间等。上传的模型保存在触屏内，单击模型文件，可查看模型文件的基本信息，如图 7.52 所示。

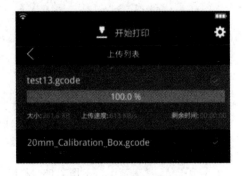

图 7.51 "开始打印"界面 图 7.52 "上传列表"界面

【恢复任务】允许查看中断的打印任务，可选择未完成的打印任务继续打印或重新打印文件。

当打印机重新启动或串口重新连接时，如检测到打印任务中断，屏幕会弹出恢复页面。单击【继续打印】，恢复打印任务。单击【重新打印】，重新打印任务。单击【跳过当前任务】，退出页面。还可在退出后，通过【恢复任务】继续该任务。

【打印统计】可查看所有已打印的模型。单击"添加标签"，可为打印过的任务添加标签。单击右上角的漏斗图形，可按标签搜索打印文件。打印文件队列左上角的图标展示打印成功或失败的信息。选择列表中的文件，若文件为可读格式，则可进行打印。

7.2.3 3D 打印机的进料和退料

材料是 3D 打印技术的物质基础，也是当前制约 3D 打印技术发展的主要瓶颈。在某种程度上，材料技术的发展决定着 3D 打印技术能否有更大的发展空间和广泛应用。3D 打印材料与 3D 打印技术相辅相成，3D 打印技术诞生于 20 世纪 80 年代，但是，近些年才有了飞速的发展，这在很大程度上就是受制于当时材料科学的发展水平。目前，3D 打印材料主要包括工程塑料（ABS、PLA 等）、光敏树脂、橡胶类材料、金属材料、陶瓷材料等，除此之外，彩色石膏材料、人造骨粉、细胞生物材料及砂糖、面粉、巧克力等食品材料也在 3D 打印领域得到广泛应用。3D 打印所用到的原材料都是针对 3D 打印设备和工艺专门研发而成，与普通的塑料、石膏、树脂等材料有所区别。

Raise3D Pro2 打印机采用的是熔融沉积技术，目前，主要使用 PLA 进行打印，其进料和退料过程如下：

（1）安装打印耗材。打开打印机侧门，先将料架固定于安装点，再把打印耗材安装在料架上。如将耗材安装在 B 和 D 点，应按顺时针方向放置；如将耗材安装在 A 和 C 点，则应按逆时针方向放置，如图 7.53 所示。

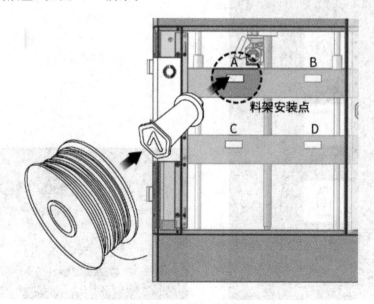

图 7.53 料架上安装耗材

（2）安装耗材。找到打印耗材开端，并将其塞进料管中。拿起料管，将耗材端插入挤出机，直至感觉到进料齿轮已将其夹住，如图7.54所示。

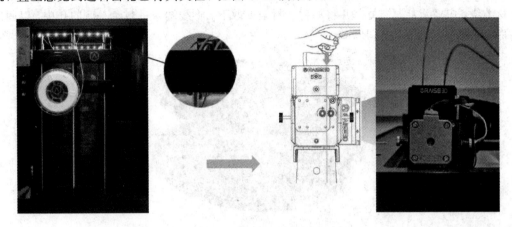

图7.54 安装耗材

（3）进料。进料操作如图7.55所示，点击触摸屏上的【机器控制】按钮，设置喷嘴的温度为适应于当前材料的进料温度（Raise3D PLA 的默认进料温度为215℃。通常情况下，其他材料的推荐目标温度比平常打印温度高5～10℃）。点击【进料】按钮，打印机开始加热，达到指定温度时，点击【进料】，挤出机开始进料。直至喷嘴均匀挤出耗材，点击【OK】，完成进料。

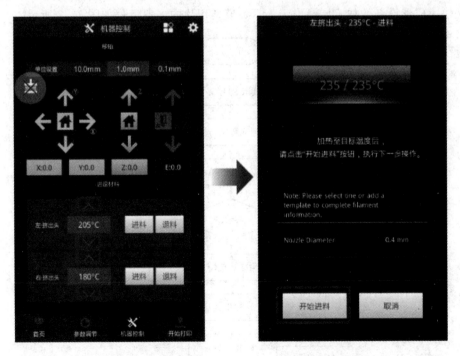

图7.55 进料

（4）退料。点击【机器控制】按钮，设置每个喷嘴的温度。退料使用与进料过程一致的温度操作指南。点击【退料】按钮，打印机开始加热，达到指定温度时，点击【退料】。挤出机会自动开始预加热，预加热完成则开始退料。直至耗材完全回退，点击【OK】，完成退料。

（5）结束。为了退料后存储材料，转动料盘直至耗材完全退出料管，以防耗材缠结。如耗材缠绕，应留意耗材末端，并将耗材从料架上取下，将线端塞进料盘一侧的孔中，以固定耗材防止缠绕，如图 7.56 所示。

图 7.56　材料的固定

7.3　ideaMaker 切片软件

3D 打印技术中文件的切片处理过程就是用一系列平行的平面（法向一般取 Z 轴方向）切割 STL 模型，可等距切片，也可不等距切片，具体切片大小根据加工精度、加工的时间要求及快速成形设备的加工层厚确定。STL 模型切片的一般流程如图 7.57 所示。

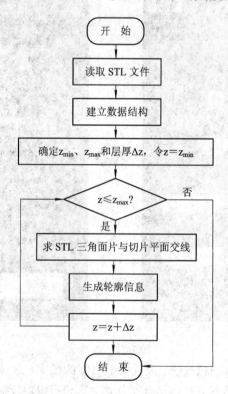

图 7.57　STL 三维模型切片流程

3D 打印中用切片软件对 STL 模型进行切片。目前，最常用的 3D 打印切片软件有 Simplify3D、MakerWare、Cura、Slic3r 和 Repetier-Host，这些切片软件的主要功能是将 STL、OBJ 等格式的文件转换成 3D 打印机可以识别和执行的 GCode 代码，从而让机器按照代码程序进行实体模型的打印。Raise3D Pro2 打印机配套的切片软件为 ideaMaker，因此，Raise3D Pro2 打印机进行 3D 打印时，采用 ideaMaker 进行切片。

7.3.1　软件下载与安装

登录网站 http：//www. raise3d. cn/ideaMaker/，可获取切片软件 ideaMaker。ideaMaker 的安装步骤如下：

（1）双击软件安装文件，并选择需要的安装包语言，单击【下一步】，如图 7.58 所示。如果使用旧版本 ideaMaker 或者需要重新安装，应先结束所有 ideaMaker 进程，再进行安装，否则可能会报错。安装前，打开任务管理器，确认所有 ideaMaker 进程已结束。

图 7.58　选择安装语言

（2）"许可证协议"选择【我接受】，并为系统选择安装路径，然后，单击【下一步】，如图 7.59 所示。

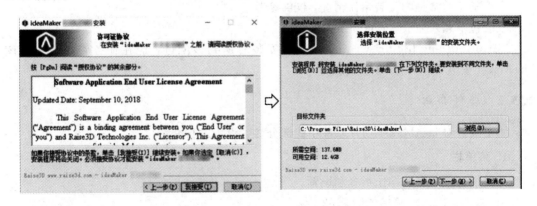

图 7.59　许可证协议及选择安装路径

（3）根据指示单击【安装】，安装软件会自动检测 Microsoft Visual C＋＋ 2008 SP1 Redistributable（如电脑上已安装该软件，则不需要选择此选框）。安装结束，点击【下一步】，进入下一个步骤，如图 7.60 所示。

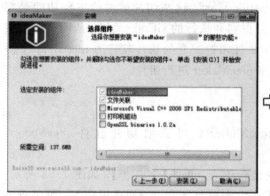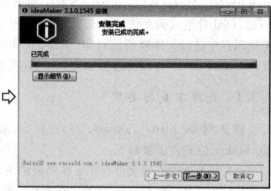

图 7.60 安装

（4）点击【完成】，ideaMaker 安装完成，如图 7.61 所示。

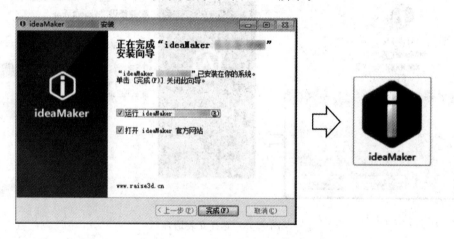

图 7.61 安装完成

以下是一些常见的安装错误情况，仅供参考：

安装包下载未完成，需重新下载安装包。

"Error opening file for writing"，若在安装时遇到该问题，应在任务管理栏中关闭 ideaMaker 安装程序，点击【重试】。

7.3.2 软件介绍

本书只针对 ideaMaker 切片软件中的部分参数设置进行介绍。

1. 菜单栏

菜单栏包括所有的操作指令和设置。

（1）文件。"文件"菜单如图 7.62 所示。

（2）编辑。"编辑"菜单如图 7.63 所示。

（3）切片。"切片"菜单如图 7.64 所示。

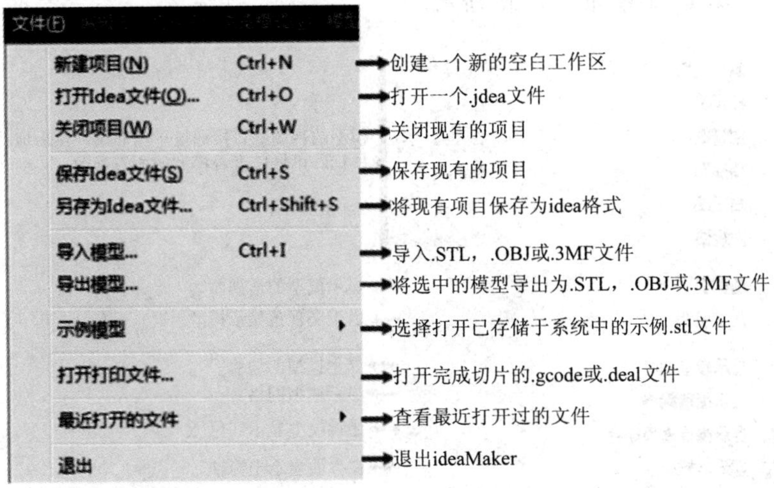

图 7.62　"文件"菜单

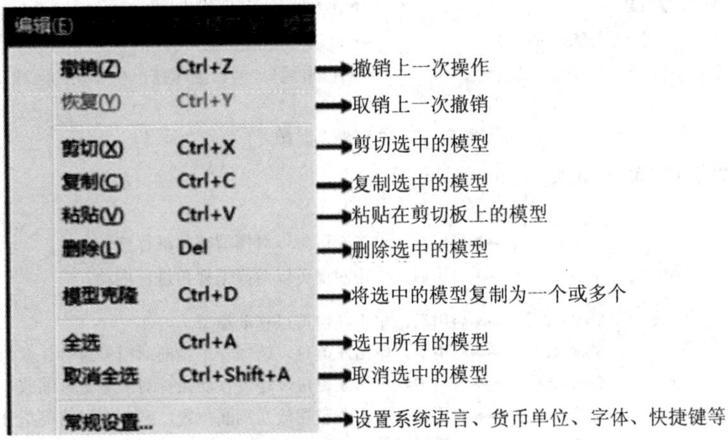

- 新建项目(N)　Ctrl+N　→创建一个新的空白工作区
- 打开Idea文件(O)...　Ctrl+O　→打开一个.jdea文件
- 关闭项目(W)　Ctrl+W　→关闭现有的项目
- 保存Idea文件(S)　Ctrl+S　→保存现有的项目
- 另存为Idea文件...　Ctrl+Shift+S　→将现有项目保存为idea格式
- 导入模型...　Ctrl+I　→导入.STL，.OBJ或.3MF文件
- 导出模型...　→将选中的模型导出为.STL，.OBJ或.3MF文件
- 示例模型　→选择打开已存储于系统中的示例.stl文件
- 打开打印文件...　→打开完成切片的.gcode或.deal文件
- 最近打开的文件　→查看最近打开过的文件
- 退出　→退出ideaMaker

图 7.63　"编辑"菜单

- 撤销(Z)　Ctrl+Z　→撤销上一次操作
- 恢复(Y)　Ctrl+Y　→取消上一次撤销
- 剪切(X)　Ctrl+X　→剪切选中的模型
- 复制(C)　Ctrl+C　→复制选中的模型
- 粘贴(V)　Ctrl+V　→粘贴在剪切板上的模型
- 删除(L)　Del　→删除选中的模型
- 模型克隆　Ctrl+D　→将选中的模型复制为一个或多个
- 全选　Ctrl+A　→选中所有的模型
- 取消全选　Ctrl+Shift+A　→取消选中的模型
- 常规设置...　→设置系统语言、货币单位、字体、快捷键等

图 7.64　"切片"菜单

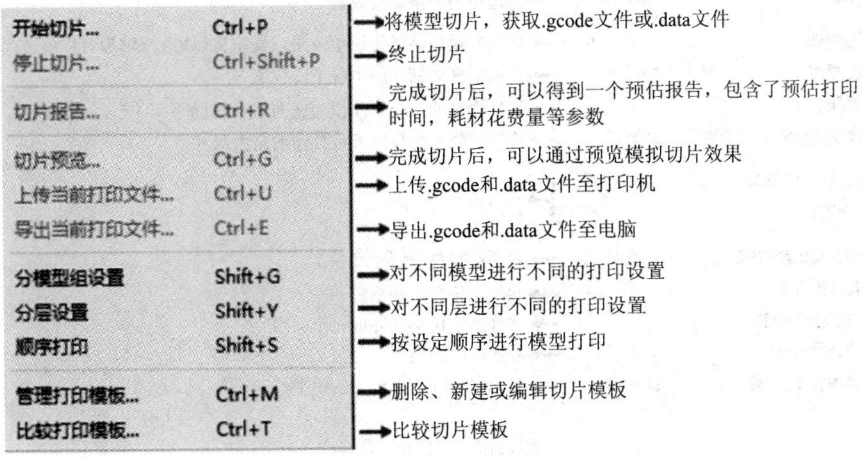

- 开始切片...　Ctrl+P　→将模型切片，获取.gcode文件或.data文件
- 停止切片...　Ctrl+Shift+P　→终止切片
- 切片报告...　Ctrl+R　→完成切片后，可以得到一个预估报告，包含了预估打印时间，耗材花费量等参数
- 切片预览...　Ctrl+G　→完成切片后，可以通过预览模拟切片效果
- 上传当前打印文件...　Ctrl+U　→上传.gcode和.data文件至打印机
- 导出当前打印文件...　Ctrl+E　→导出.gcode和.data文件至电脑
- 分模型组设置　Shift+G　→对不同模型进行不同的打印设置
- 分层设置　Shift+Y　→对不同层进行不同的打印设置
- 顺序打印　Shift+S　→按设定顺序进行模型打印
- 管理打印模板...　Ctrl+M　→删除、新建或编辑切片模板
- 比较打印模板...　Ctrl+T　→比较切片模板

（4）浏览。"浏览"菜单如图 7.65 所示。

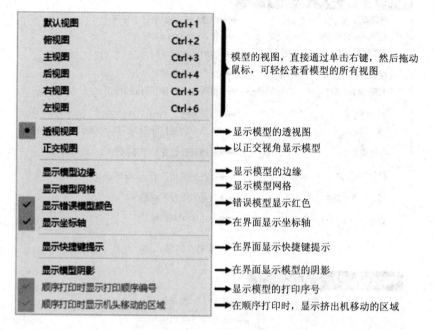

默认视图	Ctrl+1
俯视图	Ctrl+2
主视图	Ctrl+3
后视图	Ctrl+4
右视图	Ctrl+5
左视图	Ctrl+6

模型的视图，直接通过单击右键，然后拖动鼠标，可轻松查看模型的所有视图

透视视图 —→ 显示模型的透视图
正交视图 —→ 以正交视角显示模型

显示模型边缘 —→ 显示模型的边缘
显示模型网格 —→ 显示模型网格
✓ 显示错误模型颜色 —→ 错误模型显示红色
✓ 显示坐标轴 —→ 在界面显示坐标轴

显示快捷键提示 —→ 在界面显示快捷键提示

显示模型阴影 —→ 在界面显示模型的阴影
顺序打印时显示打印顺序编号 —→ 显示模型的打印序号
顺序打印时显示机头移动的区域 —→ 在顺序打印时，显示挤出机移动的区域

图 7.65 "浏览"菜单

（5）模型。"模型"菜单如图 7.66 所示。

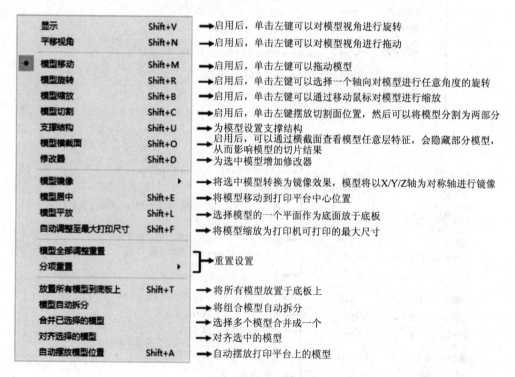

显示	Shift+V
平移视角	Shift+N
模型移动	Shift+M
模型旋转	Shift+R
模型缩放	Shift+B
模型切割	Shift+C
支撑结构	Shift+U
模型横截面	Shift+O
修改器	Shift+D
模型镜像	▶
模型居中	Shift+E
模型平放	Shift+L
自动调整至最大打印尺寸	Shift+F
模型全部调整重置	
分项重置	▶
放置所有模型到底板上	Shift+T
模型自动拆分	
合并已选择的模型	
对齐选择的模型	
自动摆放模型位置	Shift+A

显示 —→ 启用后，单击左键可以对模型视角进行旋转
平移视角 —→ 启用后，单击左键可以对模型视角进行拖动
模型移动 —→ 启用后，单击左键可以拖动模型
模型旋转 —→ 启用后，单击左键可以选择一个轴向对模型进行任意角度的旋转
模型缩放 —→ 启用后，单击左键可以通过移动鼠标对模型进行缩放
模型切割 —→ 启用后，单击左键摆放切割面位置，然后可以将模型分割为两部分
支撑结构 —→ 为模型设置支撑结构
模型横截面 —→ 启用后，可以通过横截面查看模型任意层特征，会隐藏部分模型，从而影响模型的切片结果
修改器 —→ 为选中模型增加修改器
模型镜像 —→ 将选中模型转换为镜像效果，模型将以X/Y/Z轴为对称轴进行镜像
模型居中 —→ 将模型移动到打印平台中心位置
模型平放 —→ 选择模型的一个平面作为底面放于底板上
自动调整至最大打印尺寸 —→ 将模型缩放为打印机可打印的最大尺寸
重置设置
放置所有模型到底板上 —→ 将所有模型放置于底板上
模型自动拆分 —→ 将组合模型自动拆分
合并已选择的模型 —→ 选择多个模型合并成一个
对齐选择的模型 —→ 对齐选中的模型
自动摆放模型位置 —→ 自动摆放打印平台上的模型

图 7.66 "模型"菜单

"模型"菜单内的模型移动、模型旋转、模型缩放、模型切割、支撑结构、修改器等已经预设在工具栏内，可直接通过对应按钮在工具栏上使用。

(6) 修复。"修复"菜单如图 7.67 所示。

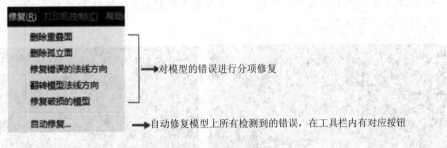

图 7.67 "修复"菜单

(7) 打印机控制。"打印机控制"菜单如图 7.68 所示。

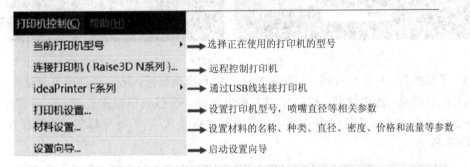

图 7.68 "打印机控制"菜单

(8) 帮助。"帮助"菜单如图 7.69 所示。

图 7.69 "帮助"菜单

2. 工具栏

工具栏用于调整模型的功能按钮,这些按钮是菜单栏中部分功能的快捷键,如图 7.70 所示。

图 7.70 工具栏

(1) 添加:添加一个新的.stl、.obj 或.3mf 文件。

(2) 删除:删除选中的模型。

(3) 浏览:可选择模型由左喷嘴或右喷嘴打印,并设置颜色进行区分。当喷嘴数量为 2

时，打印喷嘴显示左喷嘴和右喷嘴，可选择打印模型的喷嘴；当喷嘴数量为 1 时，打印喷嘴显示主喷嘴即为左喷嘴，如图 7.71 所示。单击【浏览】按钮，再单击鼠标左键并拖曳鼠标，可以不同的视角查看模型。

图 7.71　选择喷嘴

（4）平移视角：单击该按钮，可按住鼠标左键并拖曳鼠标，从而平移视角浏览模型。

（5）模型移动：选中模型，按住左键并拖曳鼠标，可移动模型的位置，红色代表 X 方向，绿色代表 Y 方向，蓝色代表 Z 方向；也可通过修改 X/Y/Z 的坐标值，使其移动位置，如图 7.72 所示。

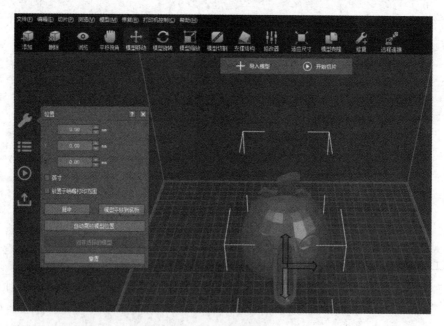

图 7.72　模型移动

① 居中：将模型移动至底板的中心位置。

② 模型平放到底板：单击该按钮，模型将被平放在打印底板上。

③ 自动摆放模型位置：当同时打印多个文件时，可自动摆放多个模型。

④ 对齐选择的模型：当同时打印多个文件时，可根据设计模型的默认位置，自动对齐。

⑤ 如开启顺序打印功能，则将按挤出头占用面积排列模型。

（6）模型旋转：使用此按钮，可通过鼠标左键拖曳方向旋转模型；也可输入确切的数值旋转模型；或者单击旋转按钮进行模型旋转。

Roll：沿 Y 轴旋转；Pitch：沿 X 轴旋转；Yaw：沿着 Z 轴旋转，如图 7.73 所示。

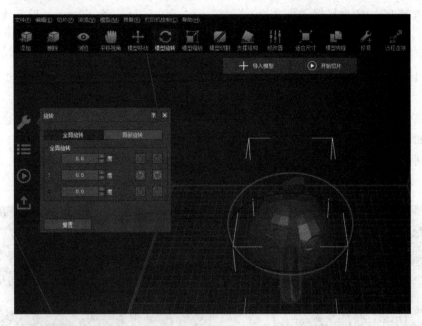

图 7.73　模型旋转

⑦ 模型缩放：单击该按钮，可通过鼠标左键缩放模型，也可在左侧对话框中输入一个数值，改变模型的尺寸大小，如图 7.74 所示。

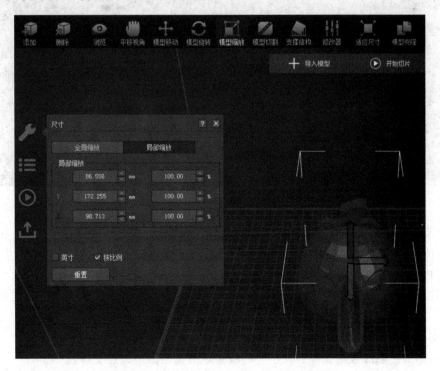

图 7.74　模型缩放

① 全局缩放：参照打印机坐标系。

② 局部缩放：参照模型自身坐标系。

例如，导入 X 方向长为 20 mm、Y 方向长为 10 mm、Z 方向长为 30 mm 的长方体。在 X 轴方向旋转 90°，则全局旋转尺寸为：X：20 mm，Y：5 mm，Z：60 mm；局部旋转尺寸为 X：20 mm，Y：60 mm，Z：5 mm。

③ 英寸：根据需求选择 X/Y/Z 坐标值的单位，英寸或 mm。

④ 按比例：长、宽、高按同比例进行缩放。尺寸旁边的百分比显示原始尺寸的相对比例。

（8）模型切割：单击该按钮，出现一个平面将模型分割为两部分，可自定义这个切割面的位置，如图 7.75 所示。

有 3 种方式可切割已选中的模型。方式 1：移动红色、蓝色、绿色箭头；方式 2：旋转红色、蓝色、绿色圆圈；方式 3：直接在对话框中输入数值。

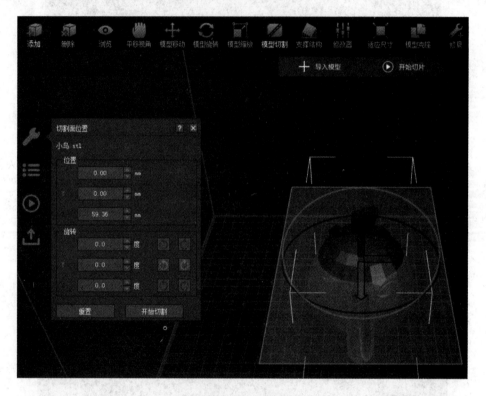

图 7.75　模型切割

（9）支撑结构：单击此按钮，可为模型添加支撑结构。如模型已经存在支撑，在生成新支撑前，ideaMaker 会询问是否清除已有支撑，如图 7.76 所示。

① 自动支撑：自动生成支撑。

② 柱状支撑大小：每个柱状支撑的大小。只有当支撑形状为柱状时，柱状支撑大小才有效。

③ 支撑结构角度：当打印需要支撑时的最小支撑结构角度。

④ 仅添加接触底板的支撑：只在与底板接触的模型面上添加支撑。

图 7.76　生成支撑

⑤ 手动支撑：手动添加一个柱状支撑，删除一个柱状支撑，编辑支撑尺寸。

（10）修改器：选择一些模型作为其他模型的支撑结构。单击【＋】或者【添加修改器】，增加模型；单击【－】，删除修改器；单击【编辑】，编辑修改器名称，如图 7.77 所示。

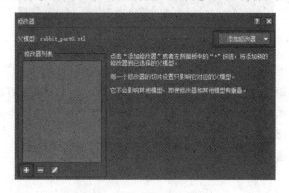

图 7.77　"修改器"页面

① 修改与父模型重叠部分的切片设置：ideaMaker 可修改与父模型重叠部分的参数。单击【＋】，添加切片设置，例如主体结构、填充、支撑等；单击【－】，删除切片设置，如图7.78 所示。

图 7.78　添加切片设置

② 合并修改器和父模型相同设置的内壁和外壁：启用此项功能时，ideaMaker 会合并修改器和父模型，以防有任何瑕疵留在打印出来的模型上。例如：如"模型壁厚"在主模板

中设置为 2，在修改器中设置"模型壁厚"为 3，ideaMaker 会使用相同的设置，打印前两层模型壁，但是会以修改器的设置单独打印第三层模型壁。此功能仅适用于修改器和父模型的前几个具有相同设置的层。这个选项在默认情况下是禁用的。

③ 支撑结构：ideaMaker 会将修改器列表中的模型作为父模型的支撑，如图 7.79 所示。单击【十】，添加打印设置。开启"修改器中生成支撑结构"功能时，ideaMaker 会在修改器中自动生成支撑，此项功能默认为开启。

图 7.79　支撑结构编辑设置

（11）适应尺寸：单击这个按钮，选中的模型将放大至打印机可打印的最大尺寸。

（12）模型克隆：单击这个按钮，可以将模型按指定数量复制。

（13）修复：自动修复模型上检测到的所有错误。

（14）远程连接：通过无线网络，远程连接、操控打印机。

3. 操控特性

该区域将展示所选中模型的信息，根据启用的不同工具按钮，出现不同操控功能对应的模型信息。如图 7.71～图 7.76 所示，也可设置打印机的安全打印距离（打印机控制-打印机设置-到打印底板边缘间距）。到打印底板边缘间距是距离打印底板的边缘一定的安全距离，此功能用于检测模型是否在挤出机的打印范围内。

4. 模型列表

该区域展示工作区内所有模型的基本参数，例如模型的数量、尺寸、模型面的个数等参数，如图 7.80 所示。

图 7.80　模型列表

5. 切片

切片可选择菜单栏中的"切片-开始切片"，也可选择主界面中的 ▶ 开始切片 。

① 打印模板：包括打印的一些参数，可直接使用默认模板，如图 7.81 所示。

图 7.81 打印模板

① 新建：建一个新的打印模板，在此页面可修改模板名称、打印机类型、耗材类型和复制模板。创建一个新的打印模板，在可选模板列表里就会出现新的打印模板。

② 复制：从已有打印模板中复制新的打印模板。ideaMaker 将新模板自动命名为"新模型 1"，也可重命名该模板。

（2）编辑打印模板：单击图 7.81 中的【编辑】，可在切片时，通过编辑打印模板中的另一些参数，对最终打印效果进行优化。选择一个模板，如图 7.82 所示。

图 7.82 "编辑打印模板"页面

① 填充率：模型内部填充的密度，填充越多，模型就会越坚固，耗材和耗时也越多。0％填充率打印出的是一个空心模型，100％填充率打印出的是一个实心模型。

② 模型壁厚：模型外壁的层数。

③ 底板附加：在模型的第一层下额外增加一个底座，用于增加模型与打印平台之间的接触面积。Skirt 表示在模型周围打印一圈耗材，以保证模型第一层流量稳定；Raft 表示在模型底层打印几层厚层，以帮助模型更好地黏合底板；Brim 表示在模型的四周只打印一层，以扩大模型与底板的接触面，如图7.83 所示。

图 7.83 底板附加类型

④ 支撑结构：支撑模型可打印出悬空特征的结构。"无"表示不设置任何支撑结构；"仅外部支撑"表示只为模型外表面的悬空特征添加支撑结构；"所有"表示为模型所有悬空特征添加支撑结构。外部和所有支撑如图 7.84 所示。

图 7.84 支撑结构

（3）高级设置：在"编辑打印模板"页面中，单击【高级设置】，进而跳转到"高级设置"界面，见图 7.82。其中包括主体结构、喷嘴设置、填充、支撑结构、底板附加、冷却、温度、高级、防渗出、其他和 GCode 共 11 个选项卡。

① 主体结构如图 7.85 所示。

单层层高：模型的每一层的厚度，也可称为分辨率。

模型壁厚：模型外壁的层数。

模型壁之间最大允许重叠百分比：模型壁间重叠的最大百分比。当模型壁循环的重叠百分比大于设定值时，模型壁将被替换为填充结构。

流量率：打印机被告知要挤出多少塑料。

底层线宽百分比：模型第一层挤出宽度百分比。例如，若打印的挤出宽度为 0.4 mm，而将底线宽百分比设为 120％，则模型第一层挤出宽度为 0.48 mm。

固定位置：在模型上选择一个特定的点，设置为每层的起始点。

随机位置：在模型上选择一个随机的点，作为每层的起始点。

开始点放置：将开始点放置于打印层的选定位置，有"无/凹陷角或者凸起角/凹陷角/凸起角"四种选择。

优先打印模型外壁：使用该功能，将优先打印模型外壁，再打印模型内壁。

图 7.85　"主体结构"界面

顺序打印模型每个部分：根据模型的导入顺序打印。该功能只在打印多个模型时运行。

外轮廓 XY 尺寸补偿：轮廓线测量误差的补偿，尤其是对膨胀或缩小的物体的补偿。

内部孔 XY 尺寸补偿：对孔的轮廓测量误差的补偿。如输入负值，则该物体每层将缩小。

② 喷嘴设置如图 7.86 所示。

图 7.86　"喷嘴设置"界面

该界面所有参数均为独立生成，即左喷嘴界面的参数仅作用于左喷嘴，右喷嘴界面的参数仅作用于右喷嘴。例如，挤出宽度、回退、回退速度、材料回退量、触发回退最短距离、触发回退最少挤出量、回退后材料挤出补偿、回退恢复速度及回退时抬起喷嘴。

左喷嘴参数设置如下：

挤出线宽：默认挤压线宽与原始喷嘴的直径一致，如在打印机设置中修改了喷嘴直径，则应同时修改挤出线宽数值。

启用回退：使用该功能，打印过程中将减少耗材拉丝情况。回退速度越快，效果越好，但可能会导致耗材磨损。

触发回退最短距离：挤出机距离的移动小于该设定数值，不开启回退。应设置合适的数值，避免在较小区域产生大量的回退。

触发回退最少挤出量：如启动回退前的最后一次进料量小于该设定值，则不开启回退。

回退后材料挤出补偿：执行一次回退后，如重新导入耗材，原来的回抽长度无法准确补充回抽的空缺量，则应设定一定的补偿量。

回退时抬升喷嘴：当回退触发时，平台将下降一定距离，以确保喷嘴从模型上方通过时，不刮伤模型表面。完成移动后，平台将重新上升到打印高度。

多喷嘴交换防漏控制：使用双喷嘴打印时，一个喷嘴完成一层的部分打印，停止出料；另一个喷嘴开始进料，打印其他对应部分。由于两个喷嘴使用的耗材不同，且互相等待时间较长，因此，容易发生溢出。

启用右喷嘴设置后，右喷嘴的参数设定将被激活，若不启用，右喷嘴将继续沿用左喷嘴的参数。

③ 填充如图 7.87 所示。

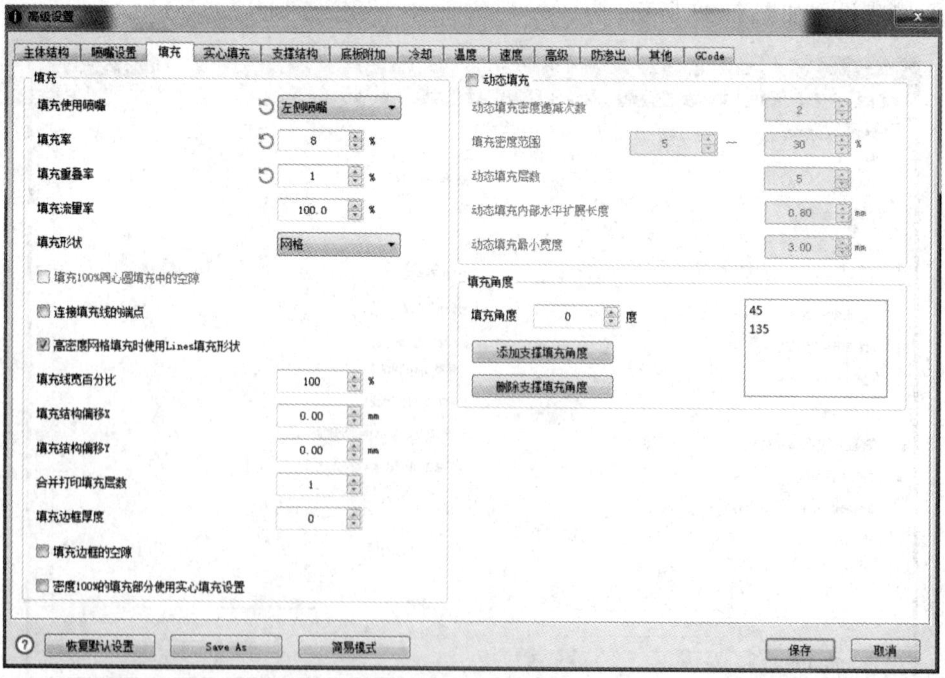

图 7.87 "填充"界面

填充率：模型内部填充的密度，填充率越高，模型越坚固。

填充速度：模型内部填充结构的打印速度。

填充重叠率：模型内部填充与外壁间的重叠率。

填充流量率：模型内部填充时，耗材从喷嘴处挤出的流量率，一般默认值为 100%。

填充形状：模型内部填充的形状有网格、Rectilinear、蜂窝、三角形、立方体、同心圆、螺旋二十四面体等。

填充线宽百分比：模型内部填充线宽与挤出线宽的比值。例如，线宽为 0.4 mm，填充线宽百分比为 120%，则模型内部填充线宽为 0.48 mm。

填充结构偏移 X/填充结构偏移 Y：使用这项功能，模型切片时，X 方向将增加偏移/ Y 方向将增加偏移。

合并打印填充层数：使用这项功能时，多层模型将会合并一起填充，以提高打印速度。例如，设定该参数为 5，在前 4 层都不会有填充，第 5 层会增加厚度，填充模型。

填充边框厚度：在填充结构周围设置一定厚度的填充边框，以提高填充结构的附着力。

填充角度：使用这项功能时，可设置填充结构的角度。如设置的角度为 30°、60° 和 90°，表示第一层填充角度为 30°、第二层填充角度为 60°、第三层填充角度为 90°、第四层将重复 30°，后续层的角度按此顺序进行。

实心填充最小宽度：打印实心填充结构的最小挤出宽度。启用该功能，可避免打印出锯齿状实心线。

实心填充边框厚度：在实体填充层的轮廓边框的数量，以避免实体填充层不坚固。

④ 支撑结构如图 7.88 所示。

图 7.88　"支撑结构"界面

支撑类型：支撑类型按照支撑的结构分为普通和柱状两种。普通：基于模型结构计算生成的支撑结构，可能会产生随机位置未生成支撑现象；柱状：基于软件系统计算生成的支撑结构，随机位置未生成支撑的概率较低。

支撑形状：支撑形状有网格、Lines、同心圆三种，作为模型的基底，网格更坚固，线状则更容易剥除。

支撑填充率：模型支撑结构填充密度。

支撑结构角度：模型需要增加支撑的最小悬空角度，即只要该悬空面与水平面的夹角大于这个参数，系统就自动将其忽略为不加支撑面。结构角度是悬垂平面和 Z 轴的角度，设置为 0°，代表模型所有悬垂面都会添加支撑；设置为 90°，指模型所有悬垂面都不添加支撑。

支撑 X/Y 方向距离：支撑结构与模型主体在水平方向的间距。如间距为 0，则支撑将直接连接在模型主体的垂直外表面上，连接点越多，支撑越难拆，且支撑拆下后会在外表面留下痕迹；如间距设置得较大，则有一部分悬空结构应使用的支撑会被忽略。

水平扩展长度：使用该功能，支撑将在水平方向延伸扩大，便于拆除支撑。

支撑实心层数：使用该功能，支撑底部将打印成实心结构，使得支撑结构更为坚固。

支撑厚层层数：支撑厚层的层数，只存在于支撑与模型接触层面，移除支撑后，可保证模型表面平滑。

支撑使用稀松连接：打印支撑时关闭回退，支撑之间将出现拉丝，从而使支撑更加稳固。

⑤ 底板附加如图 7.89 所示。

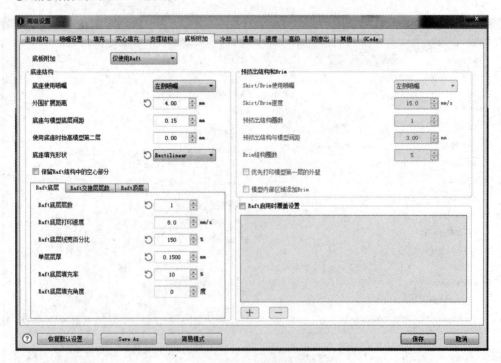

图 7.89　"底板附加"界面

底座结构：底座结构参数仅作用于"仅使用 Raft""使用 Raft 和 Skirt"和"使用 Raft 和

Brim"。

外围扩展距离：模型底座是基于模型主体的底层外轮廓构建的，这个扩展距离是指将外轮廓扩大的值。

与模型底层间距：模型底座与模型主体底层在垂直方向的距离，设置的距离越远，底座和主体的间隙越大，更易剥除；但间隙过大，可能会导致打印失败。

底座填充形状：底座填充形状有 Lines 和 Rectilinear 两种。Lines 是指在同一方向上的线段，Rectilinear 是指以连续的移动路径填充结构。

预挤出结构和 Brim：预挤出结构和 Brim 参数，仅作用于底板附加结构为仅使用 Skirt、仅使用 Brim、使用 Raft 和 Skirt 以及使用 Raft 和 Brim。

预挤出结构圈数：打印之前，预挤出耗材的圈数。

预挤出结构与模型间距：打印之前，预挤出的耗材与模型主体第一层的距离。

优先打印模型第一层的外壁：若底板附加模式设置为"仅使用 Brim"，则优先打印模型第一层的外壁。

模型内部区域添加 Brim：在此功能下，若模型内部或内部结构（如支撑结构和大模型内的小模型）有孔，软件将自动打印边缘。

⑥ 冷却如图 7.90 所示。

图 7.90　"冷却"界面

使用冷却风扇：使用此功能，可编辑最大风扇速度、风扇速度控制等。

单层最少打印时间：完成一层打印所花费的最少时间。打印面积较大的层时，只要超过单层最少时间，就会按照实际打印速度完成，打印完后平台下移，开始下一层的打印；打印面积较小的层时，如果实际打印花费时间少于单层最少打印时间，那么挤出机会降低移动速度，以达到最少打印时间；如果已经降速到最小打印速度还未达到最少打印时间，那么会以最小打印速度进行打印，完成后移动到下一层打印。因此，这个参数可以增加面积较小的打印层的冷却时间。

降低打印速度：使用这项功能，挤出机将降低速度至当前速度和最小打印速度之间。此功能仅限于当前打印时间小于单层最少打印时间的情况下使用。

最小打印速度：为达到单层最少打印时间的额外冷却时间，挤出机可到达的移动速度下限值。

增加风扇速度：使用这项功能，风扇速度将会增加至当前风速和最大风速之间。此功能仅限于当前打印时间小于单层最少打印时间的情况下使用。

风扇最大速度：根据单层最少打印时间触发的风扇转速，如果模型因为冷却需要进行降速打印，风扇转速将会提高；降速到最小打印速度，风扇达到最大转速。

风扇速度：涡轮风扇的速度。

添加速度控制点：单击此按钮，在右边的框中输入速度值，改变某一层的风扇速度。例如，添加层数为2，风扇速度为100%，单击添加速度控制点，即可添加速度控温点。如需要调节风扇速度，勾选"打印机设置"中的"启用风扇速度控制"，否则，风扇速度控制将无法使用。当风扇在低速需设置为高速时，可将风扇速度短暂设置为100%。

风扇低速阈值：当风扇速度低于这个值时，将自动调节风扇速度至100%。

风扇短暂设置为100%保留时间：风扇速度达到100%，在提高到更高速度之前，会以毫秒为单位，暂停风扇一段时间。

⑦ 温度。打印时打印底板和喷嘴的温度，如图7.91所示。

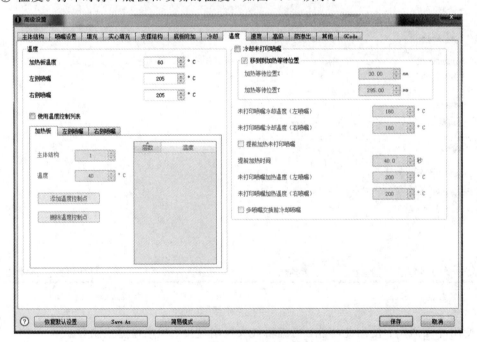

图7.91 "温度"界面

使用温度控制列表：使用此功能，可在特定层数设定不同的温度。

加热板/喷嘴：根据模型选择需启用温度控制带点部件(加热板或喷嘴)。

层数：特定温度所在的层数。

温度：指定层数时，加热板或喷嘴设定的温度。

添加温度控制点：单击该按钮，即可将左侧的层数及温度添加至右侧的控温框内，从而改变某一层的加热板温度。

删除温度控制点：选择右侧控温框内的温度控制点，单击删除温度控制点即可将删除指定的温度控制点。

冷却未打印喷嘴：使用这项功能，不再打印的喷嘴，将冷却至室温。

未打印喷嘴冷却温度：冷却未打印的喷嘴到此温度。

提前加热未打印喷嘴：未打印的喷嘴在移动至等待位置前，应提前进行加热。

提前加热时间：未打印的喷嘴在移动至等待位置前，提前加热的时间。

未打印喷嘴加热温度：加热未打印的喷嘴到此温度，设置温度不应低于加热温度。

6. 检测信息

查看模型信息，自动检测出模型的错误信息、警告信息及基本参数。若提示模型错误，则使用"修复"，进行模型自动修复，如图 7.92 所示。

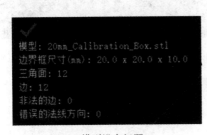

(a) 模型没有问题　　　　　　　　(b) 模型存在一个错误

图 7.92　模型检测信息

① 三角面：表示模型中三角面的个数。三角面是指具有三个边和三个顶点的多边形。

② 边：表示模型中边的数量。

③ 非法的边：表示模型中非法的边的个数。一般情况下，非法的边有两种类型，一种是开放对象，即模型存在孔洞或边缘松散；另一种是多余的面，如内部面、重叠面等。

④ 错误的法线方向：模型中法向方向错误的面的个数。在几何中，物体（如直线、平面或刚体）的法线方向，代表该物体在空间中的方向。如模型显示为绿色，表示需要翻转模型法线方向。

7.3.3　切片操作

（1）导入 .STL 模型文件。单击【＋】按钮，导入一个 .STL、.OBJ 或者 .3MF 模型文件。如发现右下角的提示框中出现错误信息，可单击【修复】按钮，为模型进行一次自动修复，如图 7.93 所示。

（2）开始切片。点击■或者点击工具栏中的"切片-开始切片"，开始切片。

（3）在"选择打印模板"对话框里面确认打印机和耗材的类型，然后，选择标准切片模板或单击【复制】按钮，在现有模板的基础上创建一个新模板，如图 7.94 所示。

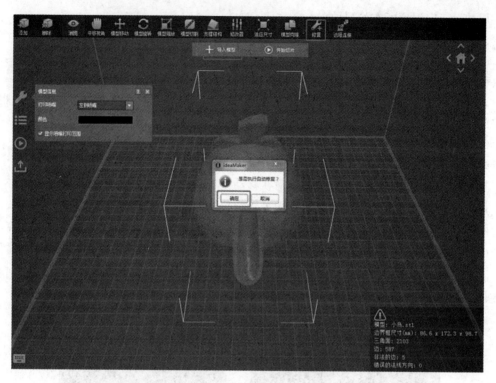

图 7.93　导入模型、自动修复

图 7.94　"选择打印模板"界面

（4）编辑选择的打印模板。选中需要的模板，然后，单击【编辑】按钮或双击该模板（如
选择新建模板，则无需此步骤）。选择底板附加和支撑结构，也可在"高级设置"里编辑打印

模板中的另一些参数，对最终打印效果进行优化，然后，单击【保存并退出】，如图 7.95
所示。

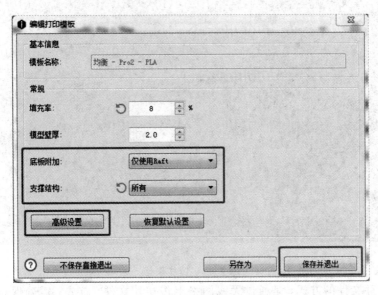

图 7.95　选择底板和支撑类型

　　（5）切片。单击"选择打印模板"里面的【切片】按钮，开始切片，完成切片，系统将提供
一个切片报告供参考，如图 7.96 所示。在此，可查看预计打印耗时和预计打印材料量。

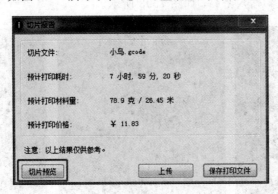

图 7.96　"切片报告"界面

　　（6）单击【切片预览】按钮，逐层查看模型的切片效果。打印耗时表示完成打印所需的
时间；材料使用表示完成打印所需的耗材重量；预计打印价格表示完成打印所需的花销。
图 7.97 中的黄线表示模型的实体部分，蓝线表示喷嘴的快速移动轨迹，红点表示回退点。
还可选择"按结构显示"，用不同颜色展示模型中的不同结构。青色部分为支撑结构，深红
色部分为外壁，绿色部分为内壁，黄色部分为填充，蓝色部分为喷嘴的移动路径。

　　（7）保存切片文件并打印。检查确认，关闭切片预览。可通过两种方法将切片文件上传
到打印机，一种是保存到 U 盘或者 SD 卡，点击切片报告窗口中的保存打印文件，将切片
文件保存到 U 盘或 SD 卡。如需另存切片文件，可选择保存打印文件至电脑中的其他文件
夹，然后复制到 U 盘，将 U 盘插入打印机，选择触摸屏上的【开始打印】按钮，然后，选择
对应文件开始打印。注意：切片后生成的 .gcode 及 .data 文件，应一同复制到 U 盘中。

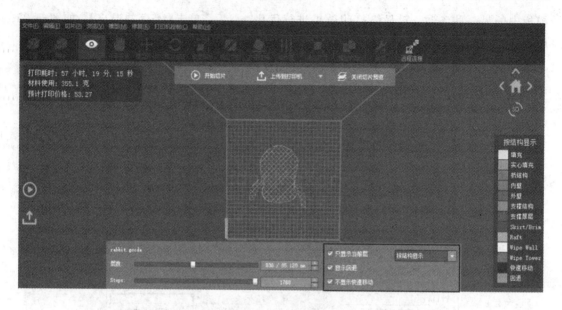

图 7.97　切片预览

　　另一种保存文件的方式,是通过无线网络上传切片文件。首先,需确保打印机和电脑连接同一个网络,可通过单击打印机触摸屏右上角的齿轮按钮,完成打印机的无线连接。单击齿轮按钮到达"设置"页面,单击【无线网络】按钮,启用"无线网络",并从列表中选择正在使用的网络。然后,输入密码,如图 7.98 所示。

图 7.98　打印机的无线连接

　　有三种方式可供上传切片文件。方法 1:单击切片报告中的【上传】按钮;方法 2:单击主屏幕上的【上传到打印机】按钮,上传切片文件;方法 3:单击上传列队中的【十】按钮,或单击【点击此处上传打印文件】按钮,上传切片文件。切片文件上传后,在"选择打印机"页面选择需要使用的打印机，单击【上传】，可看到屏幕左侧出现"上传队列"，通过该窗口查看上传进程，完成上传后，可进行打印，如图 7.99 所示。可单击【本地文件】按钮，检查上传的文件是否成功。

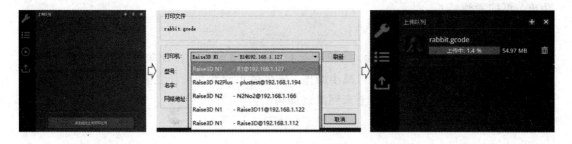

图 7.99　上传切片文件

也可通过 ideaMaker 进行远程连接。选择"打印机控制"→"连接打印机"。选择需使用的打印机，单击箭头进行连接，连接完成后即可远程控制打印机。ideaMaker 与机器触摸屏的界面相同，可通过 ideaMaker 控制机器。通过无线网络上传的文件保存在"本地文件"中，选择需打印的文件，单击【开始打印】，如图 7.100 所示。

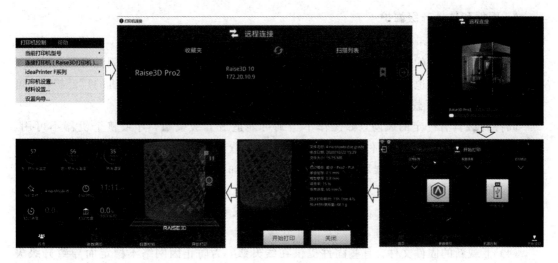

图 7.100　ideaMaker 进行远程连接打印机进行打印

7.4　3D 打印机常见故障及保养、打印质量问题

7.4.1　3D 打印机日常保养

为了保证机器能够稳定运行、提高工作效率、延长使用寿命，应注意打印机的日常维护保养。

1. 调整传动带松紧度

一般来讲，传动带应尽可能减少松弛，但不可太紧，电机轴和滑轮不能有太多的压力。传动带安置好之后，拉动传动带时，发出比较响的声音，表明传动带太紧，3D 打印机运转时应该是无声的。如电机发出噪声，也表明传动带太紧。如果传动带自然下垂，表明传动带过松。传动带的松紧取决于固定电机的插槽，很多 3D 打印机选用插槽，而不是固定的圆孔，可让电机平行于滑动轴移动。拧松螺钉移动电机，可调整传动带的松紧度，达到适当的程度，再拧紧螺钉。

2. 清理 X/Y/Z 杆

所有的滑杆应能够平行滑动。当机器运行时，有噪声并且振动较大时，应进行滑杆的清理工作。主要是添加润滑油，可减小摩擦、减少最小套管与滑杆之间的磨损。清理时拿一块布，滴上一些润滑油，在滑杆上来回滑动即可。

3. 紧固螺栓

在打印过程中，随着喷头来回移动产生振动，螺栓可能会出现松动，特别是 X/Y/Z 轴。变松的螺栓会引起一些问题和噪声，如遇到这样的问题，将螺栓拧紧即可。

4. 打印平台贴上胶带

在打印平台上贴上胶带，可防止从平台上取下打印模型时破坏平台。如取下模型时将胶带划坏，只需将坏了的旧胶带取下，重新贴上新胶带即可。

5. 固件和软件升级维护

固件是指 3D 打印机中负责控制电路板或者喷头硬件工作的软件部分，它担任着 3D 打印机最基础、最底层的工作。对这一部分的软件升级称为固件升级。通过固件升级，可修复机器中存在的漏洞，也可为机器增加新的功能。新的固件版本由 3D 打印机的厂商提供，可到厂商官方网站上下载，完成升级。

固件升级具有一定的风险，如操作不当则可能造成升级失败，导致整个机器不可用，不同类型的 3D 打印机，其固件升级的方法不同，制造商一般会给出详细的固件升级步骤。所以，应在充分了解升级过程后，进行固件升级。下面给出几点注意事项。

(1) 刷新固件时，不可打开 printrun 软件。

(2) 固件正在刷新时，千万不可拔下 USB 连接线或突然关闭打印机电源。

(3) 备份原有的固件文件，以防止固件升级失败。

(4) 下载新的固件文件。有些固件提供在线升级，为防止因网络不稳定而导致升级失败，应将固件下载到本地电脑，再进行升级。

7.4.2　3D 打印机常见故障及解决方法

1. 机械故障

(1) 平台不平。一般来讲，每一打印机平台下方都有调节平台的微调螺栓，首先，把 Z 轴平台上升至最顶端；然后，将一张 A4 纸放在平台和喷嘴之间（A4 纸的厚度为 0.16～0.25 mm，打印设置的初始层一般为 0.2 mm），把打印头移动至微调螺栓的附近，来回抽动 A4 纸，调节微调螺栓以调整平台，依此类推，将打印头移动到其他微调螺栓附近进行平台调节。

(2) 堵头。

① ABS 打印完需打印 PLA 或者其他尼龙材质时，应清理或更换新的喷嘴。清理喷嘴

的方法：把加热头加热至 220℃，先用工具将喷嘴拿掉，再用镊子快速地取出喷嘴里面的残留耗材。

②耗材里面有杂质。如出现这种情况，一般应用较大的喷嘴，推荐用直径为 0.4 mm、0.45 mm、0.5 mm 的喷嘴。

③送料管道和喷嘴之间没有连接好，产生翻浆，造成耗材卡在送料管道内部，无法正常出料。每一次清理完喷嘴，回装后加温，应重新将送料管道向下扎紧。

④PEEK 和喷嘴之间产生装歪的现象也会造成堵头，装歪的耗材容易在喷嘴内打结及出现翻浆现象。

（3）移位问题。

移位比较好解决，即在切片参数或者配置文件里面，将空运行的速度值改小一些。

（4）失步问题。

失步是指在打印模型过程中出现的错位和偏移。出现这种情况的 4 种原因及解决方法如下：

①电机电流小。可通过配置文件进行修改。

②电机同步带轮螺栓松动。先用手拉动打印头前后左右移动，如任意一个轴松动将出现反向间隙，然后，将此轴的电机拆掉，紧固同步带轮螺栓。

③机械阻力过大。在断电的情况下，手动移动打印头前后左右移动，如移动到某个地方感觉到有明显的阻力，用记号笔标注一下位置，然后，检查滑道是否出现磨损或扭曲现象，可联系厂家更换或将机器返回厂家维修。注意：出现机械阻力较大时，禁止自己动手维修，以免造成不必要的损失。

④机械架构不垂直（对角线有误）。可打印一个方、一个圆进行测试：打印出来的方用卡尺测量，如误差较大，应和厂家协商调换货。

（5）电机共鸣声。电机共鸣声是打印机在工作中出现的噪声，由共振与阻力过大造成。

解决方法如下：

①出现共振是因为机械配合件配合不到位，属于厂家质量问题，建议返厂维修。

②在断电的情况下，手动移动打印头，如移动到某个地方感觉到有明显的阻力，用记号笔标注一下位置，然后，检查滑道是否出现磨损或扭曲现象，可联系厂家更换或机器返回厂家维修。禁止自己动手维修，以免造成不必要的损失。

（6）挤出器打滑。

①堵头。见"（2）堵头"章节。

②挤出器电机参数设置。参数设置过大，挤出速度快，喷嘴出料慢，会出现"咔咔"的打滑声；参数设置过小，打印的模型会出现黏结不好一碰就断的现象。一般减速器用的是42 减速电机，减速比是 1∶5.2，如打印 3 mm 耗材，设置是：370；打印 1.75 mm 耗材是：420。具体应根据使用机型的不同自行换算修改。

备注：3D 打印机两种耗材为 3 mm 及 1.75 mm，应修改配置文件，根据挤出器电机减速比和送耗材齿轮齿数换算得出结果进行修改。

（7）不粘平台。

①平台不平。见"（1）平台不平"章节。

②温度设置。应选预热平台：预热温度为 40～60℃；PLA 温度为 35～80℃。

③ 耗材材质。耗材厂家不同，打印所用的温度也不相同。有的材质杂质较多，应把打印温度调高。

④ 初始层间距不对。打印的第一层很重要，如设置的喷嘴尺寸和初始层厚度不合适，容易出现模型不粘平台的问题。

备注：在平台上面贴美工胶带，涂不干胶或光油，都可有效解决模型不粘平台的问题。

（8）断耗材。

① 挤出机卡太紧。挤出机会将耗材顶出痕迹，如产生打滑的现象则耗材容易断裂。

② 参数设置过大。挤出机送料快且易把耗材挤断。

③ 部分厂家的耗材质量不合格，易断，因此，在选购耗材时应加强注意。

④ 随着气温的变化，所用耗材也应有不同程度的变化。冬天气温较低时，建议用全封闭的打印机，如有空调，尽量开启暖风。

出现耗材断裂时，可采用以下办法处理：3 mm 的耗材，用打火机将耗材两端烧熔对接；1.75 mm 的耗材，将耗材快速地插入送料管道内。

2. 电器故障

（1）加热头温度显示不正常。

① 打印机加热头已热，但温度显示还是 0℃。此时，应迅速关闭电源，联系厂家（检测温度的传感器坏掉）发送配件。如不及时关闭电源，会出现加热头一直加温，将连接喷嘴的 PEEK 烧熔，打印头将彻底坏掉。

② 联机打印经常会出现温度显示有问题。建议更换联机的数据线。

③ 配置文件丢失也会造成温度不正常或加不上温度等现象。应联系厂家发送配置文件。

（2）加热头及热床不升温。主要是配置文件和参数设置的问题，可调整参数。

（3）热床升温慢。尽量采用整体热床，如热床采用的是加热块加热，则应再加装两块加热块。或采用全封闭的打印机。

（4）电机转动方向不对。步进电机有相序要求的接线方式，如发现电机转动方向与实际要求不一致，则可能是电机相序连接不正确，需调换接线。

（5）联机打印容易掉线。

① 尽量采用脱机打印方式，如有 LCD 屏幕，脱机打印更加方便。

② 目前，市场上的 USB 连接线千差万别，大多不符合标准。使用这些连接线时，容易造成通信失败。建议使用较短的两端带有磁环且线径较粗的优质 USB 连接线。

③ 禁止插在电脑前端面板的 USB 插口，应要插在机箱后主板上的 USB 插口，主板上的 USB 插口更稳定。

（6）LCD 显示屏突然关闭。

① LCD 显示屏质量不过关，在使用过程中，断电再送电时，屏幕不启动。

② 配置文件丢失。建议备份配置文件。

③ 运输过程中受到挤压。返回厂家更换。

④ 暴力操作。屏幕是固定在机箱上面的，有些操作者在打印时，用力按旋钮，导致屏幕花屏或黑屏。

3. 切片参数设置问题

要打印一个好的模型,需机械配合和参数配置完成打印。

(1) 在电脑上安装切片软件。

(2) 打开软件,进入文件高级设置,根据使用的机型设置最大加工敷面、外围圈数、补偿量等。

(3) 根据厂家给出的配置数据进行修改。

(4) 切片完成后,可在电脑上虚拟观看,如看到有明显的层现象,表示在作图的时候需要配合的地方没有配合紧密,或者切片参数设置出现问题。应与厂家联系,让厂家给出切片参数。

(5) 切片时根据模型的要求选择支撑类型,有悬空的地方都应做支撑。

(6) 平台附着是否开启根据模型确定,如模型平台接触面较小,应选择开启平台附着。

(7) 切片后打印速度明显过快:软件切片根据内部算法产生 G0 代码执行的运动,而 G0 代码是非同步模式运动方式,并且速度过高会影响打印性能,出现这种情况应联系厂家,更新固件版本。

7.4.3　3D 打印质量问题

1. 翘边

在打印 3D 模型时,会遇到翘边问题。打印大尺寸或者底面面积较大的模型时,翘边现象会更加突出。3D 打印翘边的根本原因是:模型的底部边缘与基底粘得不牢靠,温度的快速降低导致材料收缩,因此,出现翘边问题,如图 7.101 所示。具体影响因素有:平台底盘预热不均、打印速度较慢、打印材料的弹性和收缩度不够等。

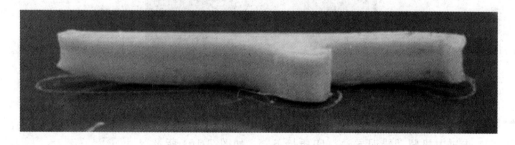

图 7.101　翘边

2. 模型表面更光滑

采用熔融沉积成形(FDM)3D 打印的产品,无论是使用工业级还是桌面级 3D 打印机,都有一个很难解决的问题:打印的产品都会显示出一些层效应。虽然,可用砂纸和锉刀进行打磨,但这属于材料去除工艺,如分寸拿捏不当,则可能对精度和细节有损害。

重庆科技学院的一名本科学生研发出低价 3D 打印抛光机,这种抛光机不是采用传统去除材料的方法,而是采用称为"材料转移技术"的方法达到抛光的目的,将零件表面凸出部分的材料转移到凹槽部分,对零件表面的精度影响非常小。抛光过程中不产生零件的废料,零件的重量也不会改变。

最重要的是不使用丙酮、丁酮、氯仿、四氢呋喃等剧毒物质抛光,而使用一种自主研发的环保耗材。由图7.102可看到打印的效果一般，但经过抛光后，人的面部五官不仅光滑且轮廓分明。

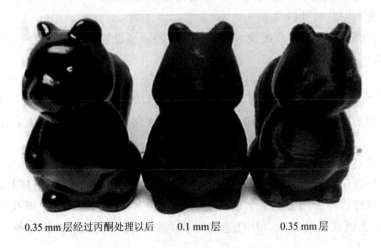

0.35 mm 层经过丙酮处理以后　　　0.1 mm 层　　　　0.35 mm 层

图 7.102　对表面进行抛光处理

3. 打印失败

（1）由 X 轴和 Y 轴电机滑步造成，如图 7.103 所示。

图 7.103　X 轴和 Y 轴电机滑步造成打印失败

（2）步进电机驱动错误导致打印质量下降，如图 7.104 所示。

图 7.104　步进电机驱动错误导致打印质量下降

（3）高度设置错误和校对错误导致打印失败，如图 7.105 所示。

图 7.105　高度设置错误和校对错误导致打印失败

第8章　雕　刻　机

　　计算机数控雕刻技术是传统雕刻技术和现代数控技术相结合的产物。从加工原理上讲，雕刻是一种钻铣组合加工，雕刻机具有多种数据输入模式。电脑雕刻机由计算机、雕刻机控制器、雕刻机主机三部分组成，有激光雕刻和机械雕刻两类，且都有大功率和小功率之分。其工作原理是：通过计算机内配置的专用雕刻软件进行设计和排版，并由计算机把设计与排版的信息自动传送至雕刻机控制器中，再由控制器把这些信息转化成能驱动步进电机或伺服电机的带有功率的信号（脉冲串），控制雕刻机主机生成 X、Y、Z 轴的雕刻走刀路径。同时，雕刻机上的高速旋转雕刻头，通过按加工材质配置的刀具，对固定于主机工作台上的加工材料进行切削，即可雕刻出计算机中设计的各种平面或立体的浮雕图形及文字，实现雕刻自动化作业。

8.1　雕刻机的结构

　　现以 3 轴雕刻机为例进行介绍。其结构主要包括雕刻机、电控箱及附件，如图 8.1 所示。

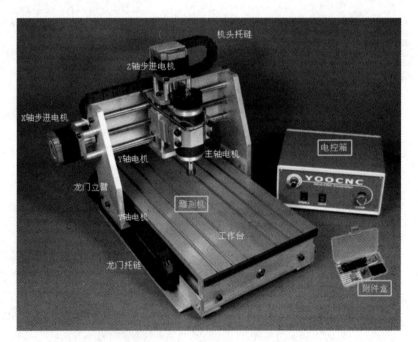

图 8.1　雕刻机结构

　　雕刻机的主体采用铝合金材料制成，任何摔落或较重的碰撞都可能导致雕刻机损坏而无法使用，因此，应将雕刻机放置在结实、水平的工作桌面上。单薄的桌面会导致雕刻机在运行过程中产生较大的共振噪声。

电控箱内部装有开关电源、步进驱动控制器和主轴电源调速器,应放置在水平通风的位置。电控箱周边 10 米范围内不得有电磁干扰;电控箱怕摔、怕潮,应特别注意。

安放雕刻机时,应整理线束,应给前后移动的龙门和左右滑动的 X 轴留有足够余量的线束,否则有可能妨碍雕刻机的正常运行。

8.2 控 制 软 件

8.2.1 软件

(1)系统安装要求。

系统中应安装 DirectX 9c for. NET、Microsoft. NET 3.5 SP1 Framework、控制软件。

(2)安装驱动程序步骤。

① 安装 NET35。

② 安装 DX9。

③ 安装控制软件 CNC USB_Setup,如图 8.2 所示。

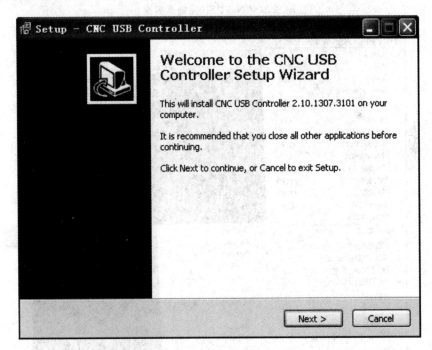

图 8.2 安装控制软件 CNC USB_Setup

由于控制软件必须与控制器卡一起工作,所以安装后,需要注册,否则只能运行 25 行代码。注册步骤如下:

① 打开 CNC USB 控制器,界面如图 8.3 所示。

② 单击"文件"→"语言"→"简体中文",如图 8.4 所示。

③ 插入 USB 卡,点击"帮助"→"激活许可证",输入注册码,如图 8.5 所示。

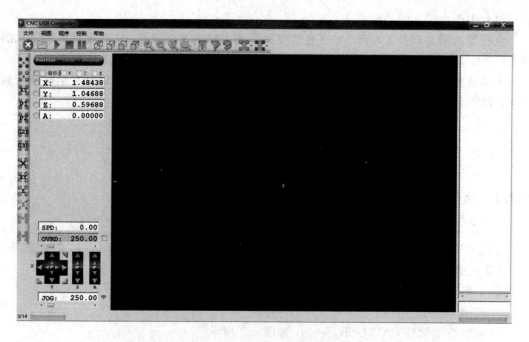

图 8.3　CNC USB 控制器界面

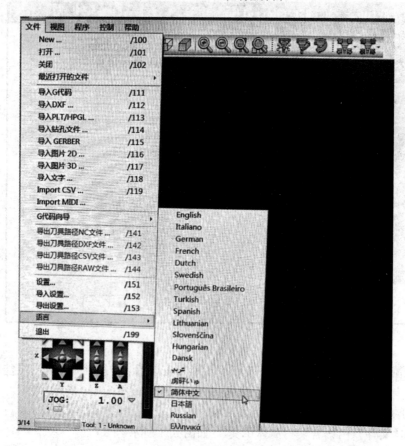

图 8.4　选择语言

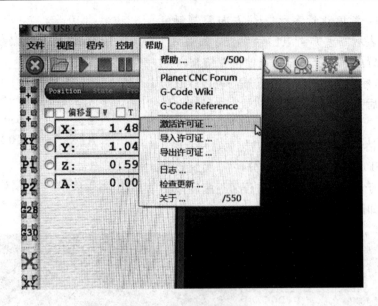

图 8.5　"激活许可证"界面

为了更方便,可保存设置步骤,单击"文件"→加载文件(文件名通常为 XXXX.)。

(3) 软件功能介绍。

软件主窗口如图 8.6 所示。

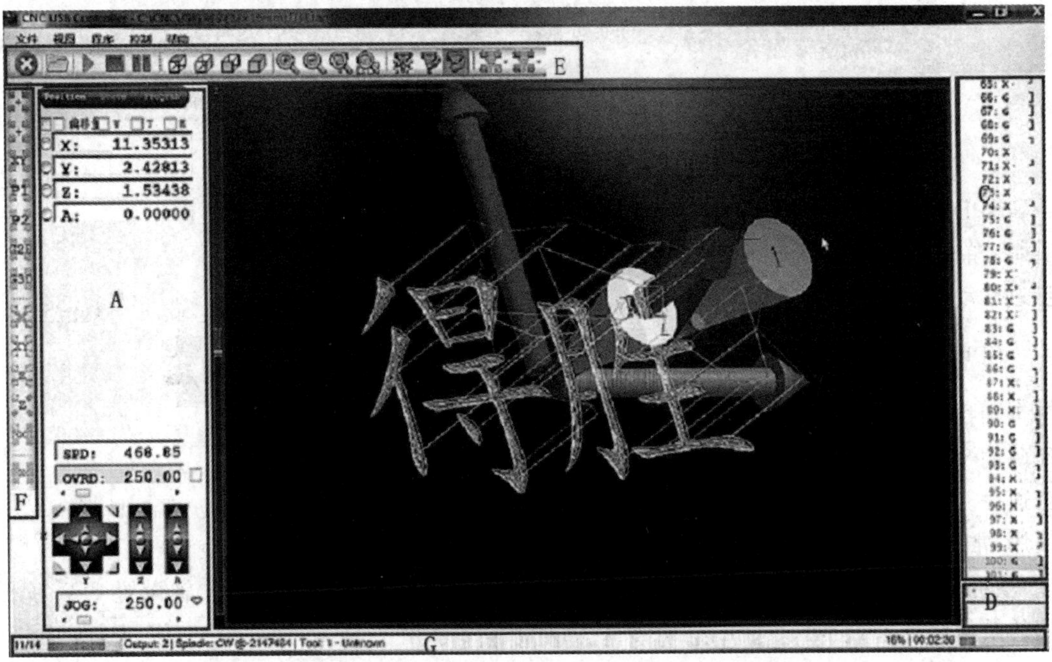

图 8.6　CNC USB 控制器软件主窗口

在图 8.6 中,A 是位置、状态、代码信息板;B 是处理代码区域;C 是 G 代码显示区;D 中可以手动编写 G 代码;E 是工具栏;F 是常用定位工具栏;G 是状态栏。

(4) 位置、状态、代码信息板具有位置、清除、当前速度、移动、速度调节等功能。在位置信息板中，紫色背景表示"＋"方向限制触发器，红色背景表示"－"方向限制触发器，如图8.7所示。窗口位置坐标系上方显示当前位置信息。

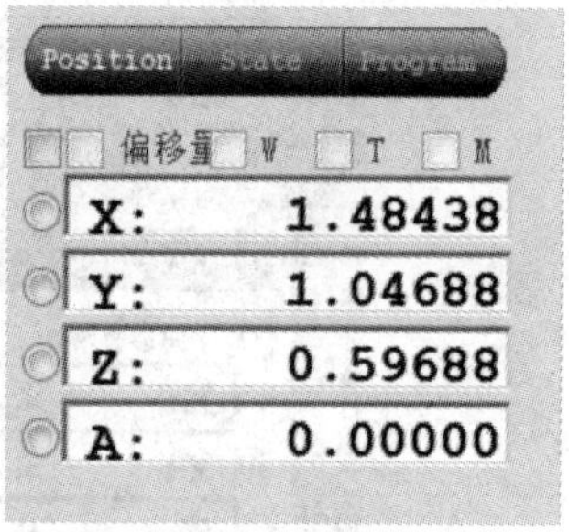

① 绝对坐标表示为轴的当前位置。也可以直接输入数字，然后按回车键，当然，这意味着这个位置是新的数字。如果输入"0"，则清除当前轴位置。【零】按钮用于清除所有轴位置。

② 速度SPD显示为"单位/每分钟"。系统参数中的点动键用于将设备移动到所需位置，速度限制由滑块控制，如图8.8所示。

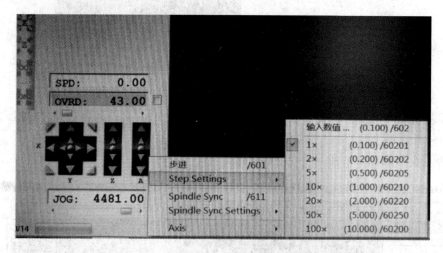

图8.7 位置、状态信息板中背景表示

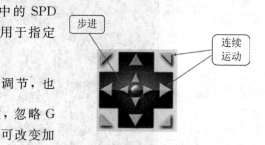

图8.8 速度设置

SPD值显示在左下角方框内，如图8.8中的SPD所示。单击时，将弹出步进选项框，该选项框用于指定步进移动距离，如图8.9所示。

SPD速度值由滑动块 `F: 362.00` 调节，也可手动指定或输入。右侧的对钩表示指定速度，忽略G代码的SPD顺序（通常在钩上）。拖动滑块后，可改变加工速度。"请勿挂钩"表示在G代码速度或系统参数中使用"常规设置"的加速速度。从"常规设置"和"指定速度"项目定义中选择默认值。速度设置：系统参数"基本设置"默认速率，"轴设置1"，每个轴的最大速度。

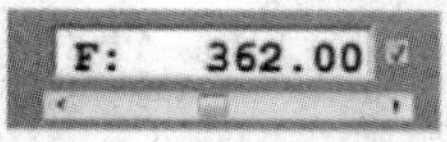

图8.9 指定步进移动距离

③ 状态。显示当前设备状态，如图8.10所示。

（5）处理代码窗口如图8.11所示。

此窗口显示设备、刀具、加工路径的3D地图。橙色盒表示设备处理能力范围，灰色网格表示机器工作台，xis箭头显示坐标系原点，红色轴表示所选坐标系的原点，白线表示加工进给路径，绿线表示空白路径，红线表示所选路径（在右侧选择G代码行号），黄色圆锥

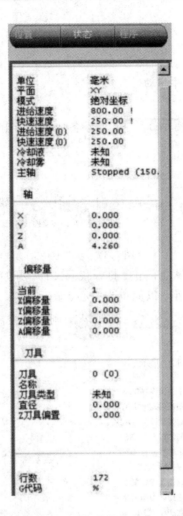

图 8.10　当前设备状态

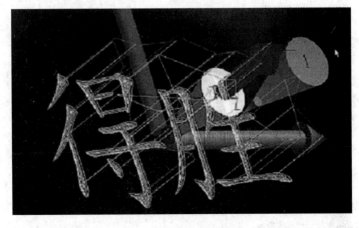

图 8.11　处理代码窗口

表示当前刀具位置；橙色锥体表示模拟显示位置，深绿色/灰色圆锥表示 G28 和 G30 位置，深绿色/灰色表示切割范围的项目范围和程序。

(6) 快捷键。

缩放/缩小：滚动鼠标。

Shift：按下鼠标左键并移动。

透视更改：按下鼠标右键并移动。

(7) 手动输入 G 代码。

输入 G 代码文本：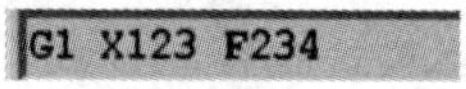
G1 X123 F234
。设备如输入“G1 X123 F234”，X 轴的进给速度将向前移动 123 个单位。

(8) 工具栏如图 8.12 所示。

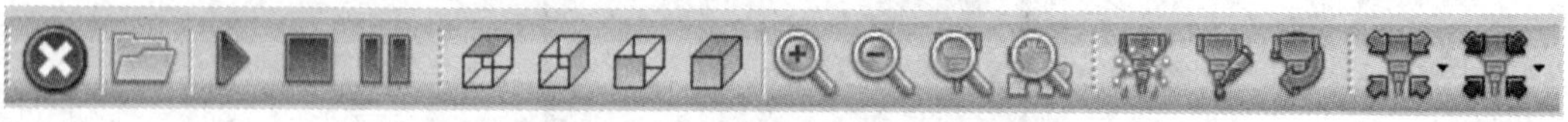

图 8.12　工具栏

工具栏从左到右依次为：紧急停止、打开代码文件、开始、停、暂停、顶视图、侧视图、前视图、3D 透视图、放大、缩小、以原点为中心、显示全部。

如果软件显示状态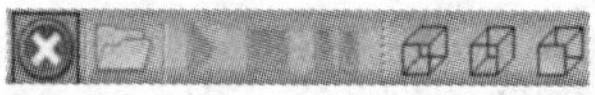，则表示控制器卡通信失败，或者按下了紧急按钮。

(9) 常用定位工具如图 8.13 所示。

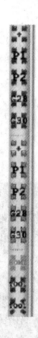

将当前位置设为零点
将当前位置设为 PACK 1
将当前位置设为 PACK 2
将当前位置设为 G28
将当前位置设为 G30
设备移动至 零点
设备移动至 PACK 1
设备移动至 PACK 2
设备移动至 G28
设备移动至 G30
回原点
回对刀位 自动对刀
在当前位置 对刀
P1
P2
G28
G30
P1
P2
G28
G30

图 8.13　定位工具

(10) 状态栏。

左侧显示控制卡缓存信息，并显示控制状态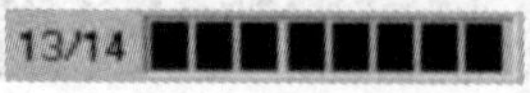
13/14
，工作时，它会显示工作状态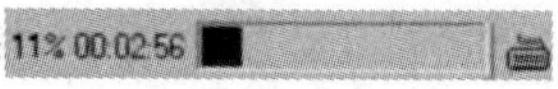
11% 00:02:56
。

(11) “文件”菜单栏如图 8.14 所示。

(12) “显示”菜单栏如图 8.15 所示。

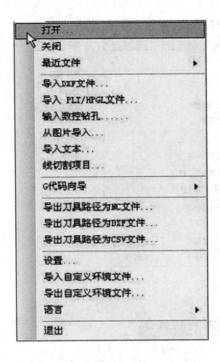

图 8.14 "文件"菜单栏

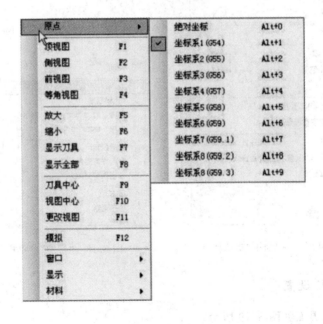

图 8.15 "显示"菜单栏

(13)"代码"菜单栏如图 8.16 所示。

(14)"加工"菜单栏如图 8.17 所示。

(15)"帮助"菜单栏如图 8.18 所示。

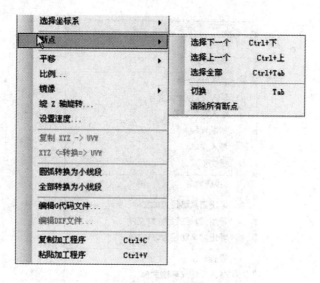

图 8.16 "代码"菜单栏

图 8.17 "加工"菜单栏

图 8.18 "帮助"菜单栏

8.2.2　系统参数设置

系统参数设置界面如图 8.19 所示。

1. 一般

"一般"选项卡中：

（1）单位：毫米或英寸。

（2）轴。

① 控制轴数：控制机器是 3 轴还是 4 轴（本控制器最大为 4 轴）。

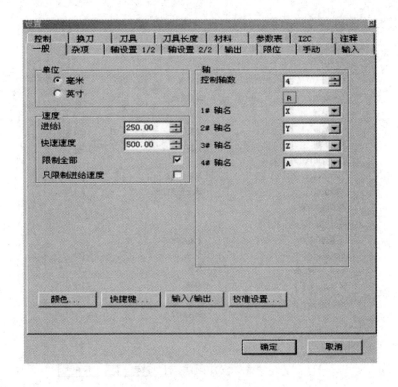

图 8.19 系统参数设置界面

② 轴名称：X/Y/Z 为普通轴；A/B/C 为旋转轴；U/V/W 为平行轴（热切割机）。

（3）速度。代码运行时默认设置的进料和空气速度（G‐CODE 的进给速度在运行时未指定），单位为单位/每分钟。

① 进给：刀具加工速度（G‐CODE 一般为 G01）。

② 快速速度：非下刀移动速度（G00）。

③ 限制全部：主界面右侧的挂钩选择 F 值（表示软件默认），通过钩子在主界面上设置 F 处理，忽略 F G 代码命令。

④ 只限制进给速度：吊钩只有在规定速度下才不会空转；否则，全速离开，主界面为 F 值。

（4）颜色：定义部件颜色。

（5）快捷键：定义键盘快捷键。

（6）校准设置：调整/校准平台，指定单位与实际运动距离一致。

2. 杂项

"杂项"选项卡如图 8.20 所示。

3. 换刀

"换刀"选项卡如图 8.21 所示。

4. 刀具

"刀具"选项卡如图 8.22 所示。

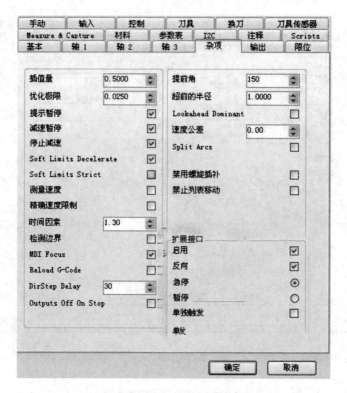

图 8.20 "杂项"设置

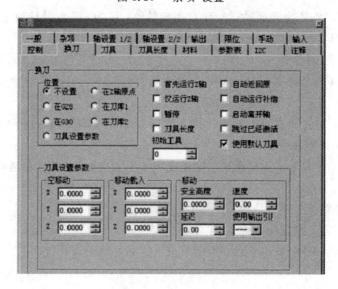

图 8.21 "换刀"设置

5. 刀具长度

"刀具长度"选项卡如图 8.23 所示。

设备在移动到 XY 位置之前,以向 Z 轴方向移动的速度,直至达到限位开关。让刀的位置通常是刀块的厚度,可增加实际使用次数,避免雕刻不渗透。

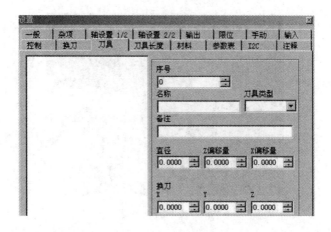

图 8.22 "刀具"设置

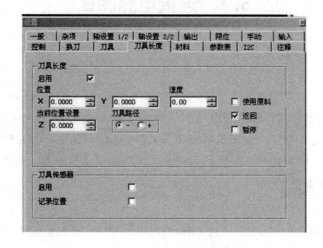

图 8.23 "刀具长度"设置

8.2.3 轴零点与轴的清除

"零"表示轴到当前坐标系为 0,可单击左侧工具栏图标上的主窗口。Clear 将当前位置表示为 0,根据主窗口顶部的位置信息按钮清除所有轴,也可以单独清除一个轴。

8.2.4 主场位置

点击主窗口右侧 图标,perform 自动返回硬件原点,可与限位开关配合使用。

8.2.5 刀具设置

点击(刀具设置)或(当前位置刀具设置)进行操作。

注意:

绝缘用底部的 PCB 板或其他扁平导体作为刀块,连接到 Z 轴"－"或"＋";主轴刀具连接到控制卡(GND)的接地端子。Z 轴在两者触摸时缓慢向下移动,Z 轴感应触发限制,则位置正确。Z 轴将向上移动四个单位,挖掘到安全高度,如图 8.24 所示。

图 8.24 刀具设置

8.3 连接电脑测试

8.3.1 CNC 运动控制器简介

1. 简介

CNC 运动控制器是将计算机与电机驱动器连接的装置。它可以与笔记本电脑或台式机一起使用,这些笔记本电脑或台式机具有 USB 连接端口。这是一个完整的(硬件/软件)项目,不需要任何其他附加软件。本控制卡与大多数电机驱动器兼容,可替代并口驱动板。

2. 计算机系统要求

1) 最低配置

1 GHz 或更快的 CPU 处理器;512 MB 内存;500 MB 可用磁盘空间;具有 WDDM 1.0 或更高版本驱动程序的 DirectX 9 图形设备;USB 2.0 接口;.NET FrameWork 3.5 SP1。

2) 推荐配置

2 GHz 或更快的 CPU 处理器;2 GB 内存;500 MB 可用磁盘空间;具有 WDDM 1.0 或更高版本驱动程序的 DirectX 9 图形设备;USB 2.0 接口;.NET FrameWork 3.5 SP1。

CNC 运动控制器如图 8.25 所示。

图 8.25 CNC 运动控制器

连接方式，如图 8.26 所示，控制器上 USB 引脚的功能如表 8.1 所示。

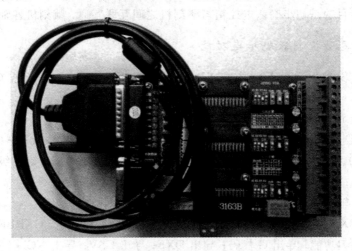

图 8.26　连接方式

表 8.1　USB 25 引脚功能

功　能	DB25 引脚	备注
X 轴（步进销）	2	
X 轴（导向销）	3	
Y 轴（步进销）	4	
Y 轴（导向销）	5	
Z 轴（步进销）	6	
Z 轴（导向销）	7	
轴（步进销）	8	
A 轴（目录销）	9	
外部输入接口（光电隔离）		
IN10	10	E 永恒紧急按钮
IN11	11	X 轴限位开关
IN12	12	Y 轴限位开关
IN13	13	Z 轴限位开关
X、Y、Z、A 轴启用	14	使
IN15	15	Tool 设置 *
N o 其他引脚的用法		

注：* 表示此功能是可选的，如果有，驱动板将可用。

3. 雕刻机接线及自检

接线：将雕刻机上的四根线，按标识插到电控箱后面相应的插孔中。插步进电机线时，用手扯一下每根电线，确保电线与端子连接紧密，插到电控箱上时应插装到位，防止接触不良。

自检：自检目的是初步确认电控箱与雕刻机之间互联互通，雕刻机各轴能受控。

8.3.2 CNC 运动控制器规格与功能

（1）使用 USB2.0 运行 Windows XP、Vista 或 Windows 7（32 位或 64 位）：高级插值算法。

（2）高性能 IO 缓冲器：提供、启动、停止、暂停、继续。

（3）支持标准 RS274/NGC G 代码（兼容 EMC2）；支持高级 G 代码－G40、G41、G42（刀具半径补偿）；支持高级 G 代码－G43、G49（工具长度编码）；支持高级 G 代码－G54、G59.3（坐标系）；支持 SolidCAM、MasterCAM、ArtCAM、Vectric 等生成 Gcode 代码。

（4）支持 3 轴机床、4 轴机床，并为每轴提供 25 kHz 脉冲信号。

（5）加载 DXF 文件、PLT/HPGL 文件、图片文件、钻孔文件、GERBER 文件。

（6）高级换刀功能；导出 G 代码；导出 DXF；导出 CSV；导出 NC。

（7）CNC 运动控制器与电脑及电机驱动器连接方式，如图 8.27 所示。

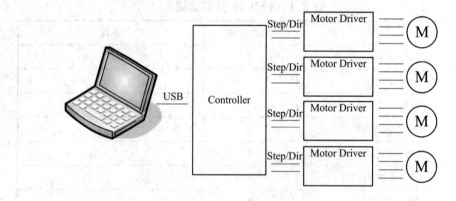

图 8.27　CNC 运动控制器与电脑及电机驱动器连接方式

USB 卡通过并口连接控制器盒；另一点连接计算机 USB 端口。四轴控制器卡输入。

（8）可切换 3 种模式：普通 XYZ、热切割 XYUV、旋转 XYZA。

（9）最小脉冲宽度为 12 μs。

（10）可通过外部端口访问，如用手持遥控器进行操作。

（11）以（3）中结果输出（主轴/切削液/雾气）。

8.3.3 CNC USB 控制器软件简介

图 8.28 是 CNC USB 控制器的软件打开后的初始界面，分为文件、视图、程序、控制和帮助等。

打开文件，选择导入 G 代码，可选择保存在电脑中的 G 代码文件进行加工操作，如图 8.29 和图 8.30 所示，图 8.31 为文件打开后的模型。

CNC 控制软件对加工过程中丝杠的步距量进行设置的界面如图 8.32 所示，主轴开关设置如图 8.33 所示，限位开关设置和选择如图 8.34 和图 8.35 所示，急停开关设置如图 8.36 所示。

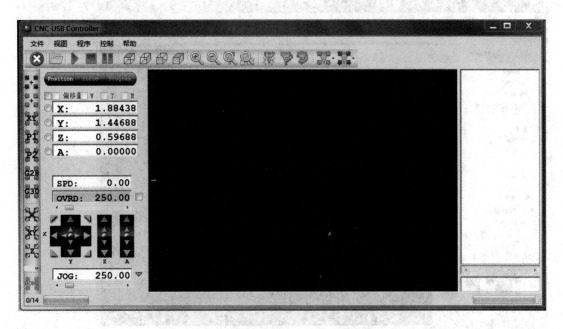

图 8.28　CNC USB 控制器软件界面

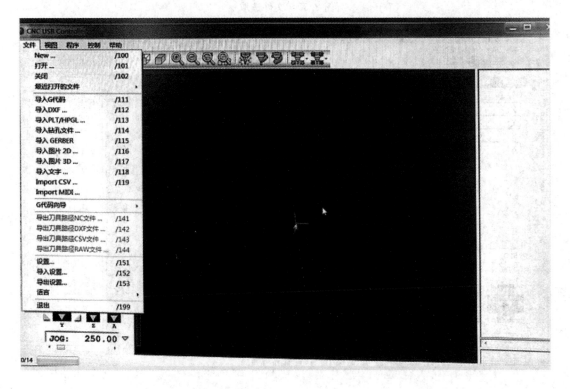

图 8.29　导入 G 代码

图 8.30　文件选取

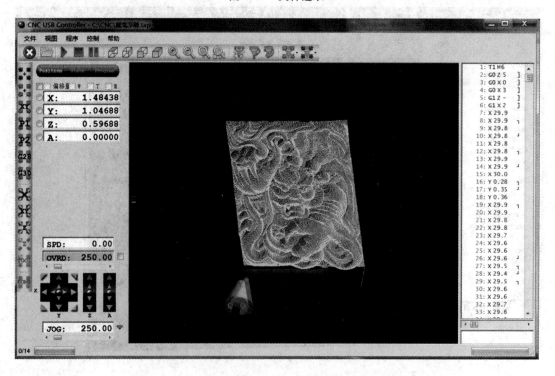

图 8.31　模型显示

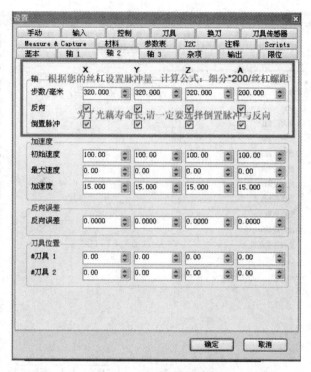

图 8.32 丝杠步距量设置

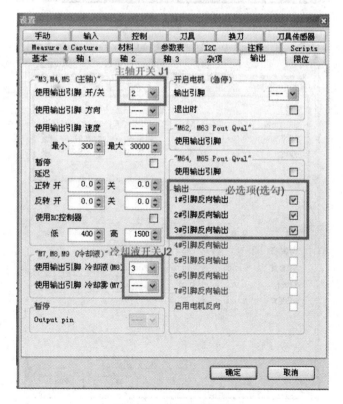

图 8.33 主轴开关设置

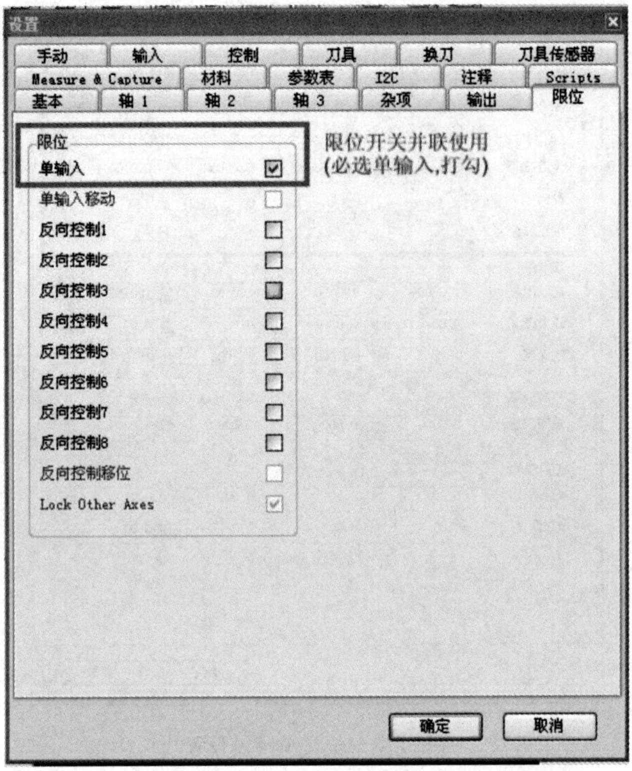

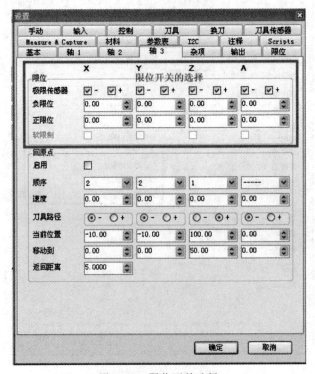

图 8.34 限位开关设置

图 8.35 限位开关选择

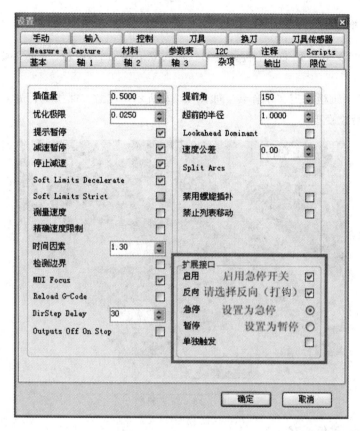

图 8.36　急停开关设置

8.4　MACH 实雕测试

本节通过 MACH 软件介绍一种实雕测试，以图 8.37 的"雕"字为例，对雕刻机进行一次实践测试。

图 8.37　实雕测试

8.4.1　装夹雕刻材料

（1）找一块 12 cm×12 cm 左右见方的软质材料，比如 PVC 板、木板、亚克力板或其他塑料板材。

（2）将材料用压板固定在工作台，如图 8.38 所示。注意：螺丝应拧紧，但不可将工作台的 T 形槽边沿拉变形。

图 8.38　装夹材料

8.4.2　刀路空运行测试

（1）将随机光盘中的试机刀路文件夹里的"雕"文件复制到电脑桌面；启动 Mach3mill，点击【打开 G 代码】按钮，导入桌面的"雕"刀路文件，如图 8.39 所示，也可通过 Mach 菜单 File→Load G－Gode 导入。

图 8.39　文件导入

（2）导入"雕"代码，在 Mach3 右边图形视窗中将出现如图 8.40 所示的界面。

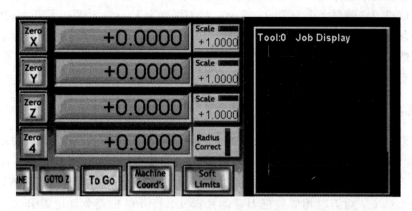

图 8.40 雕模型显示

（3）打开电控箱驱动电源，手动控制各轴，并将主轴刀头移到待雕刻材料的左下角，如图 8.41 所示。红框代表待雕材料的安全范围（排除压板占用的空间后），左下角的红绿坐标箭头为该刀路的原点位置，即把主轴刀头（不用装刀）移动到材料的这个位置。

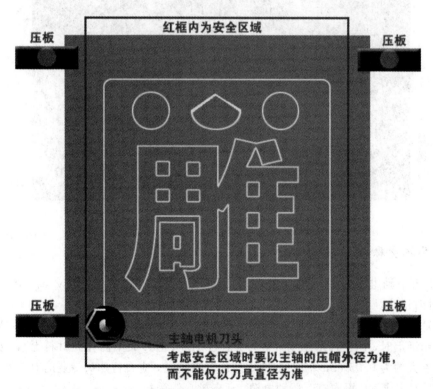

图 8.41 雕刻示意图

（4）抬高 Z 轴，以免运行过程中碰到压板螺丝；然后，各轴全部清零，点击左边的绿色【开始雕刻】按钮，则刀路开始运行；同时，可观察 MACH 右上角的刀路运行视窗，走动的虚线即为雕刻机运行的线路。如发现雕刻机运行的线路不对，立即关闭驱动电源（以免雕刻机超出行程导致损坏），并检查 MACH 单位设置是否为"mm"，检查各轴坐标方向是否正确。

（5）此试机刀路雕刻大小为 7 cm×7 cm，雕刻深度为 1 mm，分两次下刀，每次 0.5 mm，因此，每一条线路走二遍。在空运行刀路时，应注意观察，走刀过程中是否会与压板相碰撞，因实际雕刻时，走刀过程中撞上压板将导致刀具折损和材料报废，严重时会损坏雕刻机。如发现可能会与压板接触，则应重新调整原点位置。

8.4.3 装刀实雕测试

（1）装刀：空运行刀路无误后，给雕刻机主轴安装刀具，这个试机刀路应使用的是柄径 3.175×30 度×0.3 mm 的平底尖刀。装刀时，刀柄应伸进夹头 1 cm 以上，并用扳手拧紧压帽。

（2）对刀：对刀是一项重要的工作，即把刀尖对准到要雕刻材料的原点位置，制作刀路时原点设置在哪儿，对刀时相应就把刀移动到哪儿。打开电控箱驱动电源开关，手动控制各轴，将刀移到材料的左下角（和 MACH 视窗中的图案坐标一样），如图 8.42 所示。

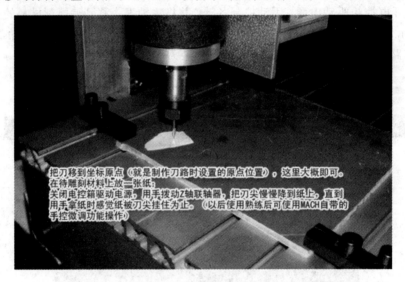

图 8.42　实雕测试

8.4.4 具体步骤

（1）打开驱动电源，手动控制，将 X/Y 轴移动到原点位置，然后将 Z 轴下降，离材料约 1 cm 处时停止。

（2）关闭驱动电源，在原点处放张薄纸片，用手拨动 Z 轴联轴器，下降 Z 轴，待刀尖接近（接触）到纸上时，用手扯纸感觉纸被刀尖挂住为止（但刀尖不能扎到材料上），这样对刀的高度误差大约为 0.05 mm 左右（如需更高的对刀精度，应自行购买专业的对刀器）。

（3）对刀完成后，再次打开驱动电源，让各轴自锁受控。

（4）检查确定主轴调速旋钮处于"安全位"，打开主轴电源开关，慢慢调节主轴调速旋钮。如第一次使用，可调至最大挡（最大的圆点处），以便检验主轴最大动力是否能正常使用。

（5）确保已佩戴防护面罩（戴防护眼镜），再点击 MACH 左边绿色【开始雕刻】按钮。

（6）雕刻机三轴联动，开始雕刻。

注意：如中途发生意外（如失步走错、主轴突停、撞上障碍物等），应立即按下电控箱上的急停开关，或用鼠标点击 MACH 左下角的【紧急停止】按钮。

8.5　认识常用的雕刻工具

工欲善其事，必先利其器。刀具的重要性贯穿于雕刻工作的始末，选用合适的高质量的刀具带来的不仅是精美的雕刻品，更能提高工作效率、节省雕刻成本。所以，每个使用雕刻机的用户都应了解并掌握雕刻刀具的相关知识，这里就常用刀具作一些简单介绍。

（1）亚克力切割加工，推荐使用单刃螺旋铣刀，特点是加工时无烟无味，速度快，效率高，不粘屑，极细刀纹，表面光洁平整；如果是亚克力薄板（如厚度为 2～3 mm，也可用双刃铣刀或柱刀）。

（2）铝板切割加工，推荐使用单刃专用铝铣刀。加工过程中不粘刀，速度快，效率高。切割面要求不高或铝硬度较高（不太粘刀的铝），也可使用双刃金属铣刀。

（3）非金属材料上做精密小型浮雕加工，推荐使用圆底刻刀。

（4）软木、密度板、原生木、PVC、亚克力等材料的大型深浮雕加工，推荐使用单刃或双刃螺旋球头铣刀。

（5）金属雕刻加工，应使用金属专用钨钢涂层单刃铣刀、双刃铣刀或专用平底尖刀。

（6）密度板、实木、多层板、夹板推荐使用直槽铣刀，也可使用双刃大排屑铣刀。

（7）金属模具加工应使用钨钢铣刀，表面镀紫黑色加硬钛。

（8）玉石或石材料雕刻，应使用金刚石雕刻刀。

各种刀具的用途和注意事项如图 8.43 所示。

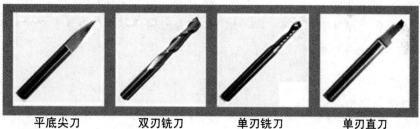

平底尖刀
用途：精密雕刻、划线
注意：平底尖刀分普通尖刀、铜、铝、钢铁等专用尖刀、PCB专用尖刀等。

双刃铣刀
用途：切割和勾槽
注意：双刃铣刀分普通非金属用铣刀、金属专用钨钢铣刀、变小径铣刀等。

单刃铣刀
用途：切割和勾槽
注意：普通单刃铣刀主要用于PVC、密度板、芙蓉板。也有铝用刀，排屑效果好。

单刃直刀
用途：切割和大面积雕刻
注意：非金属用刀，大面积雕刻时节省时间，排屑好，可用于切割或清铣平面。

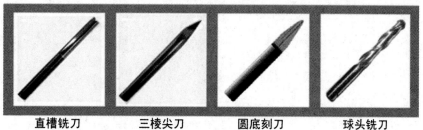

直槽铣刀
用途：雕刻及切断
注意：主要用于多层板、密度板、夹板等木质板材的雕刻切割。

三棱尖刀
用途：精细雕刻及切断
注意：可在铜、铝、铁、玉石等硬物质上雕刻及切断。但刀具材质不同，性能差别大。

圆底刻刀
用途：精细浮雕
注意：分金属用和非金属用两种，大面积浮雕建议先开精，再用圆底刻刀精加工。

球头铣刀
用途：浮雕加工或粗用
注意：分金属用和非金属用两种，加工面积较大的浮雕或精细浮雕开粗用。

图 8.43　常用刀具

附　录

学生实习守则(安全)

(1) 金工实习是工科院校教学计划中的一个重要组成部分,是一门实践性很强的技术基础课。因此,必须端正态度、认真听讲、谨慎操作、不断总结、注意安全。

(2) 必须思想集中,严格遵守实训中心各项规章制度及安全技术规则和操作规程。

(3) 必须根据计划表所安排的内容及地点进行实习,未经许可不得随意更换。

(4) 必须认真听讲、专心操作,不准闲谈、嬉戏;不准违规使用电子产品;严禁在教学区域内串岗、打闹;违反实习纪律者扣除平时成绩分数;如因违反实习纪律而导致发生事故者要严肃追究责任,并按不及格处理。

(5) 实习期间,学生病假、事假,必须持医生证明或所属学院证明,事后补上所缺的实习内容。

(6) 实习报告是评分依据之一,实习结束,应及时做好实习报告并上交实习中心。

金工实习报告(传统加工技术)

一、普通车削加工

(1) 实习目的是什么?

(2) 实习使用的车床型号有哪些? 并解释字母及数字所表示的含义。

(3) 实习内容及步骤(实习流程图)。

(4) 实习中的注意事项有哪些?

二、钳工

(1) 实习目的是什么?

(2) 实习设备有哪些?

设备名称	型号及精度	功　能

(3) 实习内容及步骤(实习流程图)?

(4) 实习中的注意事项有哪些?

金工实习报告(CAD/CAM 技术)

(1) CAD/CAM 实训是基于哪个软件平台？详述其名称及版本号。

(2) 该软件包含哪些模块？请任选四个模块说明。

(3) 详述"拉伸"特征命令的操作步骤，并手绘其草图。

金工实习报告(数控加工技术)

(1) 实习目的是什么?

(2) 实习设备有哪些?

设备名称	型号及精度	功　　能

(3) 实习内容及步骤(实习流程图)。

(4) 实习中的注意事项有哪些?

思考与练习

（1）简述你所用的实习车床的进给运动的传动路线。

（2）车外圆时，已知毛坯直径为 $\phi100$ mm，工件车后直径为 $\phi94$ mm，工件转速为 n＝320 r/min，车刀移动速度 V_r＝64 mm/min。试求切削速度 v，进给量 r，切削深度（被吃刀量）a_p。

（3）锯、锉是钳工的基本工种，如何正确选择锯条和锉刀，锯割圆管和锉削平面应如何操作？

（4）举例说明两轴联动和三轴联动。

数控车床编程练习

自己设计一个简单的轴类零件，要求轮廓由圆弧和直线组成，毛坯棒料尺寸为 $\phi \leqslant$ 22 mm，L＝65 mm，并编写加工程序。

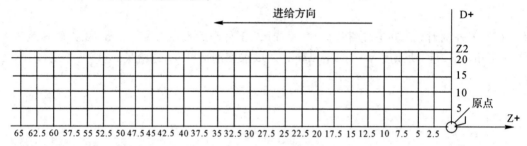

00

实习心得及建议

实习 心得	传统加工 实习	
	CAD/CAM 技术	
	数控加工 技术	
实习建议		

参 考 文 献

[1] 柳秉毅. 金工实习：上册[M]. 北京：机械工业出版社，2009.

[2] 谷骁勇. 金属高速及超高速切削的物质点法数值模拟技术研究[D]. 北京：北京理工大学，2016.

[3] 郭润梅. 柔性制造系统教学实训平台的研究与实验开发[D]. 兰州：兰州理工大学，2021.

[4] 姚志涛. 基于绿色制造的机械加工工艺技术研究[D]. 洛阳：河南科技大学机械工程，2017.

[5] 薛碧薇. 基于 TOC 的 A 企业法兰产品绿色制造流程优化研究[D]. 太原：中北大学，2021.

[6] 黄明宇，徐钟林. 金工实习：下册[M]. 北京：机械工业出版社，2009.

[7] 吴建华. 金工实习[M]. 天津：天津大学出版社，2012.

[8] 王文涛. 现代化机械设计制造工艺及精密加工技术探析[J]. 中国设备工程，2022(09)：134-136.

[9] 林鸿榕，刘文志，高源. 光学元件超精密加工成套装备的研发与应用[J]. 世界制造技术与装备市场，2022(01)：67-71.

[10] 任德宝，杨天荣，王元生. 金工实习[M]. 成都：电子科技大学出版社，2020.

[11] 陈勇志，陈海彬，何楚亮. 机械制造工程训练[M]. 成都：西南交通大学出版社，2019.

[12] 吴斌方，陈清奎. 工程训练[M]. 北京：中国水利水电出版社，2018.

[13] 王浩程. 金工实习案例教程[M]. 天津：天津大学出版社，2016.

[14] 李志华，顾培民. 现代制造技术实训教程[M]. 杭州：浙江大学出版社，2005.

[15] 谢丽华. 零点起飞学 UG NX 8.5 辅助设计[M]. 北京：清华大学出版社，2014.

[16] 李兵，孔立明，张红松. UG NX 9.0 中文版基础与实例教程[M]. 北京：机械工业出版社，2014.

[17] 王湘江，王万强，杨毅，金工实习[M]. 成都：电子科技大学出版社，2014.

[18] 王瑞芳主编. 金工实习[M]. 北京：机械工业出版社，2000.

[19] 高正一，陶治，郑红梅. 金工实习[M]. 北京：机械工业出版社，2004.

[20] 沈剑标主编. 金工实习[M]. 北京：机械工业出版社，1999.

[21] 徐永礼，田佩林. 金工实习[M]. 广州：华南理工大学出版社，2006.

[22] 魏峥，涂家海，董焕俊. 金工实习[M]. 广州：华南理工大学出版社，2006.

[23] 吕晓冬，李锋. 手把手教你玩转 3D 打印机[M]. 北京：化学工业出版社，2017.

[24] 吕鉴涛. 3D 打印原理、技术与应用[M]. 北京：人民邮电出版社，2017.